高等职业院校精品教材系列

电工电子技术

（第2版）

田　玉　主　编

王世桥　副主编

孙彩玲　主　审

电子工业出版社

Publishing House of Electronics Industry

北京·BEIJING

内 容 简 介

本书按照教育部最新的职业教育教学改革要求，结合作者多年来的工学结合人才培养经验以及新的课程改革成果进行编写。全书采用任务驱动模式，遵循高等职业教育的教学规律和新特点，合理优化和安排教学内容，以项目任务为主线采用图表、提示、思考题等多种模式体现知识与技能点，突出电工电子应用技术能力的培养，使教材实用、生动、直观。全书分为 11 章：电路基本概念与分析方法、正弦交流电路、变压器与电动机、三相异步电动机控制电路、三极管放大电路、集成运算放大器及其应用、直流稳压电源、晶闸管电路、组合逻辑电路、时序逻辑电路以及常用中大规模数字集成电路。本书语言精练，通俗易懂，设有职业导航、教学导航、知识分布网络、知识梳理与总结环节，使教材条理清晰，目标明确。

本书为高等职业院校机电类、机械制造类、自动化类、电子信息类、设备维护类等专业的教材，也可作为应用型本科、开放大学、成人教育、自学考试、中职学校、培训班的教材，以及工程技术人员的自学参考书。

本书提供免费的电子教学课件、测试题参考答案与**精品课网站**，详见前言。

图书在版编目（CIP）数据

电工电子技术 / 田玉主编. —2 版. —北京：电子工业出版社，2014.8（2022.6 重印）
全国高等职业教育规划教材·精品与示范系列
ISBN 978-7-121-24122-2

Ⅰ. ①电… Ⅱ. ①田… Ⅲ. ①电工技术－高等职业教育－教材②电子技术－高等职业教育－教材
Ⅳ. ①TM②TN

中国版本图书馆 CIP 数据核字（2014）第 191729 号

策划编辑：陈健德（E-mail:chenjd@phei.com.cn）
责任编辑：陈健德
印　　刷：三河市鑫金马印装有限公司
装　　订：三河市鑫金马印装有限公司
出版发行：电子工业出版社
　　　　　北京市海淀区万寿路 173 信箱　邮编　100036
开　　本：787×1 092　1/16　印张：17　字数：435 千字
版　　次：2010 年 1 月第 1 版
　　　　　2014 年 8 月第 2 版
印　　次：2022 年 6 月第 20 次印刷
定　　价：49.00 元

职业教育　继往开来 (序)

　　自我国经济在 21 世纪快速发展以来，各行各业都取得了前所未有的进步。随着我国工业生产规模的扩大和经济发展水平的提高，教育行业受到了各方面的重视。尤其对高等职业教育来说，近几年在教育部和财政部实施的国家示范性院校建设政策鼓舞下，高职院校以服务为宗旨、以就业为导向，开展工学结合与校企合作，进行了较大范围的专业建设和课程改革，涌现出一批示范专业和精品课程。高职教育在为区域经济建设服务的前提下，逐步加大校内生产性实训比例，引入企业参与教学过程和质量评价。在这种开放式人才培养模式下，教学以育人为目标，以掌握知识和技能为根本，克服了以学科体系进行教学的缺点和不足，为学生的顶岗实习和顺利就业创造了条件。

　　中国电子教育学会立足于电子行业企事业单位，为行业教育事业的改革和发展，为实施"科教兴国"战略做了许多工作。电子工业出版社作为职业教育教材出版大社，具有优秀的编辑人才队伍和丰富的职业教育教材出版经验，有义务和能力与广大的高职院校密切合作，参与创新职业教育的新方法，出版反映最新教学改革成果的新教材。中国电子教育学会经常与电子工业出版社开展交流与合作，在职业教育新的教学模式下，将共同为培养符合当今社会需要的、合格的职业技能人才而提供优质服务。

　　近期由电子工业出版社组织策划和编辑出版的"全国高职高专院校规划教材·精品与示范系列"具有以下几个突出特点，特向全国的职业教育院校进行推荐。

　　（1）本系列教材的课程研究专家和作者主要来自于教育部和各省市评审通过的多所示范院校。他们对教育部倡导的职业教育教学改革精神理解得透彻准确，并且具有多年的职业教育教学经验及工学结合、校企合作经验，能够准确地对职业教育相关专业的知识点和技能点进行横向与纵向设计，能够把握创新型教材的出版方向。

　　（2）本系列教材的编写以多所示范院校的课程改革成果为基础，体现"重点突出、实用为主、够用为度"的原则，采用项目驱动的教学方式。学习任务主要以本行业工作岗位群中的典型实例提炼后进行设置，项目实例较多，应用范围较广，图片数量较大，还引入了一些经验性的公式、表格等，文字叙述浅显易懂。增强了教学过程的互动性与趣味性，对全国许多职业教育院校具有较大的适用性，同时对企业技术人员具有可参考性。

　　（3）根据职业教育的特点，本系列教材在全国独创性地提出"职业导航、教学导航、知识分布网络、知识梳理与总结"及"封面重点知识"等内容，有利于老师选择合适的教材并有重点地开展教学过程，也有利于学生了解该教材相关的职业特点和对教材内容进行高效率的学习与总结。

　　（4）根据每门课程的内容特点，为方便教学过程，对教材配备了相应的电子教学课件、习题答案与指导、教学素材资源、程序源代码、教学网站支持等立体化教学资源。

　　职业教育要不断进行改革，创新型教材建设是一项长期而艰巨的任务。为了使职业教育能够更好地为区域经济和企业服务，殷切希望高职高专院校的各位职教专家和老师提出建议和撰写精品教材（联系邮箱：chenjd@phei.com.cn，电话：010-88254585），共同为我国的职业教育发展尽自己的责任与义务！

中国电子教育学会

第2版前言

电工电子技术是高等职业院校许多个专业中一门非常重要的专业基础课,既有一定的理论性,又有很强的实用性。以往的教材大多注重理论性,没有很好地体现实用性,不能满足当前技能型、实用型人才的高等职业教育培养目标。为使教材更好地服务于教学,我们按照教育部最新的职业教育教学改革要求,结合多年的工学结合人才培养经验以及新的课程改革成果修订编写本书。

本书采用任务驱动模式,将电工电子整个知识体系分成 11 章,内容包括电路基本概念与分析方法、正弦交流电路、变压器与电动机、三相异步电动机控制电路、三极管放大电路、集成运算放大器及其应用、直流稳压电源、晶闸管电路、组合逻辑电路、时序逻辑电路、常用中大规模数字集成电路。每章设置一个典型的实际操作任务,学以致用,锻炼学生将理论知识应用于实践的技能。在实际操作任务中锻炼学生的电路设计、接线、焊接、线路板制作技能,以及常用仪表的测量技能。本书具有以下几个特点。

(1)根据高等职业教育的教学规律和新特点,合理确定学生应具备的知识结构与能力结构,优化基本知识内容体系,同时设置知识拓展来反映知识延伸部分,既可作为教师的教学参考,也可作为学生拓宽知识的途径。

(2)本书的编者多年从事电工电子技术课程教学与实践活动,充分利用多年的教学与实践经验,使教材内容叙述语言准确、简练,将问题分析化难为简,易于理解;知识点分门别类,条理清晰,便于记忆,既便于教师教学又便于学生学习。

(3)在总体内容组织上,利用图表总结相同类型的知识点;通过小提示、小思考等形式体现重点、难点及注意事项,通过图片体现电器结构及应用技术,通过知识拓展体现知识延伸部分。整个教材模式更加生动,认知环境更为直观。

(4)教材设有"职业导航",使读者能清楚地了解本教材与职业岗位的关系;在各章正文前设有"教学导航",为本章内容的教与学过程提供指导;正文中的"知识分布网络",使教师和学员对本节内容了然于心,有利于实现教学目标和掌握内容重点;每章结尾配有"知识梳理与总结",以便于读者高效率地学习、提炼与归纳。

本书由烟台工程职业技术学院副教授田玉主编,王世桥任副主编,孙彩玲主审。参加编写的还有:周维华、金丽辉、李波、刘晓东、李江、蒋家响、张华军、徐玲、张益铭、史丰荣。

本书为高等职业院校机电类、机械制造类、自动化类、电子信息类、设备维护类等专业的教材,也可作为应用型本科、开放大学、成人教育、自学考试、中职学校、培训班的教材,以及企业工程技术人员的自学参考书。

由于编者水平有限,本书难免存在不妥之处,敬请广大读者提出宝贵意见。

本书配有免费的电子教学课件和测试题参考答案,请有此需要的教师登录华信教育资源网(http://www.hxedu.com.cn)免费注册后再进行下载,如有问题请在网站留言或与电子工业出版社联系(E-mail:gaozhi@phei.com.cn)。读者也可通过该精品课网站(http://jpkc.ytetc.cn)浏览和参考更多的教学资源

编 者

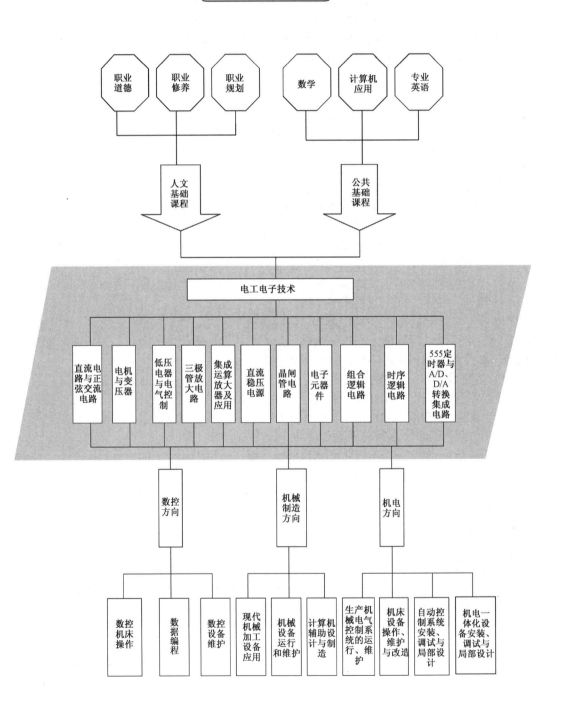

职 业 导 航

职业
道德

职业
修养

职业
规划

数学

计算机
应用

专业
英语

人文
基础
课程

公共
基础
课程

电工电子技术

直流电路与正弦交流电路

电机与变压器

低压电器与电气控制

三极管放大电路

集成运算放大器及应用

直流稳压电源

晶闸管电路

电子元器件

组合逻辑电路

时序逻辑电路

555定时器与A/D、D/A转换集成电路

数控方向

机械制造方向

机电方向

数控机床操作

数据编程

数控设备维护

现代机械加工设备应用

机械设备运行和维护

计算机辅助设计与制造

生产机械电气控制系统的运行、维护

机床设备操作、维护与改造

自动控制系统安装、调试与局部设计

机电一体化设备安装、调试与局部设计

目　录

第1章

电路的基本概念与分析方法

教	知识重点	1. 电流电压的正方向、参考方向；电功率计算； 2. 电阻、欧姆定律及各种特殊电阻； 3. 电压源、电流源的伏安特性；　　4. 基尔霍夫定律； 5. 电容的伏安关系及工作特性
	知识难点	1. 电流源；　　2. 叠加定理、戴维南定理
	推荐教学方式	注重基础知识，培养运用基本理论的能力
	建议学时	16 学时
学	推荐学习方法	牢固、扎实掌握基本概念和定律，锻炼运用能力
	必须掌握的理论知识	1. 电流电压正方向、参考方向及二者的关系；电位概念；电功率计算； 2. 电阻欧姆定律及各种特殊电阻工作特性；电桥电路平衡特征及条件； 3. 电压源、电流源伏安特性及相互等效变换； 4. 基尔霍夫定律及支路电流法； 5. 叠加原理与戴维南定理；　　6. 电容伏安关系及工作特性
	必须掌握的技能	1. 万用表的使用；　　2. 元件焊接及直流电路组装基本技能

任务 1　万用表组装

实物图

　　万用表是电工必备的仪表之一，每个电气工作者都应该熟练掌握其工作原理及使用方法。

　　MF47 型万用表如图 1-1 所示，由表头、测量电路、表盘、转换开关和表笔组成，可以测量直流电流、直流电压、交流电流、交流电压及电阻、电容、二极管、三极管等，最常用的是测量电流和电压。为了测量不同的电流电压，万用表有多个量程，其内部电路是利用并联电阻扩大电流量程，利用串联电阻扩大电压测量量程。

图 1-1

器材与元件

　　组装万用表需用的器材与元件见表 1-1。

表 1-1

序号	名称	型号规格	数量
1	万用表组件	MF47	1 套
2	电池	1.5 V	1 节
3	电池	9 V	1 节
4	电烙铁		1 只
5	剪线钳、镊子		各 1 只
6	焊锡		若干

背景知识

　　自 17 世纪发现电能以来，电能的应用越来越广泛。无论是在人们的日常生活中还是在工业生产中，应用电能工作的电气设备随处可见。每一种电气设备都要构成一定形式的电路才能完成其电气功能。虽然电路的形式各异，但都要遵循相同的规律与定律。学习使用电路基本定律分析电路是电气工程技术人员基本的技能。

1.1　认识电路

知识分布网络

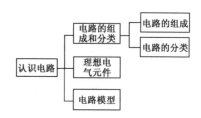

1. 电路的组成和分类

由于用电器完成的电气功能各不相同，因此它们的电路也不相同，但它们的组成部分是相似的。图 1-2 所示是手电筒的电路，它是一个最简单的电路。电路中用到了 3 种电气元件，即电池（源）、电灯（负载）、开关（控制元件），把它们串联起来就可以使灯泡发光，用于照明。

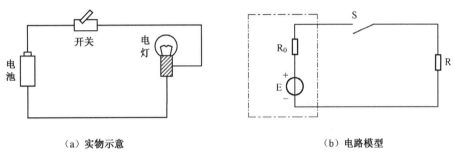

（a）实物示意   （b）电路模型

图 1-2   手电筒电路

1）电路的概念

电路是各种电气元件按一定方式组合起来构成的总体。

2）电路的组成

（1）电源：为电路提供电能。常用的电源有干电池、蓄电池、发电机等。

（2）负载：或称用电器。它从电源中取用电能，转变成其他形式的能，如电灯、电动机等。

（3）控制元件及连接导线。控制元件一般是各种形式的开关。

3）电路的分类

电路根据其功用大体可分为以下两类。

（1）用于电能传输、分配与转换，比如日常生活中的照明用电电路。发电厂发出的电能通过电缆传输到用电单位，经过分配，送给照明灯具，将电能转换为光能和热能。这种电路特点是工作电压高、传输电能大，常称为强电电路。

（2）用于信息传递和处理，比如电视机电路。由电视台发出信号被电视机接收电路接收，经过电视机处理，输出图像信号和声音信号。这种电路的特点是工作电压、电流小，传输电能小，常称为弱电电路。

2. 理想电气元件

在图 1-2（a）中画出的是实际电气元件。为了分析问题方便，我们将主要电磁性质一致的电气元件归类抽象为一种理想电气元件。

例如，白炽灯、电炉丝等实际电气元件，虽然它们的结构、外形不一样，但都是将电能转换为其他形式能，消耗掉了，所以将它们归类为一种理想电气元件——电阻。

几种实际电气元件的归类如图 1-3 所示。

图 1-3　理想电气元件

3. 电路模型

电路模型是由理想电气元件构成的电路，如图 1-2（b）所示的手电筒电路模型。还应该指出的是，电路模型中的导线也是理想化导线，电阻为 0，电路模型具有普遍的适用意义。

1.2 电路的基本物理量

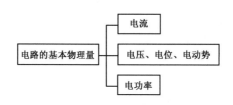

电路的物理量有电流、电压、电功率、电位等。其中，电流、电压是最基本的物理量。

1. 电流

电路中，在电源电场力的作用下，电荷的定向移动称为**电流**。

（1）电流强度（简称电流）：单位时间内流过导体某一截面的电荷量，表达式为：

$$I = \frac{Q}{t} \tag{1-1}$$

在国际单位制中，电荷 Q 的单位是库[仑](C)，时间 t 的单位为秒（s），电流 I 的单位是安[培]（A）。

（2）电流方向：规定电流的实际正方向为正电荷移动方向。

如图 1-4 所示的电路中，电流的实际正方向如图中箭头所示。

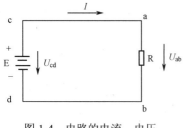

图 1-4　电路的电流、电压

> 🔵 **提示**
> （1）电路中形成电流的电荷有的是负电荷，有的是正电荷。
> （2）规定电流的实际正方向并非实际电路中所有电荷的实际流动方向，只是为分析方便而采取的统一规定。

（3）电流参考方向。在简单电路图中，很容易判断电流的实际正方向，但在复杂电路中却很难直接确定，这时可先假定一个电流方向，称为**参考方向**。如果假定电流参考方向与实际正方向相同，则为正，反之为负，如图 1-5 所示。

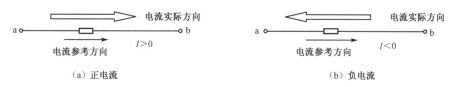

（a）正电流　　　　　　　　　　　　　　　　　　　　（b）负电流

图 1-5 电流参考方向

2. 电压

在图 1-4 所示的电路中，电场力推动正电荷从 a 点移到 b 时，是要做功的。规定电场力推动单位正电荷从电路中 a 点移到 b 点所做的功为电压，用 U_{ab} 表示：

$$U_{ab} = \frac{W}{Q} \tag{1-2}$$

式（1-2）中，Q 为电场力移动的总电荷量，W 为电场力对总电荷所做的功。

在国际单位制中，功 W 的单位为焦[耳]（J），电荷 Q 的单位为库[仑]（C），电压 U 的单位为伏[特]（V）。

1）电压的实际正方向

它规定为电场力推动正电荷从一点移动到另一点的方向，在电路图 1-4 中，a、b 两点间的电压实际正方向如图中箭头所示，c、d 间的电压方向应与 a、b 间的电压方向一致。c、d 间的电压为电源端电压。

【实例 1-1】 在如图 1-6 所示的电路中标出电路各元件电压的实际正方向（$E_1 > E_2$）。

解　由于 $E_1 > E_2$，E_1 提供电能，E_2 吸收电能，电流向由 E_1 极性确定，根据 E_1 对外电路提供的电场力方向确定元件电压的实际正方向如图 1-6 所示。值得注意的是，电源虽然在其内部正电荷由负极流向正极，但是作用力是电源力，电场力推动正电荷是从正极经外电路流向负极，所以电压方向由正极指向负极。

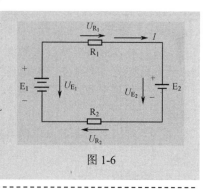

图 1-6

🔊 **提示**

（1）电源无论是提供电能还是吸收电能，其端电压的实际正方向总是由正极指向负极。

（2）电阻元件电压、电流的实际正方向总是相同的。

2）电压的参考方向

与电流相似，在简单电路中可以直接确定电压的实际正方向，但在复杂电路中一般不能直接确定电压的实际正方向，需要假定一个电压方向，称为电压参考方向。当所标电压参考方向与实际正方向相同时，电压为正值，反之为负值。

> **提示：**
> （1）电源根据极性可以直接确定电压的实际正方向，不需标参考方向。
> （2）电阻的电压与电流参考方向一般标成一致，这种标法称为**关联参考方向**，并且通常将电压参考方向省略不标。

【实例 1-2】 电路如图 1-7 所示，各段电路的电压、电流参考方向均已标明。已知 $I_1 = 4A$、$I_2 = -1A$、$I_3 = 5A$、$U_1 = -10V$。

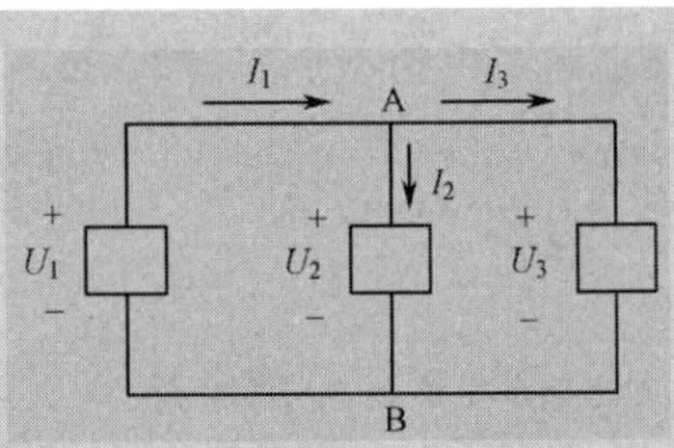

（1）指出哪一段电路电流、电压的参考方向关联一致，哪一段非关联一致。

（2）指出各段电路中电流的实际方向。

（3）确定 AB 段电压的实际方向。

图 1-7

解 （1）U_2 和 I_2、U_3 和 I_3 都是关联参考方向，U_1 和 I_1 是非关联参考方向。

（2）电流 I_1、I_3 为正值，表明它们的实际方向与图示的参考方向相同。I_2 为负值，表明其实际方向与图示的参考方向相反，是流入 A 点的。

（3）U_1 为负值，表明其实际方向与图示的参考方向相反，该段电压的实际方向是从 B 点指向 A 点。

3．电位

在电路中选定一个参考点，其他各点相对于参考点之间的电压称为该点电位，电位用 V 表示，其单位也是伏[特]（V），如 a、b 点电位为 V_a、V_b。规定参考点的电位为 0。

> **提示 参考点与电位差**
> （1）电力电路中常以大地为参考点，电路符号是 ⏚；电子电路中常以多条支路汇集的公共点或机壳为参考点，电路符号为 ⊥。
> （2）电路中两点之间的电压等于两点的电位之差，即 $U_{ab} = V_a - V_b$，所以电压又称电位差。
> （3）同一电路中当以不同的点作为参考点时，各点电位不同，但两点间的电压不变。

4．电动势

在电源内部，正电荷受到电场力与电源内力作用，二力平衡时，电源两电极上的电荷数量不变。当电源与外电路接通时，如图 1-4 所示，正极上的正电荷在电场力作用下沿外电路移动至负极，正极上的正电荷数量减小，内电场力减弱，正电荷在电源内力作用下从负极移向正极，电源内力推动单位正电荷从电源负极移到正极所做的功定义为电动势 E。

电源端电压 U 指的是电场力做的功，被外电路负载所吸收。电源电场能减少，减少的部分被电源电动势所表示的电源内力的功所补充。所以电源端电压与电动势在忽略内部消耗的情况下是相同的，即 $U=E$。

> **提示 电动势的方向**
>
> 电动势方向规定为电源内力推动正电荷移动方向，总是由负极指向正极，与电源端电压方向相反。

5. 电功率

一段电路或某一电路元件吸收（消耗）或提供电能的速率称为电功率。在直流电路中，电功率用 P 表示：

$$P = \frac{W}{t} = \frac{U \cdot Q}{t} = U \cdot I \tag{1-3}$$

功率的国际单位为瓦（W）。

一般规定元件吸收电能时电功率为正；提供或释放电能时电功率为负。

电阻总是消耗（吸收）电能；电源可能提供也可能吸收电能，当电源电压与电流实际正方向相反时提供电能；当电源电压与电流实际正方向相同时吸收电能。

一般规定，当电压与电流参考方向相同时 $P=UI$，若 $P>0$ 则为吸收电能，$P<0$ 则为释放或提供电能；当电压与电流参考方向相反时 $P=-UI$，若 $P>0$ 则为吸收电能，$P<0$ 则为释放或提供电能。

1.3 电阻

1.3.1 电阻元件

电阻是物体中表现出来的对电流的阻碍作用。自然界物质的电阻如表 1-2 所示。

表 1-2 自然界物质的电阻

名称 项目	金属导体	半导体	绝缘体
电阻率	$10^{-8} \sim 10^{-6}\ \Omega \cdot m$	$10^{-5} \sim 10^{6}\ \Omega \cdot m$	$10^{8} \sim 10^{18}\ \Omega \cdot m$
实例	银、铜、铝、铁	硅、锗	橡胶、白云母、塑料
适用场合	连接导线、继电器触点	三极管、二极管	绝缘垫、电线外皮、电容器绝缘介质

电阻元件是电路中最常用的元件，是消耗电能的元件，主要用于控制和调节电路中的电流和电压，或用作消耗电能的负载，如图 1-8 所示。

1. 电阻元件的分类

电阻按材料可分为碳膜电阻、金属膜电阻、线绕电阻。按其特性可分为线性电阻、非线

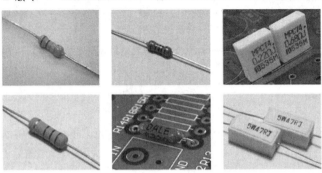

图 1-8

性电阻。线性电阻的伏安特性为一条直线，如图 1-9（a）所示，其电阻值为常数；非线性电阻的伏安特性不是直线。图 1-9（b）所示为二极管的伏安特性。

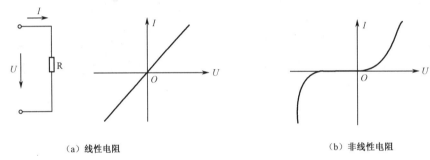

（a）线性电阻 　　　　　　　　　　　　　　　　　　　　（b）非线性电阻

图 1-9　电阻的伏安特性

几种常见电阻，如图 1-10 所示。

（a）薄膜电阻器 　　　　　　　　　　　　　　　　　（b）线绕电阻器

（c）滑线电阻器 　　　　　　　　　　　　　　　　　（d）电位器

图 1-10　常用电阻

 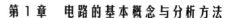

2. 特殊电阻

在电阻元件中，还有一些特殊电阻，如表 1-3 所示。几种特殊电阻的外形如图 1-11 所示。

表 1-3 几种特殊电阻

名称 \ 项目	特 性	应 用
热敏电阻	阻值随温度变化而变化，有的随温度升高阻值升高，称为正温度系数热敏电阻（PTC）；有的随温度升高阻值减小，称为负温度系数热敏电阻（NPT）	测量温度，如检测汽车发动机冷却水温度
压敏电阻	电阻值随其所受压力引起的变形变化	测量压力，如检测汽车碰撞程度
光敏电阻	阻值随光照度增强而变小	汽车上用于检测光线强弱以控制灯具点亮与熄灭

（a）热敏电阻　　　　　　（b）压敏电阻　　　　　　（c）光敏电阻　　　　　　（d）湿敏电阻

图 1-11 特殊电阻

1.3.2 欧姆定律

电阻元件的端电压与其通过的电流成正比，比例系数为电阻阻值 R，称为欧姆定律，表示为：

$$I = \frac{U}{R} \tag{1-4}$$

欧姆定律是电阻元件电压与电流的约束关系，非常有用，但不能用于其他元件。

提示

　　当电阻电压、电流参考方向相反时，其伏安关系式是：$U = -IR$。

知识拓展　电桥电路

如图 1-12 所示的电阻网络称为电桥电路。

1. 电桥平衡特征

电桥平衡时，检流计 G 中的电流 I_g 为 0，c、d 两点的电位相等。

2. 电桥平衡条件

根据平衡电桥的特征，不难分析出平衡条件为 $R_x R_3 = R_2 R_4$，即相对桥臂的电阻乘积相等。

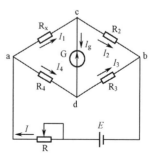

图 1-12 直流电桥电路

3．电桥应用

电桥电路常用于测量外界信号，如温度、压力等。例如，测量温度时用热敏电阻接于 R_x 位置，调整桥臂电阻 R_2、R_3、R_4 使电桥平衡，检流计指数为 0。当 R_x 随温度变化时，电桥平衡被打破，这时检流计有电流 I_g 流过，c、d 间有电位差，根据检流计指示值与 R_x 的对应关系可测知 R_x 值的变化，从而间接测知温度的变化量。

1.4 电压源与电流源

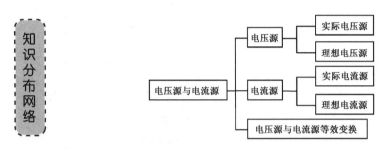

1.4.1 电压源

我们非常熟悉干电池、蓄电池，这些电源的电路模型如图 1-13 所示，r 为其内阻，这就是电压源的模型。一般电源的内阻很小，若忽略就称为理想电压源或恒压源。恒压源的特点是其端电压恒定不变，不受外接负载变化的影响，但其对外提供的电流随负载变化而变化，而实际电压源由于内阻的存在，因此其端电压随负载电流增大而下降。实际电压源与理想电压源的伏安特性如图 1-14 所示。

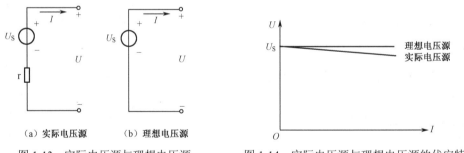

图 1-13 实际电压源与理想电压源　　　　图 1-14 实际电压源与理想电压源的伏安特性

1.4.2 电流源

大多数电源的内阻很小，端电压基本恒定，都可以等效成电压源模型。另外还有一种电源，如光电池，内阻很大，对外提供的电流基本恒定，其电路模型如图 1-15 所示，称为电流源。

若忽略电源内阻的分流作用，则可成为理想电流源或恒流源。恒流源的特点是对外提供的电流恒定不变，不受负载影响，但其端电压随负载变化而变化。实际电流源由于内阻影响，其对外输出的电流随负载变化而变化，如图 1-16 所示。

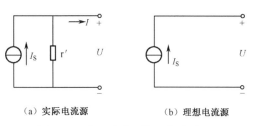

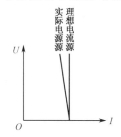

（a）实际电流源　　　　　（b）理想电流源

图 1-15　实际电流源与理想电流源　　　图 1-16　实际电流源和理想电流源的伏安特性

1.4.3　电压源与电流源等效变换

图 1-17（a）、（b）分别为电压源和电流源给相同的负载（$R=9\ \Omega$）进行供电的电路，不难分析两种电源模型给负载提供了相同的电流和电压，称为两电源对负载等效。这说明电压源模型与电流源模型可以等效变换。

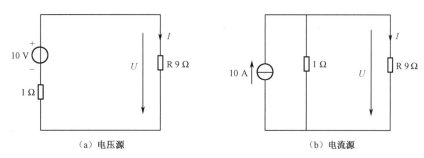

（a）电压源　　　　　　　　　　　　　　（b）电流源

图 1-17　电压源与电流源

根据图 1-13（a）和图 1-15（a）分别写出电压源、电流源的外特性表达式如下。

电压源外特性：
$$I = \frac{U_{\text{S}} - U}{r} = \frac{U_{\text{S}}}{r} - \frac{U}{r}$$

电流源外特性：
$$I = I_{\text{S}} - \frac{U}{r'}$$

比较以上两式，如果两电源的端口电压、电流相等，两电源的参数符合下面的关系就可以等效变换。

电压源→电流源：
$$\begin{cases} I_{\text{S}} = \dfrac{U_{\text{S}}}{r} \\ r' = r \end{cases} \tag{1-5}$$

电流源→电压源：
$$\begin{cases} U_{\text{S}} = I_{\text{S}} \cdot r \\ r' = r \end{cases} \tag{1-6}$$

r 为电压源内阻，r' 为电流源内阻。

提示　电压源与电流源

（1）电压源与电流源等效是指对外电路等效，对电源本身并不等效。例如，当外负载开路时，流过电压源内阻的电流为 0，无消耗；而流过电流源内阻的电流却是最大，消耗最大。所以电流源不允许开路，相反，电压源不允许短路。

（2）电压源与电流源等效变换时，除了满足变换公式外，还应保证两个电源对外提供的电压、电流方向不变。

（3）恒压源与恒流源不能等效变换。

【实例1-3】 将图1-18（a）、（b）所示的电路分别等效变换为电压源和电流源模型。

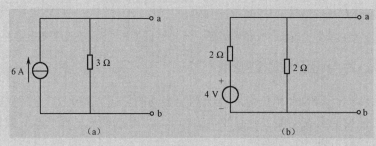

图 1-18

解 根据式（1-6）得到图1-18（a）的等效电压源参数如下。

电动势：

$$U_S = 6 \times 3 = 18(V)$$

内阻：

$$r' = 3(\Omega)$$

等效电压源的模型如图1-19（a）所示。

在图1-18（b）所示的电路中，应先将电压源模型等效变换为电流源模型，根据式（1-5）得到其参数如下。

定值电流：

$$I_S = \frac{4}{2} = 2(A)$$

内阻：

$$r' = 2(\Omega)$$

再将 $r'(2\ \Omega)$ 与 $2\ \Omega$ 电阻并联，得到最后的电流源模型，如图1-19（b）所示。

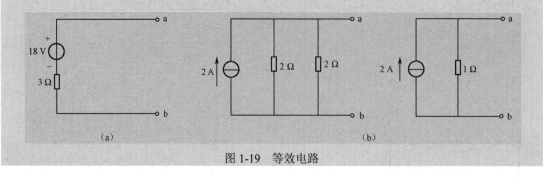

图 1-19 等效电路

【实例1-4】 将图1-20化简为一个电流源模型。

解 先将图中的两个电压源等效为电流源，如图1-21（a）所示，将内阻分别合并成图1-21

（b），再将两个电流源分别变换成电压源并串联为一个电压源，最后变换成电流源，如图 1-21（c）
所示。

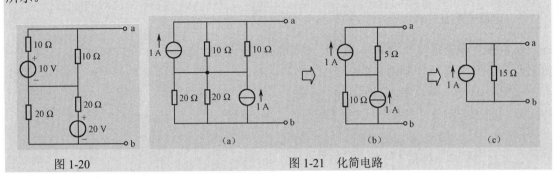

图 1-20　　　　　　　　　　　图 1-21　化简电路

1.5　基尔霍夫定律

电路分为简单电路和复杂电路，如图 1-22（a）、（b）所示。

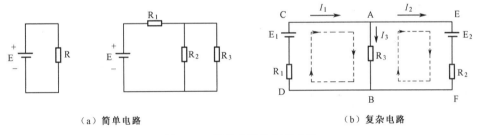

（a）简单电路　　　　　　　　　　（b）复杂电路

图 1-22　简单电路和复杂电路

图 1-22（a）所示的单一回路电路或者可以通过合并方法化简为单一回路的电路都称为
简单电路，用欧姆定律可求出电流和电压。图 1-22（b）所示是不能化简的多回路电路，称
为复杂电路。由于不能直接确定每个电阻的电压，所以仅用欧姆定律不能求出电路的电流和
电压，需要用另一条重要定律——基尔霍夫定律。在学习这条定律之前，首先介绍几个有关
复杂电路的术语。

（1）支路：电路中没有分支的一段电路。支路的意义在于每条支路各个位置的电流相同，
即每条支路只可确定一个电流未知量。

（2）节点：电路中 3 条或 3 条以上支路的连接点称为节点，如图 1-22（b）中 A、B 两点。

（3）回路：电路中任一个闭合的路径。

（4）网孔：内部不含其他支路的回路，如图 1-22（b）中的 AEFBA 回路和 CABDC 回路。
网孔又称独立回路。

1.5.1 基尔霍夫电流定律

1. 定律内容

基尔霍夫电流定律（KCL）：在任一瞬时，流出节点的电流之和等于流入该节点的电流之和。

在图 1-23 中，节点电流情况如下。

$$I_1 + I_2 = I_3 + I_4 + I_5$$

即

$$I_3 + I_4 + I_5 - I_1 - I_2 = 0$$

$$\sum I = 0 \qquad (1\text{-}7)$$

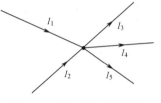

图 1-23 基尔霍夫电流定律

基尔霍夫电流定律的另一说法是：流出电路中某节点的电流代数和为 0。其中，流出取正，流入取负。

提示

（1）基尔霍夫电流定律的约束关系由电荷移动的连续性确定，即电荷在电路中的运动是连续的，在任何地方既不会消失，也不能自生。

（2）基尔霍夫电流定律适用于电流参考方向，只不过电流可能是负值，说明电流的实际方向与参考方向相反。

---

2. 基尔霍夫电流定律的扩展应用

依据电流连续性原理，基尔霍夫电流定律不仅可用于节点，还可扩展应用于电路中的某一部分。可以把这一部分看作一个大节点，称为广义节点。如图 1-24 所示，电路的虚线部分同样符合基尔霍夫电流定律的约束关系，有：

$$I_1 + I_2 + I_3 = 0 \qquad (1\text{-}8)$$

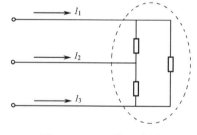

图 1-24 KCL 扩展应用

【实例 1-5】 在图 1-22（b）所示的电路中，若已标定各支路电流的参考方向，试列出 A、B 两节点的电流方程。

解 根据基尔霍夫电流定律，对 A 点可得：

$$I_2 + I_3 - I_1 = 0 \qquad (1\text{-}9)$$

对 B 点可得：

$$I_1 - I_2 - I_3 = 0 \qquad (1\text{-}10)$$

式（1-9）、（1-10）属于同一约束关系，所以其中一个方程是无效的。

提示

一般对于 n 个节点的电路，其有效电流方程可列（$n-1$）个。

1.5.2　基尔霍夫电压定律

1. 定律内容

基尔霍夫电压定律（KVL）：在任一瞬时，对于电路中任一回路，各元件电压的代数和为 0，其中与回路绕行方向一致的元件电压取正，相反的取负。回路绕行的方向是指回路的巡回方向，一般取顺时针方向为绕行方向。

例如，对图 1-22（b）所示电路中的 CABDC 和 AEFBA 回路，列出电压方程如下。

CABDC 回路：

$$I_3R_3 + I_1R_1 - E_1 = 0 \qquad\qquad (1\text{-}11)$$

AEFBA 回路：

$$E_2 + I_2R_2 - I_3R_3 = 0 \qquad\qquad (1\text{-}12)$$

> **提示**
>
> （1）基尔霍夫电压定律的约束关系由电路中某点电位的单值性确定，沿任一回路各元件电压的代数和为回路中同一点的电位差，所以为 0。
>
> （2）列写电压方程时，电阻元件电压参考方向取与电流参考方向一致，可省略不标；电源端电压由正极指向负极，且为实际方向。

2. 基尔霍夫电压定律的扩展应用

基尔霍夫电压定律也可推广应用于假想的闭合回路。

在图 1-25 所示的电路中，A、B 两点并不闭合，但只要标出 A、B 两点间的电压 U_{AB}，可对假想回路列出电压方程：

$$U_{AB} + I_2R_3 + E_3 - I_1R_4 = 0$$

基尔霍夫电压定律的扩展应用可用于求电路中开路两点之间的电压或电路中两点间的电压。

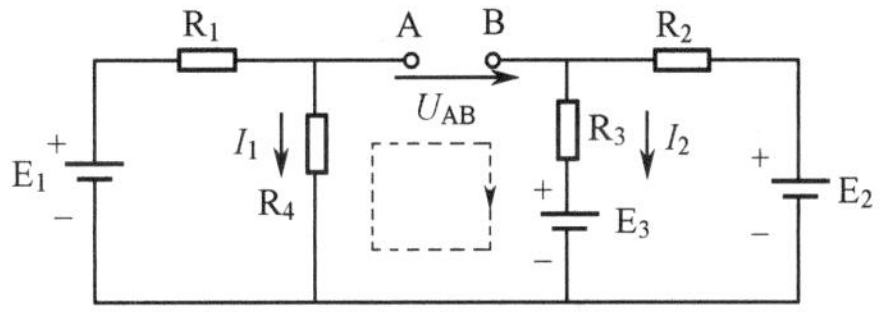

1.5.3　支路电流法

基尔霍夫定律可应用于对复杂电路进行电路分析。

图 1-25　KVL 扩展应用

例如，前面分析的图 1-22（b），若将式（1-9）和式（1-11）、式（1-12）联立，可求出各支路中的电流 I_1、I_2、I_3。

$$\begin{cases} I_2 + I_3 - I_1 = 0 \\ I_3R_3 + I_1R_1 - E_1 = 0 \\ E_2 + I_2R_2 - I_3R_3 = 0 \end{cases}$$

这种以各支路电流为未知量，依据基尔霍夫两条定律列方程的分析方法称为**支路电流法**，其步骤可归纳如下。

（1）确定电路支路数，并标定各支路的电流参考方向。

（2）确定节点数，对 $n-1$ 个节点列出电流方程；对网孔回路列出电压方程，与电流方程联立方程组。

（3）解方程组求得各支路的电流值。

（4）依据题目要求求出其他各项，如电压、功率等。

【实例 1-6】 如图 1-26 所示，已知 U_{S1}=20 V，U_{S2}=U_{S3}=10 V，R_1=R_2=R_3=2 Ω。求各支路中的电流及A、B 两点间的电压。

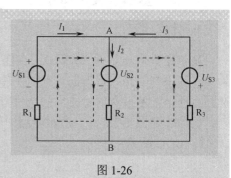

图 1-26

解 首先确定该电路的支路数为 3 条，分别标出电流参考方向。电路有两个节点 A、B，可以列一个节点电流方程和两个网孔回路电压方程：

$$\begin{cases} I_2 - I_1 - I_3 = 0 \\ U_{S2} + I_2 R_2 + I_1 R_1 - U_{S1} = 0 \\ -U_{S3} - I_3 R_3 - I_2 R_2 - U_{S2} = 0 \end{cases}$$

$$\begin{cases} I_2 - I_1 - I_3 = 0 \\ 10 + 2I_2 + 2I_1 - 20 = 0 \\ -10 - 2I_3 - 2I_2 - 10 = 0 \end{cases}$$

$$\begin{cases} I_1 = \dfrac{20}{3}(\text{A}) \\ I_2 = -\dfrac{5}{3}(\text{A}) \\ I_3 = -\dfrac{25}{3}(\text{A}) \end{cases}$$

用 U_{AB} 与 U_{S1}、R_1 构成假想回路，列电压方程：

$$U_{AB} + I_1 R_1 - U_{S1} = 0$$

得出

$$U_{AB} = 20 - 2 \times \frac{20}{3} = \frac{20}{3} \approx 6.67(\text{V})$$

1.6 叠加定理与戴维南定理

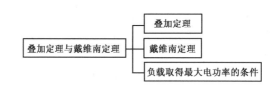

1.6.1 叠加定理

叠加定理是线性电路的重要性质，常用于分析线性电路。下面先通过一个简单电路来理解叠加定理。

图 1-27（a）所示的电流为：

$$I = \frac{E_1 - E_2}{R_1 + R_2} = \frac{E_1}{R_1 + R_2} - \frac{E_2}{R_1 + R_2} \tag{1-13}$$

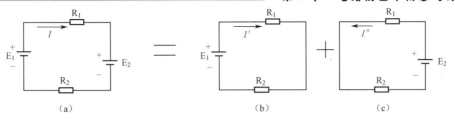

图 1-27 叠加定理

图 1-27（b）为 E_1 单独作用（将 E_2 置 0），电流为：

$$I' = \frac{E_1}{R_1 + R_2} \tag{1-14}$$

图 1-27（c）为 E_2 单独作用（将 E_1 置 0），电流为：

$$I'' = \frac{E_2}{R_1 + R_2} \tag{1-15}$$

可以看出：

$$I = I' - I'' \tag{1-16}$$

即两电源共同作用时的电流等于两电源分别单独作用时产生的电流分量 I'、I'' 的代数和。

叠加定理：在线性电路中，所有电源共同作用的各电流、电压，等于各电源单独作用时产生的电流、电压分量的代数和。

每个电源单独作用时，其他的电压源短接、电流源开路。

各电源作用时的分量电流、电压，与总电流、电压的参考方向一致时取正，相反时取负。

📣提示

（1）叠加定理只能应用于线性电路。

（2）叠加定理只能用于分析电流、电压这些与电源参数一次方关系的电量，不能用于求电功率。

【实例 1-7】 如图 1-28 所示电路中，用叠加定理求各支路的电流及 U_{AB}。

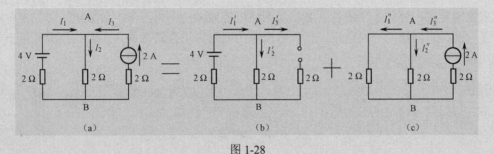

图 1-28

解 首先标出电路各支路电流的参考方向，如图 1-28（a）所示。

根据图 1-28（b）得：

$$I_1' = I_2' = \frac{4}{2+2} = 1(\mathrm{A}) \qquad I_3' = 0 \qquad U_{AB}' = 1 \times 2 = 2(\mathrm{V})$$

根据图 1-28（c）得：

$$I_1'' = I_2'' = \frac{1}{2} \times 2 = 1(A) \qquad I_3'' = 2(A) \qquad U_{AB}'' = 1 \times 2 = 2(V)$$

两电源共同作用时各支路的电流及电压如下。

$$I_1 = I_1' - I_1'' = 1 - 1 = 0$$

$$I_2 = I_2' + I_2'' = 1 + 1 = 2(A)$$

$$I_3 = -I_3' + I_3'' = 2(A)$$

$$U_{AB} = U_{AB}' + U_{AB}'' = 2 + 2 = 4(V)$$

1.6.2 戴维南定理

图 1-29（a）所示的电路中，虚线方框内的网络称为含源二端网络，它对其外部电阻起到提供电能的作用，所以可以等效为如图 1-29（b）所示的电压源，戴维南提出了这一定理并论证了等效电压源参数的确定方法。

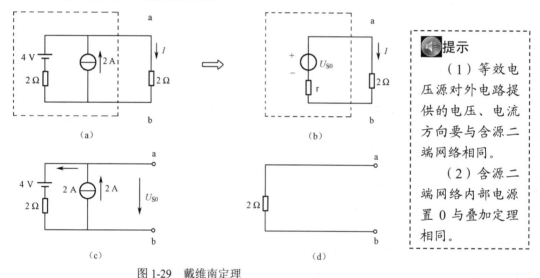

图 1-29 戴维南定理

戴维南定理：任何一个线性含源二端网络可等效为一个电压源，等效电压源的定值电动势等于含源二端网络的开路电压，等效电压源的内阻等于含源网络内电源作用置 0 后剩下的纯电阻网络的等效电阻。

【**实例 1-8**】 对图 1-29（a）所示电路，用戴维南定理求 ab 支路的电流。

解 根据戴维南定理，由图 1-29（c）确定等效电压源定值电动势为：

$$U_{S0} = 4 + 2 \times 2 = 8(V)$$

由 1-29（d）可知额定等效电压源内阻为：

$$r = 2\,\Omega$$

由 1-29（b）求 ab 支路电流为：

$$I = \frac{8}{2+2} = 2(A)$$

图 1-30（a）所示为电压源或某含源网络给负载供电的电路图，负载从电源中取用电功率示意图如图 1-30（b）所示，负载取用最大电功率时，电路电流 $I = \dfrac{U_S}{R_L + r} = \dfrac{1}{2}I_S = \dfrac{U_S}{2r}$，即

$R_L = r$，此即为负载获得最大电功率的条件，最大电功率 $P_L = I^2 R_L = \left(\dfrac{U_S}{2r}\right)^2 \times r = \dfrac{U_S^2}{4r}$。在电子电路中，常要求负载能得到最大的电功率，以驱动负载工作。

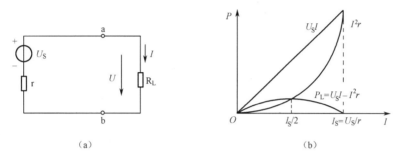

（a）　　　　　　　　　　　　　　　（b）

图 1-30　电源向负载输出最大电功率

1.7　电容

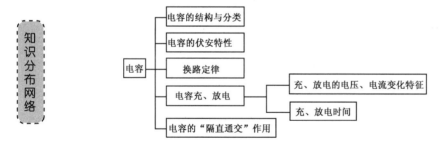

1.7.1　电容元件

电容元件是电子产品和电气设备中广泛使用的电子元件。

1．电容的结构

依据绝缘介质的种类不同，电容有不同的类型，如纸介电容、云母电容、陶瓷电容、电解电容等。图 1-31 为几种电容的外形。

> **提示**
> （1）电解电容有正、负极之分，使用时注意连接。
> （2）电容选用时除了考虑电容容量，还要考虑其额定电压，应使其额定电压高于实际工作电压。

（a）云母电容

（b）电解电容

（c）陶瓷电容

图 1-31　电容的外形

2．电容的伏安特性

电容是储存电荷的容器，其伏安特性如图 1-32 所示。电容储存的电荷量 q 与端电压 U_C 的关系为 $q = C \cdot U_C$，若在 $\mathrm{d}t$ 时间内电容器储存的电荷量为 $\mathrm{d}q$，则电路中的电流 i 为：

$$i = \frac{\mathrm{d}q}{\mathrm{d}t} = \frac{\mathrm{d}(C \cdot U_C)}{\mathrm{d}t} = C \cdot \frac{\mathrm{d}U_C}{\mathrm{d}t}$$

这是电容元件的伏安关系式，是分析电容工作特性的依据。

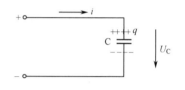

3．电容电路的换路定律

换路是指电路的工作条件改变，比如电路连接与断开、电路连接方式变化、元件参数变化等。

换路定律：电容的电压在换路时不能跃变。

图 1-32　电容的伏安特性

在换路时，电容元件与电阻元件表现出来的特性不同，如表 1-4 所示。

表 1-4　电阻与电容元件换路时的特性

名称\项目	电　容	电　阻
电路	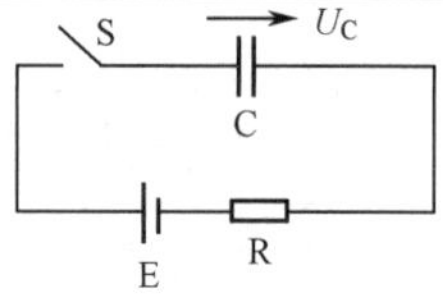 S ↗ U_C　C　E　R	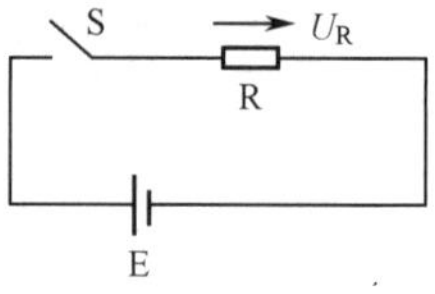 S ↗ U_R　R　E
换路后电压	U_C 在 S 闭合后，过一段时间达到 E 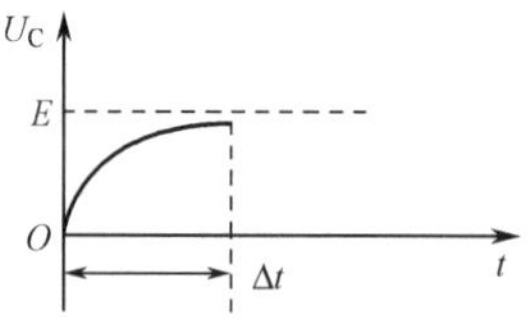　U_C 图 E O Δt t	S 闭合后，U_R 马上达到 E 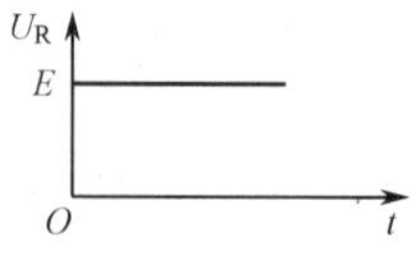　U_R 图 E O t
结论	电容在换路后电压不能跃变，在达到另一个稳定状态前需要经历一段时间，尽管这段时间一般很短	电阻在换路后，电压可以跃变
原因	（1）如果 U_C 跃变，根据 $i = C \cdot \dfrac{\mathrm{d}U_C}{\mathrm{d}t} = \infty$，这是不可能的； （2）电容储存电场能 $W_C = \dfrac{1}{2}CU_C^2$，如果 U_C 跃变，则 W_C 跃变，电源提供电功率为无限大，这也是不可能的	如果 U_R 跃变，则 $i = \dfrac{U_R}{R}$ 也跃变，这是可以满足的

提示

电容电压虽然不能突变，但电流可以跃变。

1.7.2 电容的充、放电

实验 电容的充、放电

在如图 1-33 所示的实验电路中，当电容无初始电压时，先将开关 S 合向位置 1，电容被充电，这时可以发现，检流计指针先摆向最高值，然后往回摆动，直至为 0。灯泡 HL 在 S 合向 1 的瞬间最亮，然后逐渐变暗，直至完全不亮。

把 S 合向位置 2，电容放电，检流计指针反向摆至最大位置，然后逐渐摆向 0，灯泡开始最亮，然后逐渐变暗，直至完全不亮。

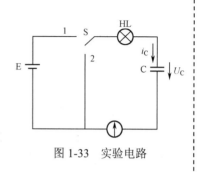

图 1-33 实验电路

以上实验说明了电容的充、放电过程，其特性如表 1-5 所示。

表 1-5 电容的充、放电特性

名称\项目	电 容 充 电	电 容 放 电
电容电流	i_C 图 E/R ... O t 换路后瞬间跃变为最大，然后逐渐变小	i_C 图 E/R ... O t 换路后瞬间跃变为最大，然后逐渐变小
电容电压	U_C 图 E ... O t 换路后电压逐渐升高至 $U_C=E$	U_C 图 E ... O t 换路后电压逐渐降低至 $U_C=0$

电容的充、放电工作特性可总结如下。

（1）电容充电时电压上升；放电时电压下降。

（2）电容充、放电的快慢，与充、放电回路的电阻、电容有关，R、C 越大，充、放电越慢，R、C 越小，充、放电越快。因为 R 越大，电流越小，电荷移动速度越慢；C 越大，电容电荷容量越大，充、放电速度越慢。

一般 $t=(3\sim5)\tau$ 时，充、放电过程基本结束。其中，$\tau=R\cdot C$，称为**时间常数**，其单位为：

$$\frac{伏}{安}\cdot\frac{库仑}{伏}=\frac{库仑}{安}=秒（s）$$

（3）电容有"隔直通交"作用。在直流电源的作用下，电容经短暂时间充、放电后，电路电流变为 0，电容相当于开路，称为电容的隔直作用。当电容接交流电源电压时，由于电源电压不断变化，因此电容会不断充、放电，电路中一直有电流，称为电容的通交作用。

电容的"隔直通交"作用是非常重要的。

任务操作指导

1. 认识电路

MF47 型万用表原理图如图 1-34 所示。

1）电阻测量

测量电阻的基本原理如图 1-35 所示。分流电阻 R_{15}～R_{18} 与表头并联，每量程接一个，量程越高，对应的分流电阻越大。MF47 型万用表电阻挡有 R×1、R×10、R×100、R×1 k、R×10 k 共 5 个量程。

在图 1-34 中，实际测量原理如下。

（1）1.5 V 内部电池正极连接内滑道 n_4，由转换开关的电刷连接Ω挡滑道及各量程滑道。

（2）表头回路经电阻 R_{14}、调零电位器 WH_1、表头调节电位器 WH_2、表头、黑表笔、被测电阻、红表笔、保险管构成测量回路。

（3）分流电阻回路各量程分别经分流电阻 R_{15}～R_{18}（分流电阻并联，每量程接一个，量程越高，对应分流电阻越大）、黑表笔、被测电阻、红表笔、保险管构成分流回路。R_{20} 为固定分流电阻。

（4）10 k 量程内部电池为 1.5 V+9 V，电池正极经 R_{14}、WH_1、WH_2、表头、黑表笔、被测电阻、红表笔构成测量回路。R_{20} 为分流电阻。

（5）电路中 27 V 压敏电阻用作过压保护，其阻值很高，相当于开路。当发生过电压时，其阻值迅速减小，泄掉高压，防止高压进入表头。二极管 VD_3、VD_4、电容 C_1 为表头保护元件。

2）直流电压测量

测量直流电压的基本原理如图 1-36 所示。

限流电阻起分压作用，不同量程串接不同的限流电阻，量程越大，限流电阻的阻值越大。MF47 型万用表直流电压挡有 1 V、2.5 V、10 V、50 V、250 V、500 V、1000 V 以及 2500 V 量程。

在图 1-34 中，实际测量原理如下。直流电压经红表笔、保险管、限流电阻 R_5～R_{12}（限流电阻串联，量程越高，串联个数越多，限流电阻越大）、转换开关的电刷、DCV 滑道、R_{22}、WH_2、表头、黑表笔构成测量回路。

直流电压 2500 V 量程在原有电路的基础上串入 R_{26}、R_{27} 以提高量程。

二极管 VD_5、VD_6、电容 C_2 用作在直流挡出现脉冲时进行电路保护。

3）直流电流测量

测量直流电流的基本原理如图 1-37 所示（图中加下标及电阻标记），分流电阻 R_1～R_4 起分流作用，被测电流越大，分流电阻的阻值越小。MF47 型万用表直流电流挡有 0.5 mA、5 mA、50 mA、500 mA 共 4 个量程。

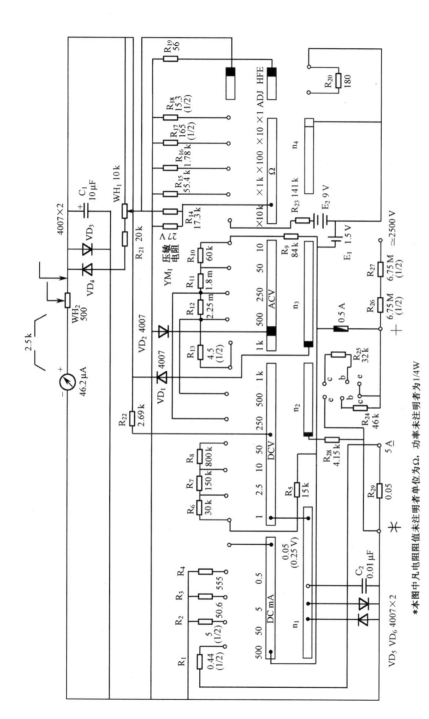

图1-34　MF47型万用表的原理图

*本图中凡电阻阻值未注明者单位为Ω，功率未注明者为1/4W

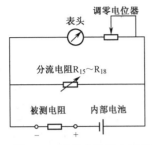

图 1-35　测量电阻基本原理

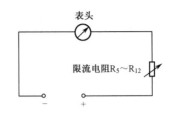

图 1-36　测量直流电压基本原理

在图 1-34 中，实际测量原理如下。表头回路由红表笔、保险管、DCmA 滑道、n_1 滑道、DCV 滑道、限流电阻 R_{22}、WH_2、表头、黑表笔构成测量回路。由红表笔、保险管、DCmA 滑道、分流电阻 $R_4 \sim R_1$（分流电阻并联，每量程接一个，量程越高，分流电阻越小）、黑表笔构成分流回路。

4）交流电压测量

测量交流电压的基本原理如图 1-38 所示。交流电压要经过二极管 VD_1 整流成为直流电作用于表头，限流电阻起分压作用，不同挡程接入不同电阻，挡程越大，接入的限流电阻阻值越大。MF47 型万用表交流电压挡有 10 V、50 V、250 V、500 V、1000 V 以及 2500 V。

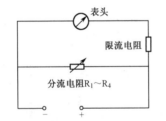

图 1-37　测量直流电流基本原理

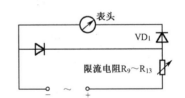

图 1-38　测量交流电压基本原理

在图 1-34 中，实际测量原理如下。交流电压经红表笔、保险管、限流电阻 $R_9 \sim R_{13}$（限流电阻串联，量程越高，串联个数越多，限流电阻越大）、转换开关的电刷、ACV 滑道、n_3 滑道、整流二极管 VD_1、WH_2、表头、黑表笔构成测量回路。

交流电压 2500 V 量程在原有电路的基础上串入 R_{26}、R_{27}（"+" 插孔、$\approx$ 2500 V 之间）以提高量程。

2．电路安装

1）清点材料

参考材料配套清单，按材料清单一一对应，记清每个元件的名称与外形。打开时要小心，不要将塑料袋撕破，以免材料丢失。清点材料时将表箱后盖当容器，把所有的东西都放在里面。清点完毕后将材料放回塑料袋备用。

注意表头不能磕碰、跌坏或者拿在手里晃动。挡位开关由安装在正面的挡位开关旋钮和安装在反面的电刷旋钮组成。测量线路板有黄、绿两面，绿面用于焊接，黄面用于安装元件。

图 1-39 为 MF47 型万用表测量线路板。

2）焊接前的准备工作

清除元件引脚表面的氧化层，将元件引脚弯制成形，再将弯制成形的元器件对照图 1-39 插放到线路板上。

3）焊接元器件

检查每个元器件插放是否正确、整齐，二极管、电解电容的极性是否正确，电阻读数的方向是否一致，全部合格后方可进行元器件的焊接。焊接时要注意：电刷轨道上一定不能粘上锡，否则会严重影响电刷的运转。

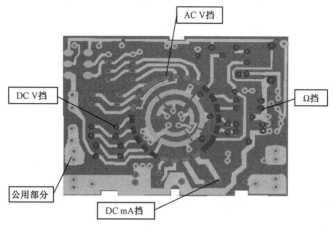

图 1-39　测量线路板

4）机械部分的安装与调整

依次安装提把、电刷旋钮、挡位开关旋钮、电刷及线路板。

5）故障的排除

（1）表针没有任何反应。可能的原因有：表头、表笔损坏；接线错误；保险丝没装或损坏；电池极板装错（如果将两种电池极板装反位置，电池两极无法与电池极板接触，电阻挡就无法工作）；电刷装错。

（2）电压挡指针反偏。这种情况一般是表头引线极性接反。如果 DCmA、DCV 正常，ACV 指针反偏，则为二极管 VD$_1$ 接反。

（3）测量电压示值不准。这种情况一般是焊接有问题，应对被怀疑的焊点重新处理。

3. 万用表使用方法

1）测量电阻

把万用表的两个表笔插好，红表笔接"＋"，黑表笔接"－"，把挡位开关旋钮打到电阻挡，并选择合适的量程。短接两个表笔，旋动电阻调零电位器旋钮，进行电阻挡调零，使指针打到电阻刻度右边的"0"Ω处，将被测电阻脱离电源，用两个表笔接触电阻两端，从表头指针显示的读数乘以所选量程的分辨率数即为被测电阻的阻值。若选用 R×10 挡测量，指针指示 50，则被测电阻的阻值为 50 Ω×10=500 Ω。如果示值过大或过小，则要重新调整挡位，保证读数的精度。

2）测量直流电压

把万用表的两个表笔插好，红表笔接"＋"插孔，黑表笔接"－"插孔，把挡位开关旋钮打到直流电压挡，并选择合适的量程。当被测电压数值范围不确定时，应先选用较高的量程，把万用表两个表笔并接到被测电路上，红表笔接直流电压正极，黑表笔接直流电压的负极，不能接反。根据测出的电压值再逐步选用低量程，最后使读数在满刻度的2/3附近。

3）测量直流电流

把万用表的两个表笔插好，红表笔接"＋"插孔，黑表笔接"－"插孔，把挡位开关旋钮打到直流电流挡，并选择合适的量程。当被测电流数值范围不确定时，应先选用较高的量程。把被测电路断开，将万用表两个表笔串接到被测电路上，注意直流电流从红表笔流入，黑表笔流出，不能接反。根据测出的电流值再逐步选用低量程，保证读数的精度。

4）测量交流电压

测量交流电压时将挡位开关旋钮打到交流电压挡，表笔不分正负极，与测量直流电压相似进行读数，其读数为交流电压的有效值。

提示

（1）测量时不能用手触摸表笔的金属部分，以保证安全和测量准确性。测量电阻时如果用手捏住表笔的金属部分，就会将人体电阻并接于被测电阻而引起测量误差。

（2）测量直流量时注意被测量的极性，避免反偏打坏表头。

（3）不能带电调整挡位或量程，避免电刷的触点在切换过程中产生电弧而烧坏线路板或电刷。

（4）测量完毕后应将挡位开关旋钮打到交流电压最高挡或空挡。

（5）不允许测量带电的电阻，否则会烧坏万用表。

（6）表内电池的正极与面板上的"－"插孔相连，电池的负极与面板"＋"插孔相连，如果不用时误将两个表笔短接就会使电池很快放电并流出电解液，腐蚀万用表，因此不用时应将电池取出。

（7）在测量电解电容和晶体管等器件的阻值时要注意极性。

（8）电阻挡每次换挡都要进行调零。

（9）不允许用万用表电阻挡直接测量高灵敏度的表头内阻，以免烧坏表头。

（10）一定不能用电阻挡测电压，否则会烧坏熔断器或损坏万用表。

考核要求

（1）无错装及漏装。

（2）挡位开关旋扭转动灵活。

（3）焊点大小合适、美观。

（4）无虚焊，调试符合要求。

（5）器件无丢失损坏。

（6）能正确使用各个挡位。

（7）注意安全用电。

（8）会正确使用万用表。

知识梳理与总结

(1) 电流、电压的参考方向是随意假定的方向，当其与实际正方向一致时为正，当其与实际正方向相反时为负。

(2) 电位是电路中相对于同一参考点的电压，是相对的；而电压是绝对的。

(3) 任何元件或部分电路的电功率都等于其电压与电流的乘积，规定吸收电能的电功率为正，提供电能的电功率为负。

(4) 电阻在电路中吸收电能转变为其他形式的能，称之为消耗电能。热敏、光敏和压敏电阻由于特殊的工作特性而被广泛用于传感器电路。

(5) 大多数电源的等效模型为电压源，少数电源的等效模型为电流源。电流源模型可与电压源模型等效变换，以进行复杂电路的分析。

(6) 基尔霍夫定律是最基本的电路定律，用于分析复杂电路时称为支路电流法。

(7) 叠加定理和戴维南定理是分析电路的重要工具。

(8) 电容的电压不能突变，这一特性广泛用于滤波和整形。电容充、放电的快慢与回路中的电阻和电容容量有关。电阻或电容容量越大，充、放电过程越慢。电容有"隔直通交"的作用。

测试题 1

1-1 判断题

1. 电位与参考点的选择有关。 （ ）

2. 两点的电压等于两点的电位差，所以电压与参考点的选择有关。 （ ）

3. 电压源与电流源等效变换时不只对外电路等效，也对内电路等效。 （ ）

4. 由欧姆定律可知，电阻的大小与两端电压成正比，与流过电流成反比。 （ ）

5. 电源的电动势等于电源的开路电压。 （ ）

6. 电源总是放出能量的。 （ ）

7. 正数才能表示电流的大小，所以电流无负值。 （ ）

8. 电路中，电流的方向与电压的方向总是相同的。 （ ）

9. 恒流源与恒压源不能等效变换。 （ ）

10. 负载电阻越小，从电源获取的电流越大，依据 $P=I^2R$，可得负载获取的功率越大。 （ ）

11. 电流源只输出电流，所以称为电流源。 （ ）

12. 电压定律的扩展应用可用于求电路中开路两点之间的电压或电路中两点间的电压。 （ ）

13. 叠加定理只适用于线性电路。 （ ）

14. 叠加定理不能用于求解电功率。 （ ）

15. 电压源和电流源等效变换前后电源内部是不等效的。 （ ）

16. 电阻的电压与电流参考方向总是相同。 （ ）

17. 某直流电源在外部短路时，消耗在内阻上的功率是 400 W，则此电流能供给外电路的最大功率是 400 W。 （ ）

18．电桥平衡的条件是相邻桥臂电阻乘积相等。 （　）

19．电容有"隔直通交"作用。 （　）

20．电容充、放电的快慢与电容容量无关。 （　）

1-2　计算题

1．试求如图 1-40 所示电路中各电源的功率，并指明是吸收还是提供功率。

2．试求图 1-41 所示电路中电压源、电流源及电阻的功率，并指明是吸收还是提供功率。

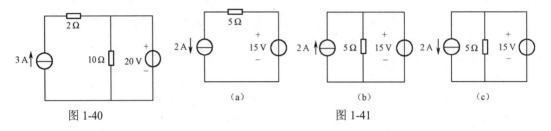

图 1-40　　　　　　　　　　　　　（a）　　　　　　　　（b）　　　　　　　　（c）

图 1-41

3．利用电压源与电流源等效变换的方法，化简图 1-42 所示的电路。

4．图 1-43 所示是某电路的一部分，试求电路中的 I 和 U_{ab}。

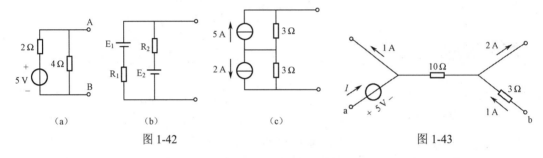

（a）　　　　　　（b）　　　　　　（c）

图 1-42　　　　　　　　　　　　　图 1-43

5．图 1-44 所示是电路的一部分，已知 3 Ω电阻上的电压为 6 V，试求电路中的电流 I。

6．电路如图 1-45 所示，已知 E_1=30 V、E_2=40 V、$R_1=R_2$=5 Ω、R_3=10 Ω，用支路电流法计算各支路的电流。

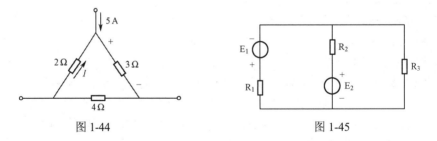

图 1-44　　　　　　　　　　　　　图 1-45

7．应用叠加定理求习题 6 电路中的各电流。

8．应用戴维南定理计算习题 6 中电阻 R_3 中的电流。若要使 R_3 中电功率最大，R_3 需变为多大？

第2章

正弦交流电路

教学导航

<table>
<tr><td rowspan="5">教</td><td>知识重点</td><td>1. 正弦交流电量的三要素及表示方法，正弦交流电路的相量分析法；
2. 纯电阻、纯电感、纯电容的电压电流关系；能量处理方式；
3. 相量形式的欧姆定律及基尔霍夫定律；复阻抗；有功功率、无功功率和视在功率，功率因数；
4. 三相对称交流电动势特征；三相电源的线电压与相电压；
5. 三相负载星形、三角形接法的电压、电流；
6. 三相负载的有功功率、无功功率、视在功率</td></tr>
<tr><td>知识难点</td><td>1. 正弦交流电路的相量法及相量图；   2. 无功功率；
3. 串联谐振电路和并联谐振电路的特点；
4. 对称三相负载的星形连接和三角形连接电路线电压与相电压、线电流与相电流的关系</td></tr>
<tr><td>推荐教学方式</td><td>充分运用第 1 章所学的基本理论和定律，根据正弦交流电量的变化特征，应用相量分析法；另外，注重理论联系实际</td></tr>
<tr><td>建议学时</td><td>20 学时</td></tr>
<tr><td rowspan="3"></td><td></td></tr>
<tr><td rowspan="4">学</td><td>推荐学习方法</td><td>注意交流电路分析方法与第 1 章中基本定律、方法的结合，应用时注意相量法的使用</td></tr>
<tr><td>必须掌握的理论知识</td><td>1. 正弦交流电量的三要素及表示方法，正弦交流电路的相量分析法；
2. 相量形式的欧姆定律；复阻抗的定义及合并方法；有功功率、无功功率和视在功率的公式及意义；提高功率因数的意义和方法；
3. 谐振的概念；串联谐振电路和并联谐振电路的特点；
4. 三相电源线电压与相电压的关系；三相负载线电流与相电流的关系；三相四线制中性线的作用；
5. 单相交流电路和三相交流电路的分析和计算</td></tr>
<tr><td>必须掌握的技能</td><td>交流电表的使用；交流电路操作知识</td></tr>
</table>

任务2　日光灯电路的连接与安装

实物图

日光灯又称荧光灯，俗称管灯，由灯管、镇流器、启辉器组成，如图2-1所示。

由于它的照明效果好，对眼睛的刺激小，发光效率高，使用寿命长，因此日光灯既是一种常用的照明灯具，又是目前比较经济的照明灯具之一。

图 2-1

器材与仪表

日光灯电路所需用的器材及仪表，如表2-1所示。

表 2-1

名称	交流电流表	单相功率表	万用表	日光灯	电容（2 μF）	开关	单相插头	导线
数量	1只	1只	1只	1套	1只	1只	1只	若干

背景知识

直流电源便于携带，在有些场合使用时非常方便，如玩具汽车、手机、剃须刀等小型生活用电器，但直流电的电压低，不方便远距离输送。

大小和方向随时间按正弦函数规律变化的电量称为正弦交流电，一般简称**交流电**。交流电的电压高，且方便远距离输送；交流电动机比直流电动机的结构简单，工作可靠，维护方便，成本较低；直流电可利用电子装置由交流电转换得到，电压高且可以调整，所以交流电的应用非常广泛。

交流电的有关知识是学习交流电动机、变压器和电子技术的重要基础。在研究交流电路时，既要用到直流电路中的许多概念和规律，又要学习交流电路独有的特点和规律。

2.1　正弦交流电量的特征

知识分布网络

正弦交流电量的特征
- 正弦交流电量的三要素
  - 最大值
  - 周期、频率和角频率
  - 初相位
- 正弦电量的有效值
- 相位和相位差
  - 相位
  - 相位差
- 正弦电量的相量表示法
  - 相量表示法
  - 相量图表示法

正弦交流电量是指正弦交流电流、正弦交流电压和正弦交流电动势，常简称为正弦电量。

图 2-2（a）为某正弦交流电动势的波形图。

根据此波形图，交流电动势在任意时刻的表示形式为：

$$e = E_m \sin(\omega t + \psi_e) \tag{2-1}$$

式（2-1）称为交流电动势的一般表示形式，参照该式可写出交流电流、电压的表示形式，即：

$$i = I_m \sin(\omega t + \psi_i) \tag{2-2}$$

$$u = U_m \sin(\omega t + \psi_u) \tag{2-3}$$

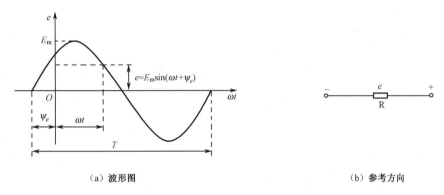

（a）波形图　　　　　　　　　　　　（b）参考方向

图 2-2　正弦交流电动势

2.1.1　正弦交流电量的三要素

由于正弦交流电量的大小和方向随时间按正弦规律作周期性变化，所以在分析和计算正弦交流电路时，必须首先假定正弦交流电量的参考方向。在图 2-2（b）中，当 e 是正值时，表明电动势的实际方向与参考方向相同；当 e 是负值时，表明电动势的实际方向与参考方向相反。

由式（2-1）、式（2-2）和式（2-3）可以看出，表示交流电量需要 3 个参数，称之为三要素。

1．最大值

正弦电量在一个周期内所能达到的最大数值，也就是最大的瞬时值，又称**峰值**或**幅值**。正弦交流电量的最大值分别用带 m 下标的大写字母 I_m、U_m、E_m 表示。

2．周期、频率和角频率

周期、频率和角频率都是用来衡量正弦电量随时间变化快慢的物理量。

1）周期

周期即正弦电量每重复变化一周所需的时间，用大写字母 T 表示，单位是 s，如图 2-2（a）所示。

2）频率

频率即正弦电量在 1 s 内重复变化的周期数，用字母 f 表示，单位是 Hz。周期和频率互为倒数，即：

$$\frac{1}{T} = f \quad 或 \quad \frac{1}{f} = T \tag{2-4}$$

3）角频率

角频率即正弦电量在1 s内变化的电角度，用希腊字母 ω 表示，单位是 rad/s（弧度每秒）。角频率与周期和频率的关系为：

$$\omega = \frac{2\pi}{T} = 2\pi f \tag{2-5}$$

> **提示**
>
> 每个国家都有特定的交流电标准频率，称为工频。我国及亚洲大多数国家的工频是50 Hz，欧洲国家的工频也是50 Hz，而美洲国家和亚洲的日本、韩国的工频则是60 Hz。

3. 初相位

初相位是表示计时起点位置的。当我们选取的计时起点在不同位置时，初相位不同。

2.1.2 交流电量的有效值

因为交流电量每时每刻都在变化，为了合理地衡量交流电量的大小，采用有效值的概念。

有效值是从交流电量作用的效果来表示交流电量的大小。其定义是：将交流电流 i 和直流电流 I 分别通过阻值相同的电阻 R，如果在交流电流一个周期 T 的时间内，它们产生的热量相等，即它们的热效应相同，则该直流电流的数值 I 称为交流电流 i 的有效值。

正弦电量的有效值分别用大写字母 I、U、E 表示。

正弦交流电流的有效值 I 与最大值 I_m 的关系为：

$$I = \frac{I_m}{\sqrt{2}} \approx 0.707 I_m \tag{2-6}$$

同理，正弦电压和正弦电动势的有效值分别为：

$$U = \frac{U_m}{\sqrt{2}} \approx 0.707 U_m \tag{2-7}$$

$$E = \frac{E_m}{\sqrt{2}} \approx 0.707 E_m \tag{2-8}$$

> **提示**
>
> 交流电流 i 在一个周期 T 内产生的热量为：
>
> $$Q_\sim = \int_0^T i^2 R dt = R \int_0^T i^2 dt$$
>
> 直流电流 I 在一个周期 T 内产生的热量为：
>
> $$Q_- = I^2 R T$$
>
> 根据定义 $Q_\sim = Q_-$，即有：

$$R\int_0^T i^2 \mathrm{d}t = I^2 RT$$

由此可得，交流电流的有效值可表示为瞬时值的方均根值：

$$I = \sqrt{\frac{1}{T}\int_0^T i^2 \mathrm{d}t}$$

设交流电流的瞬时值表示式为 $i = I_\mathrm{m}\sin\omega t$，代入上式，则得：

$$I = \sqrt{\frac{1}{T}\int_0^T I_\mathrm{m}^2 \sin^2\omega t \mathrm{d}t} = I_\mathrm{m}\sqrt{\frac{1}{2T}\int_0^T (1-\cos 2\omega t)\mathrm{d}t} = \frac{I_\mathrm{m}}{\sqrt{2}} \approx 0.707 I_\mathrm{m}$$

在工程实际应用中，如无特别说明，正弦电量的数值一般都是指有效值，如照明线路的电压 220 V、低压动力线路的电压 380 V、异步电动机的额定电流 8.8 A 等。用交流电流表、交流电压表测量的数值也是指有效值。

2.1.3　相位和相位差

1. 相位

正弦电量在任一瞬时的电角度 $(\omega t + \psi)$ 称为相位，也称相位角或相角。

> **提示　电角度与机械角度**
>
> 电角度是指正弦电量随时间变化的角度，它决定了正弦电量的大小和方向，用希腊字母 α 表示，单位是 rad（弧度）。因此，角频率又称为电角速度或电角频率。通常将电角度 α 表示为 $(\omega t + \psi)$。
>
> 机械角度是指发电机的线圈转过的空间角度。只有在两个磁极的发电机中，电角度与机械角度才相等。

相位反映正弦电量在某一瞬时的状态，它不仅决定瞬时值的大小和方向，还表示正弦电量的变化趋势。

2. 相位差

两个同频率的正弦电量在任一瞬时的相位之差称为相位差，用希腊字母 φ 表示。

相位差描述了两个同频率正弦交流电量随时间变化的先后顺序。

设正弦电压 $u = U_\mathrm{m}\sin(\omega t + \psi_u)$，正弦电流 $i = I_\mathrm{m}\sin(\omega t + \psi_i)$，则它们的相位差为：

$$\varphi = (\omega t + \psi_u) - (\omega t + \psi_i) = \psi_u - \psi_i \tag{2-9}$$

式（2-9）表明，两个同频率正弦电量的相位差等于它们的初相位之差。

> **提示**
>
> 两个同频率正弦电量的相位差 φ 与计时起点的选择无关，在正弦电量变化的过程中其相位差始终是一个常数。需要注意的是，不同频率的正弦电量之间不存在相位差问题。习惯上规定相位差的绝对值不超过 π。

【实例 2-1】 在某一交流电路中，已知正弦电压 $u = 155.56\sin\left(314t - \dfrac{\pi}{6}\right)$ V，正弦电流 $i = 7.07\sin\left(314t + \dfrac{\pi}{3}\right)$ A。试求：（1）交流电压、电流的最大值和有效值；（2）频率和周期；（3）电压与电流的相位差，并说明它们的相位关系。

解 由正弦电压和正弦电流的瞬时值表示式可得以下值。

（1）电压的最大值： $U_{\mathrm{m}} = 155.56$ V

电压的有效值： $U = \dfrac{U_{\mathrm{m}}}{\sqrt{2}} = \dfrac{155.56}{\sqrt{2}} = 110$ V

电流的最大值： $I_{\mathrm{m}} = 7.07$ A

电流的有效值： $I = \dfrac{I_{\mathrm{m}}}{\sqrt{2}} = \dfrac{7.07}{\sqrt{2}} = 5$ A

（2）因为角频率 $\omega = 2\pi f$，可得出频率和周期如下。

电压和电流的频率： $f = \dfrac{\omega}{2\pi} = \dfrac{314}{2\pi} = 50$ Hz

电压和电流的周期： $T = \dfrac{1}{f} = \dfrac{1}{50} = 0.02$ s

（3）电压与电流的相位差： $\varphi = \psi_u - \psi_i = -\dfrac{\pi}{6} - \dfrac{\pi}{3} = -\dfrac{\pi}{2}$

因此，u 滞后 i 的相位差为 $\pi/2$，或 i 超前 u 的相位差为 $\pi/2$。

同频率的两个正弦电量的相位差和相位关系有多种情况，如表 2-2 所示。

表 2-2　同频率的两个正弦电量的相位差和相位关系

波形图	相位差	相位关系
	$\varphi = \psi_u - \psi_i > 0$	u 超前 i（i 滞后 u）
	$\varphi = \psi_u - \psi_i < 0$	u 滞后 i（i 超前 u）
	$\varphi = \psi_u - \psi_i = 0°$	u 与 i 同相

续表

波形图	相位差	相位关系
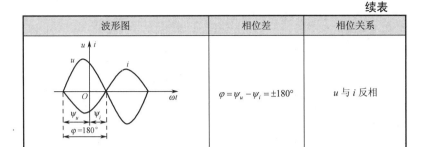	$\varphi = \psi_u - \psi_i = \pm 180°$	u 与 i 反相

2.1.4　正弦电量的相量表示方法

在正弦交流电路中，常常遇到正弦电量的加、减等运算，如果使用瞬时值表示式和波形图来进行分析、计算，则既麻烦又费时。为此，人们将正弦电量用复数来表示，即正弦电量的相量表示法，从而使正弦交流电路的分析和计算大为简化。

 复习

下面对复数的基本概念进行复习，熟悉这部分内容的读者可略过。

1．复数的表示形式

1）复数的代数表示式

$$A = a + jb \tag{2-10}$$

式中，a 是复数的实部；b 是复数的虚部；$j = \sqrt{-1}$，是虚数单位。

如果用横轴代表实数轴，纵轴代表虚数轴，则由这两个坐标轴组成的复平面上，复数 $A=a+jb$ 和其上的一个点 $A(a,b)$ 相对应，如图 2-3 所示。因此，式（2-10）也称为复数的直角坐标表示式。

从坐标原点 O 到点 $A(a,b)$ 作出的矢量称为复数矢量。

复数矢量的模是：

$$|A| = \sqrt{a^2 + b^2} \tag{2-11}$$

复数矢量的幅角是：

$$\varphi = \arctan \frac{b}{a} \tag{2-12}$$

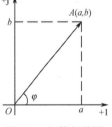

图 2-3　复数矢量图

复数 A 的实部和虚部与复数矢量 OA 的模和幅角的关系为：

$$a = |A| \cos \varphi \tag{2-13}$$

$$b = |A| \sin \varphi \tag{2-14}$$

2）复数的三角函数表示式

将式（2-13）和式（2-14）代入式（2-10）中可得：

$$A = |A|(\cos \varphi + j \sin \varphi) \tag{2-15}$$

式（2-15）称为复数的三角函数表示式。

3）复数的指数表示式

利用欧拉公式 $e^{j\varphi} = (\cos \varphi + j \sin \varphi)$，可得到复数的指数表示式为：

$$A = |A| e^{j\varphi} \qquad (2\text{-}16)$$

4）复数的极坐标式

为了简便，通常将复数的指数表示式写成极坐标式：

$$A = |A| \underline{/\varphi} \qquad (2\text{-}17)$$

在复数的 4 种表示式中，应用最多的是代数表示式和极坐标式。

2. 复数的运算

设两个复数 $A_1 = a_1 + jb_1 = |A_1| \underline{/\varphi_1}$，$A_2 = a_2 + jb_2 = |A_2| \underline{/\varphi_2}$。

1）加、减运算

复数的加、减运算用代数形式进行。

方法：实部和虚部分别相加或相减。

$$A = A_1 \pm A_2 = (a_1 \pm a_2) + j(b_1 \pm b_2)$$

2）乘、除运算

复数的乘、除运算用极坐标形式进行。

乘法运算的方法：模相乘，辐角相加。

$$A_1 \cdot A_2 = |A_1| \cdot |A_2| \underline{/\varphi_1 + \varphi_2}$$

除法运算的方法：模相除，辐角相减。

$$\frac{A_1}{A_2} = \frac{|A_1|}{|A_2|} \underline{/\varphi_1 - \varphi_2}$$

3）旋转 90° 的算子 j

$$+j = 0 + j = 1\underline{/90°}$$
$$-j = 0 - j = 1\underline{/-90°}$$

任意一个复数乘以 +j，其模不变，辐角增加 90°，对应的矢量沿逆时针方向旋转 90°。

$$+jA = 1\underline{/90°} \cdot |A| \underline{/\varphi} = |A| \underline{/\varphi + 90°}$$

任意一个复数乘以 −j，其模不变，辐角减小 90°，对应的矢量沿顺时针方向旋转 90°。

$$-jA = 1\underline{/-90°} \cdot |A| \underline{/\varphi} = |A| \underline{/\varphi - 90°}$$

1. 正弦电量的相量表示法

取正弦电量的最大值或有效值作为复数的模、初相位作为复数的幅角，则所对应的复数称为正弦电量的相量，用加点 "·" 的大写字母 $\dot{I}_m$、$\dot{U}_m$、$\dot{E}_m$ 或 $\dot{I}$、$\dot{U}$、$\dot{E}$ 表示，即：

$$i = I_m \sin(\omega t + \psi_i) \Leftrightarrow \dot{I} = I \underline{/\psi_i}$$
$$u = U_m \sin(\omega t + \psi_u) \Leftrightarrow \dot{U} = U \underline{/\psi_u}$$
$$e = E_m \sin(\omega t + \psi_e) \Leftrightarrow \dot{E} = E \underline{/\psi_e}$$

正弦电量虽然可用相量来表示，但正弦电量不等于相量（复数）。

用相量（复数）可以进行正弦电量的计算，其方法是：两正弦电量的和或差仍为同频率的正弦电量，其有效值和初相位分别等于两正弦电量的相量之和或差的模和幅角。

2. 相量图表示法

相量在复平面上的几何表示称为相量图，如图 2-4（a）所示。

作相量图时，电压相量和电流相量的模应当按照各自确定的比例选取。有时为了方便，也可以将复平面的实轴和虚轴略去，如图 2-4（b）所示。

必须指出，只有同频率正弦电量的相量才能画在同一个相量图中。

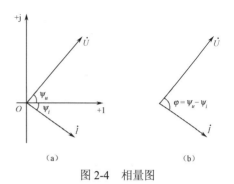

图 2-4　相量图

【实例 2-2】 已知正弦电压 $u_1 = 30\sqrt{2}\sin(\omega t + 30°)$ V、$u_2 = 40\sqrt{2}\sin(\omega t - 60°)$ V。计算 $u = u_1 + u_2$ 和 $u' = u_1 - u_2$，并画出其相量图。

解　使用相量法计算 $u = u_1 + u_2$ 和 $u' = u_1 - u_2$ 时，应先将正弦电压 u_1、u_2 的瞬时值表示式变换为相量式，再根据复数运算法则计算出电压相量 $\dot{U} = \dot{U}_1 + \dot{U}_2$ 和 $\dot{U}' = \dot{U}_1 - \dot{U}_2$，经过反变换，即得到所求正弦电压 u、u' 的瞬时值表示式。

由正弦电压 u_1、u_2 的瞬时值表示式分别写出它们的相量式：

$$\dot{U}_1 = 30\underline{/30°}\ \text{V}$$

$$\dot{U}_2 = 40\underline{/-60°}\ \text{V}$$

用相量法求和，可得电压相量为：

$$\begin{aligned}
\dot{U} &= \dot{U}_1 + \dot{U}_2 \\
&= 30\underline{/30°} + 40\underline{/-60°} \\
&= 30(\cos 30° + j\sin 30°) + 40[\cos(-60°) + j\sin(-60°)] \\
&= (26.0 + j15.0) + (20.0 - j34.7) \\
&= 46.0 - j19.7 \\
&= 50.0\underline{/-23.3°}\ (\text{V})
\end{aligned}$$

因此，正弦电压 $u = u_1 + u_2$ 的瞬时值表示式为：

$$u = 50.0\sqrt{2}\sin(\omega t - 23.3°)\ \text{V}$$

用相量法求差，可得电压相量：

$$\begin{aligned}
\dot{U}' &= \dot{U}_1 - \dot{U}_2 \\
&= 30\underline{/30°} - 40\underline{/-60°} \\
&= 30(\cos 30° + j\sin 30°) - 40[\cos(-60°) + j\sin(-60°)] \\
&= (26.0 + j15.0) - (20.0 - j34.7) \\
&= 6.0 + j49.7 \\
&= 50.0\underline{/83.1°}\ \text{V}
\end{aligned}$$

因此正弦电压 $u' = u_1 - u_2$ 的瞬时值表示式为：

$$u' = 50.0\sqrt{2}\sin(\omega t + 83.1°)\ \text{V}$$

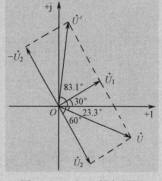

图 2-5　u 和 u' 的相量图

相量图如图 2-5 所示。在图中，相量 $\dot{U}_1$ 和 $\dot{U}_2$ 的模按照相同的长度比例确定，按照平行四边形法则，相量 $\dot{U}_1$ 和 $\dot{U}_2$ 的和是电压相量 $\dot{U}$，相量 $\dot{U}_1$ 和（$-\dot{U}_2$）的和是电压相量 $\dot{U}'$。

知识拓展　正弦电量的相量运算

如图 2-6 所示，从坐标原点作一个矢量，使其长度等于正弦电压的最大值 U_m，与横轴的夹角等于正弦电压的初相位 ψ_u，并以等于正弦电压角频率的角速度 ω 绕原点沿逆时针方向旋转，则在任一瞬时，旋转矢量在纵轴上的投影就是该正弦电压的瞬时值。

很显然，在任一瞬时，两个同频率正弦电量所对应的旋转矢量在纵轴上投影的和或差就是这两个同频率正弦电量的和或差。

换句话说，两个旋转矢量的和矢量的长度等于和正弦电量的最大值 U_m，与横轴的夹角等于和正弦电量的初相位 ψ_u。

由于在同一个电路中，各交流电量的角频率相同，所以只需要计算交流电量的最大值或有效值及初相位。这两个参数可以用矢量合成的办法得到。矢量可以用复数（相量）表示，它们之间的运算也可以转换为复数的运算。

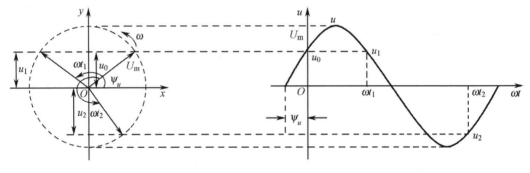

图 2-6　正弦电量的旋转矢量表示法

2.2　正弦交流电路的分析与计算

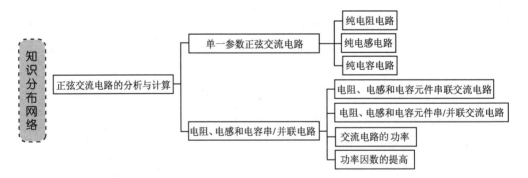

2.2.1　单一参数正弦交流电路的分析

单一参数的正弦交流电路是指只包含电阻元件 R、电感元件 L 或电容元件 C 的交流电路，通常称为纯电阻电路、纯电感电路或纯电容电路。

单一参数的正弦交流电路是最简单的交流电路，它是分析、计算包含两个以上不同元件

交流电路的基础。

1. 纯电阻电路

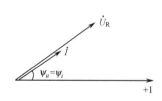

在如图 2-7 所示的纯电阻电路中，电压、电流的参考方向均表示在图中。

图 2-7 纯电阻电路

1）电压与电流的关系

在任一瞬时，通过电阻元件的电流 i 与其端电压 u_R 都遵守欧姆定律，即：

$$i = \frac{u_R}{R}$$

如果设电阻元件的端电压 $u_R = U_{Rm}\sin(\omega t + \psi_u)$，则：

$$i = \frac{U_{Rm}}{R}\sin(\omega t + \psi_u) = I_m\sin(\omega t + \psi_i) \tag{2-18}$$

比较电压 u_R 和电流 i 的瞬时值表示式可以得出如下结论。

（1）频率关系：通过电阻元件的电流 i 与其端电压 u_R 是同频率的正弦电量。

（2）相位关系：电压 u_R 和电流 i 的初相位相等，即 $\psi_u = \psi_i$，这表明电压 u_R 和电流 i 相位相同，它们的波形图如图 2-8（a）所示。

（3）数值关系：由式（2-18）可得：

$$U_{Rm} = I_m R \quad 或 \quad U_R = IR \tag{2-19}$$

上式表明，在纯电阻电路中，电流与电压的有效值及最大值之间也遵守欧姆定律。

为了同时表示电压与电流的相位关系和数值关系，可导出欧姆定律的相量形式，即：

$$\dot{U}_R = U_R\ \underline{/\psi_u} = IR\ \underline{/\psi_i} = I\ \underline{/\psi_i} \cdot R = \dot{I}R \tag{2-20}$$

或

$$\dot{I} = \frac{\dot{U}_R}{R} \tag{2-21}$$

电压与电流的相量图如图 2-8（b）所示。

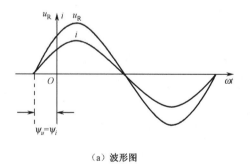

（a）波形图　　　　　　　　　　　　　　　（b）相量图

图 2-8　纯电阻电路电压与电流

2）功率

（1）瞬时功率：在纯电阻电路中，电阻元件的功率随电压与电流的变化而变化。

在任一瞬时，电压 u_R 和电流 i 的乘积称为瞬时功率，用小写字母 p_R 表示，即：

$$p_R = u_R i$$

如果假设电压 u_R 和电流 i 的初相位都为零，即 $\psi_u = \psi_i = 0°$，则得瞬时功率的表示式为：

$$p_R = u_R i = U_{Rm} \sin \omega t \cdot I_m \sin \omega t = U_{Rm} I_m \sin^2 \omega t$$

依据上式画出波形图，如图 2-9 所示。由波形图可以看出，瞬时功率 p_R 总是大于或等于零。这表明，不管电压 u_R 和电流 i 如何变化，电阻元件总是吸收电功率，并将吸收的电能转换成热能，即电阻元件在交流电路中仍然消耗电能。

（2）有功功率：瞬时功率 p_R 的计算和测量都很不方便，因此在工程上常用有功功率来表示电阻元件的实际耗能效果。

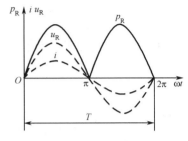

图 2-9　纯电阻电路瞬时功率的波形

在交流电量的一个周期内瞬时功率 p_R 的平均值称为有功功率，也称平均功率，用大写字母 P 表示，即：

$$P = U_R I = I^2 R = \frac{U_R^2}{R} \tag{2-22}$$

式（2-22）与直流电路中的功率计算公式形式相同，但是 P 是指平均功率，U_R 和 I 是指有效值。

🔊 **提示**

根据积分中值定理，纯电阻电路的有功功率：

$$P = \frac{1}{T} \int_0^T p_R \mathrm{d}t = \frac{1}{T} \int_0^T U_R I (1 - \cos 2\omega t) \mathrm{d}t = \frac{U_R I}{T} \int_0^T (1 - \cos 2\omega t) \mathrm{d}t = U_R I$$

式中，$\omega = \dfrac{2\pi}{T}$。

【实例 2-3】　在如图 2-7 所示的纯电阻电路中，电压 $u_R = 220\sqrt{2} \sin(314t - 60°)$ V，电阻 $R = 20\ \Omega$，求电流 i 和有功功率 P。

解　电压相量：　　　　　　　　　　$\dot{U}_R = 220 \underline{/-60°}$ V

根据式（2-21）可得电流相量：

$$\dot{I} = \frac{\dot{U}_R}{R} = \frac{220 \underline{/-60°}}{20} = 11 \underline{/-60°} \text{ A}$$

则电流的瞬时值表示式为：

$$i = 11\sqrt{2} \sin(314t - 60°) \text{ A}$$

有功功率为：　　　　　　　　　$P = U_R I = 220 \times 11 = 2420$ W

2. 纯电感电路

1）电感线圈

线圈统称电感线圈，也称电感或电感器。图 2-10 所示就是几种实用的电感线圈。

当电流 i 通过电感线圈时，产生磁场。如果线圈的匝数为 N，称 $\psi_L = N\Phi_L$ 为磁链。

（a）变压器

（b）电感镇流器

（c）扼流圈

图 2-10　电感线圈

磁链 ψ_L 与电流 i 的比值称为自感系数，也称电感量或电感，用大写字母 L 表示，即：

$$L = \frac{\psi_L}{i} \tag{2-23}$$

电感量是衡量线圈通过单位电流时产生自感磁链本领大小的物理量，常用单位是 H（亨利）、mH（毫亨）和 μH（微亨）。

电感量是线圈的固有参数，它的大小与线圈的匝数、几何形状和线圈中媒介质的磁导率有关。电感量是常数的线圈称为线性电感，如空心线圈。由于铁芯线圈的磁导率不是常数，因此其电感量也不是常数。

2）电感元件及端电压

如果忽略电感线圈的电阻和匝间分布电容，则可以将其视为只具有电感性的理想电路元件——电感元件。

在图 2-11 中，如果通过电感元件的电流 i 发生变化，线圈中就将产生自感电动势 e_L，其大小与通过线圈的自感磁链对时间的变化率成正比，即：

$$e_L = -\frac{\mathrm{d}\psi_L}{\mathrm{d}t} = -L\frac{\mathrm{d}i}{\mathrm{d}t} \tag{2-24}$$

式中的负号是因为我们规定磁场减弱时产生的感应电动势为正值。

根据基尔霍夫电压定律，电感元件的端电压 u_L 为：

$$u_L = -e_L = L\frac{\mathrm{d}i}{\mathrm{d}t} \tag{2-25}$$

上式表明，对于 L 是常数的线性电感元件，其端电压与通过它的电流对时间的变化率成正比。

电感元件中磁场能量的大小与电感量和电流二次方的乘积成正比，即：

$$W_L = \frac{1}{2}LI^2 \tag{2-26}$$

提示

　　铁芯线圈的电感不是常数，因此不能用公式 $e_L = -L\dfrac{\mathrm{d}i}{\mathrm{d}t}$，只能用 $e_L = -\dfrac{\mathrm{d}\psi_L}{\mathrm{d}t}$。

电感在交流电路中的工作情况如下。

3）电压与电流的关系

在纯电感电路中，设电压、电流的参考方向如图 2-11 所示。

设通过电感元件的电流 $i = I_m \sin \omega t$ ，则电感元件的端电压为：

$$u_L = L \frac{di}{dt} = L \frac{d}{dt}(I_m \sin \omega t) = \omega L I_m \cos \omega t = U_{Lm} \sin(\omega t + 90°) \qquad (2-27)$$

比较电压 u_L 和电流 i 的瞬时值表示式，可以得出以下频率关系、相位关系和数值关系。

（1）频率关系：通过电感元件的电流 i 与其端电压 u_L 是同频率的正弦电量。

（2）相位关系：电压 u_L 与电流 i 的相位差 $\varphi = \psi_u - \psi_i = 90°$ ，表明电压 u_L 超前电流 i 的相位差为 90°，它们的波形图如图 2-12（a）所示。

（3）数值关系。由式（2-27）可得：

$$U_{Lm} = \omega L I_m \quad 或 \quad U_L = \omega L I \qquad (2-28)$$

式中的 ωL 称为感抗，具有阻碍交流电流通过电感元件的性质，用带 L 下标的大写字母 X_L 表示，单位是欧姆（Ω）。

感抗 X_L 的大小与电源频率 f 成正比，与电感元件的电感 L 成正比，即：

$$X_L = \omega L = 2\pi f L \qquad (2-29)$$

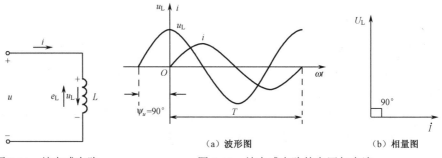

图 2-11　纯电感电路　　　　图 2-12　纯电感电路的电压与电流

（a）波形图　　　　（b）相量图

🔊 **提示　感抗与电阻**

在交流电路中，感抗虽然具有和电阻 R 相似的作用，但它与电阻对电流的阻碍作用有着本质的区别。

电感元件的感抗表示电感元件所产生的自感电动势对通过电感元件的交流电流具有反抗阻碍的作用，因此，感抗只有在交流电路中才有意义。

对于一个电感线圈来说，电源的频率越高，电流变化得越快，产生的自感电动势就越大，它阻碍电流通过的作用也就越大，即感抗就越大，可见高频电流很难通过电感线圈。但对于直流电流，$f = 0$，则 $X_L = 0$，因此直流电路中的电感线圈可视为短路，可见直流电流及低频电流容易通过电感线圈。

电感线圈具有的"通直流、阻交流，通低频、阻高频"的特性极为重要，在电工和电子技术中得到广泛的应用，如高频扼流圈、电感滤波器等。

引入感抗 X_L 这一概念后，式（2-28）可变换为：

$$U_{Lm} = I_m X_L \quad 或 \quad U_L = I X_L \qquad (2-30)$$

为了同时表示电压与电流的相位关系和数值关系，可导出电压、电流的相量形式之间的关系，即：

$$\dot{U}_L = U_L \underline{/\psi_u} = IX_L \underline{/\psi_i + 90°} = I \underline{/\psi_i} \cdot X_L \underline{/90°} = \dot{I} \cdot jX_L$$

或

$$\dot{I} = \frac{\dot{U}_L}{jX_L} \tag{2-31}$$

电压与电流的相量图如图 2-12（b）所示。

4）功率

（1）瞬时功率：纯电感电路中的瞬时功率等于电压 u_L 和电流 i 的乘积，用小写字母 p_L 表示，即：

$$p_L = u_L i$$

如果假设电流 $i = I_m \sin \omega t$，则电压 $u_L = U_{Lm} \sin(\omega t + 90°)$，瞬时功率 p_L 的表示式为：

$$p_L = u_L i = U_{Lm} \sin(\omega t + 90°) \cdot I_m \sin \omega t = U_{Lm} I_m \sin \omega t \cos \omega t = 2U_L I \cdot \frac{\sin 2\omega t}{2} = U_L I \sin 2\omega t$$

由图 2-13 所示的瞬时功率波形图可以看出：在前半周期，瞬时功率 p_L 为正，表明电感元件从电源吸收电能并转换成磁场能，将磁场能储存在磁场中；在后半周期，瞬时功率 p_L 为负，表明电感元件把原来储存的磁场能释放出来并转换成电能还给电源。

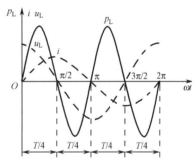

图 2-13　纯电感电路的瞬时功率

（2）有功功率：在交流电量的一个周期内，瞬时功率 p_L 变化两个周期，即两次为正，两次为负，数值相等，平均功率 P 为零。这是我们为什么称平均功率为有功功率的原因。平均功率表示消耗电能的性质，消耗的电能做了有用功。如果平均功率不为 0，表明电路吸收大于释放，那么其中有一部分电能被消耗。

电感元件在交流电路中不消耗电能，它是一个储能元件。

（3）无功功率 Q_L：电感在电路中不消耗电能，在其吸收与释放能量的过程中与外部电路进行能量交换。无功功率这个物理量表示其交换的规模。

瞬时功率的最大值称为无功功率，用带 L 下标的大写字母 Q_L 表示，单位是 var（乏）或 kvar（千乏）。

$$Q_L = U_L I = I^2 X_L = \frac{U_L^2}{X_L} \tag{2-32}$$

提示　有功功率与无功功率

有功功率的"有功"是指"消耗"，而无功功率的"无功"是指"交换"，一定不能将"无功"理解为"无用"。有电磁线圈的电气设备（如变压器、电动机等）正是通过这种电能和磁场能的交换来进行工作的。

【实例 2-4】 在如图 2-11 所示的纯电感电路中，电感元件的电感 $L = 318$ mH，电流

$i = 2.2\sqrt{2}\sin(314t + 30°)$ A 。求：（1）电感元件的感抗 X_L ；（2）电感元件的端电压 u_L ；（3）无功功率 Q_L ；（4）画出相量图。

解　（1）电感元件的感抗：

$$X_L = \omega L = 314 \times 318 \times 10^{-3} \approx 100 \ \Omega$$

（2）电感元件的电流：$\dot{I} = 2.2 \underline{/30°}$ A

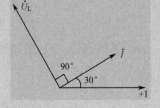

图 2-14　纯电感电路的相量图

电感元件的端电压：$\dot{U}_L = \dot{I} \cdot jX_L = 2.2 \underline{/30°} \times 100 \underline{/90°}$

$= 220 \underline{/120°}$ V

电压瞬时值表示式：$u_L = 220\sqrt{2}\sin(314t + 120°)$ V

（3）无功功率：$Q_L = U_L I = 220 \times 2.2 = 484$ var

（4）相量图如图 2-14 所示。

3. 纯电容电路

在如图 2-15 所示的纯电容电路中，电压、电流的参考方向均标示在图中。

1）电压与电流的关系

设电容元件的端电压为 $u_C = U_{Cm}\sin\omega t$ ，则电容元件的电流为：

$$i = C\frac{\mathrm{d}u_C}{\mathrm{d}t} = C\frac{\mathrm{d}}{\mathrm{d}t}(U_{Cm}\sin\omega t) = \omega C U_{Cm}\cos\omega t = I_m\sin(\omega t + 90°) \qquad （2-33）$$

比较电压 u_C 和电流 i 的瞬时值表示式可以得出以下频率关系、相位关系、数值关系。

（1）频率关系：通过电容元件的电流 i 与其端电压 u_C 是同频率的正弦电量。

（2）相位关系：电压 u_C 与电流 i 的相位差 $\varphi = \psi_u - \psi_i = -90°$ ，表明电压 u_C 滞后电流 i 的相位差为 90° ，它们的波形图如图 2-16（a）所示。

（3）数值关系。由式（2-33）可得：

$$I_m = \frac{U_{Cm}}{1/(\omega C)} \quad 或 \quad I = \frac{U_C}{1/\omega C} \qquad （2-34）$$

式中的 $1/(\omega C)$ 具有阻碍交流电流通过电容元件的性质，称为容抗，用带 C 下标的大写字母 X_C 表示，单位是欧姆（Ω）。

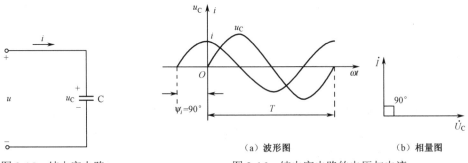

图 2-15　纯电容电路　　　　　图 2-16　纯电容电路的电压与电流

（a）波形图　　　　　（b）相量图

容抗 X_C 的大小与电源频率 f 成反比，与电容元件的电容量 C 成反比，即：

$$X_C = \frac{1}{\omega C} = \frac{1}{2\pi f C} \tag{2-35}$$

提示　容抗与感抗

对于一个电容器来说，当外加电压和电容量一定时，电源频率越高，电容器的充电和放电速度就越快，电流也就越大，电容器对电流的阻碍作用就越小，即容抗越小，可见高频电流容易通过电容器。但对于直流电流，$f = 0$，则 X_C 趋于无穷大，因此直流电路中的电容器可视为开路，可见直流电流及低频电流很难通过电容器。

虽然容抗和感抗都具有阻碍交流电流的性质，但电感线圈具有"通直流、阻交流，通低频、阻高频"的特性，而电容器具有"通交流、阻直流，通高频、阻低频"的特性。

引入容抗 X_C 这一概念后，式（2-34）可变换为：

$$U_{Cm} = I_m X_C \quad \text{或} \quad U_C = I X_C \tag{2-36}$$

为了同时表示电压与电流的相位关系和数值关系，可导出电压与电流的相量形式之间的关系，即：

$$\dot{I} = I \underline{/\psi_i} = \frac{U_C \underline{/\psi_u} + 90^\circ}{X_C} = \frac{U_C \underline{/\psi_u} \underline{/90^\circ}}{X_C} = j\frac{\dot{U}_C}{X_C} = \frac{\dot{U}_C}{-jX_C}$$

或

$$\dot{U}_C = \dot{I} \cdot (-jX_C) \tag{2-37}$$

电压与电流的相量图如图 2-16（b）所示。

2）功率

（1）瞬时功率。纯电容电路中的瞬时功率等于电压 u_C 和电流 i 的乘积，用小写字母 p_C 表示，即：

$$p_C = u_C i$$

如果假设电压 $u_C = U_{Cm} \sin \omega t$，则电流 $i = I_m \sin(\omega t + 90^\circ)$，瞬时功率 p_C 的表示式为：

$$p_C = u_C i = U_{Cm} \sin \omega t \cdot I_m \sin(\omega t + 90^\circ) = U_{Cm} I_m \sin \omega t \cos \omega t = 2U_C I \cdot \frac{\sin 2\omega t}{2} = U_C I \sin 2\omega t$$

（2）有功功率。电容瞬时功率表示形式与电感相似，所以其能量处理方式也相似。有时吸收，有时释放，本身不消耗，是储能元件。平均功率（有功功率）P 为零。

（3）无功功率 Q_C。电容也用无功功率表示其能量交换的规模。

$$Q_C = U_C I = I^2 X_C = \frac{U_C^2}{X_C} \tag{2-38}$$

【实例 2-5】　在如图 2-15 所示的纯电容电路中，电容元件的电容量 $C = 580\ \mu F$，其端电压 $u_C = 110\sqrt{2} \sin(314t - 60^\circ)$ V。求：（1）电容元件的容抗 X_C；（2）电容电流 i_C；（3）无功功率 Q_C。

解　（1）电容元件的容抗为：

$$X_C = \frac{1}{\omega C} = \frac{1}{314 \times 580 \times 10^{-6}} = 5.5\ \Omega$$

（2）电容元件的端电压： $\dot{U}_C = 110\,\underline{/-60°}$ V

电容电流： $\dot{I} = \dfrac{\dot{U}_C}{-jX_C} = \dfrac{110\,\underline{/-60°}}{5.5\,\underline{/-90°}} = 20\,\underline{/30°}$ A

电流的瞬时值表示式： $i = 20\sqrt{2}\sin(314t + 30°)$ A

（3）无功功率： $Q_C = U_C I = 110 \times 20 = 2200$ var

2.2.2 电阻、电感和电容串/并联电路的分析

1. 电阻、电感和电容元件串联交流电路

在实际工作中，常常会看到这样的电路，如供电系统中的补偿电路、电子技术中的串联谐振电路等。它们都是由电阻、电感和电容元件串联组成的交流电路，称之为电阻、电感和电容元件串联交流电路，简称 RLC 串联交流电路，如图 2-17 所示，各元件的端电压和电流的参考方向均标示在图中。

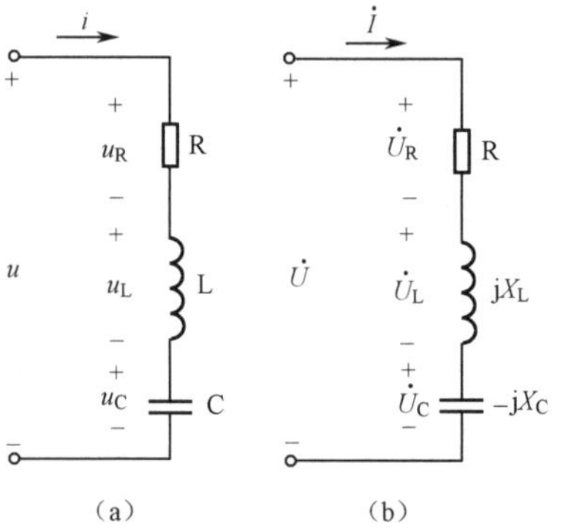

1）电压与电流的关系

在如图 2-17（a）所示的 RLC 串联交流电路中，根据基尔霍夫电压定律，总电压的瞬时值为：

$$u = u_R + u_L + u_C$$

根据正弦量相量表示法则有：

$$\dot{U} = \dot{U}_R + \dot{U}_L + \dot{U}_C \qquad (2\text{-}39)$$

同样，若 $i = i_1 + i_2 + i_3$

则 $\dot{I} = \dot{I}_1 + \dot{I}_2 + \dot{I}_3 \qquad (2\text{-}40)$

图 2-17　RLC 串联交流电路

式（2-39）和式（2-40）称为相量形式的基尔霍夫定律，是分析交流电路的重要依据。将 $\dot{U}_R = \dot{I} \cdot R$、$\dot{U}_L = \dot{I} \cdot jX_L$、$\dot{U}_C = \dot{I} \cdot (-jX_C)$ 代入式（2-39）中，得：

$$\dot{U} = \dot{I} \cdot R + \dot{I} \cdot jX_L + \dot{I} \cdot (-jX_C) = \dot{I}[R + j(X_L - X_C)] = \dot{I}(R + jX) = \dot{I}Z$$

因此，在 RLC 串联交流电路中有：

$$\dot{U} = \dot{I}Z \quad \text{或} \quad \dot{I} = \dfrac{\dot{U}}{Z} \qquad (2\text{-}41)$$

式（2-41）称为相量形式的欧姆定律，式中 Z 称为**复阻抗**。依据上式可计算 RLC 串联电路的电压或电流。

> 📣 **提示**
>
> 纯电阻、纯电感、纯电容的电压与电流的相量形式关系 $\dot{U}_R = \dot{I} \cdot R$、$\dot{U}_L = \dot{I} \cdot jX_L$、$\dot{U}_C = \dot{I} \cdot (-jX_C)$ 称为独立元件的相量形式欧姆定律。

【实例 2-6】 在 RLC 串联交流电路中，已知总电压 $u = 220\sqrt{2}\sin(314t + 60°)$ V，$R = 30\,\Omega$，$L = 255$ mH，$C = 79.6\,\mu$F。求：（1）电路的复阻抗 Z；（2）电路中的电流 i；（3）电阻、电感和电容元件的端电压 u_R、u_L 和 u_C；（4）画出相量图。

解　（1）感抗：
$$X_L = \omega L = 314 \times 255 \times 10^{-3} = 80\ \Omega$$

容抗：
$$X_C = \frac{1}{\omega C} = \frac{1}{314 \times 79.6 \times 10^{-6}} = 40\ \Omega$$

电路的阻抗：
$$Z = R + j(X_L - X_C) = 30 + j(80 - 40) = 30 + j40 = 50\ \underline{/53.13^\circ}\ \Omega$$

（2）电压相量：
$$\dot{U} = 220\ \underline{/60^\circ}\ \text{V}$$

电流相量：
$$\dot{I} = \frac{\dot{U}}{Z} = \frac{220\ \underline{/60^\circ}}{50\ \underline{/53.13^\circ}} = 4.4\ \underline{/6.87^\circ}\ \text{A}$$

电流的瞬时值表示式：
$$i = 4.4\sqrt{2}\sin(314t + 6.87^\circ)\ \text{A}$$

（3）各元件的端电压相量分别为：
$$\dot{U}_R = \dot{I}R = 4.4\ \underline{/6.87^\circ} \times 30 = 132\ \underline{/6.87^\circ}\ \text{V}$$

$$\dot{U}_L = \dot{I} \cdot jX_L = 4.4\ \underline{/6.87^\circ} \times 80\ \underline{/90^\circ} = 352\ \underline{/96.87^\circ}\ \text{V}$$

$$\dot{U}_C = \dot{I} \cdot (-jX_C) = 4.4\ \underline{/6.87^\circ} \times 40\ \underline{/-90^\circ} = 176\ \underline{/-83.13^\circ}\ \text{V}$$

各元件端电压的瞬时值表达式分别为：
$$u_R = 132\sqrt{2}\sin(314t + 6.87^\circ)\ \text{V}$$

$$u_L = 352\sqrt{2}\sin(314t + 96.87^\circ)\ \text{V}$$

$$u_C = 176\sqrt{2}\sin(314t - 83.13^\circ)\ \text{V}$$

（4）各电压电流相量图如图 2-18 所示。

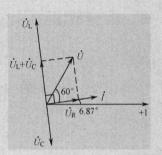

图 2-18　RLC 串联交流电路的相量图

2）复阻抗

电压相量 $\dot{U}$ 与电流相量 $\dot{I}$ 的比值称为复阻抗。纯电阻、纯电感、纯电容的复阻抗分别为 R、jX_L 和 $(-jX_C)$。

（1）复阻抗合并。由 RLC 电路分析可得的结论：元件串联，总复阻抗等于每个元件复阻抗之和。同理，元件并联总复阻抗倒数等于每个元件复阻抗的倒数和。

该合并方法可推广到复阻抗串、并联。几个复阻抗串联总复阻抗等于每个复阻抗之和；几个复阻抗并联总复阻抗的倒数等于每个复阻抗的倒数之和。

（2）阻抗和阻抗角：
$$Z = \dot{U}/\dot{I} = U\ \underline{/\psi_u}/I\ \underline{/\psi_i} = U/I\ \underline{/\psi_u - \psi_i} = |Z|\ \underline{/\varphi} \tag{2-42}$$

式中，$|Z|$ 称为阻抗，单位是 Ω，阻抗是总电压与电流有效值的比值，即 $|Z| = U/I$，表示总电压与电流的数值关系；φ 称阻抗角，它是总电压与电流的初相位之差，即 $\varphi = \psi_u - \psi_i$，它表示总电压与电流的相位关系。

复阻抗的代数形式为 $Z = R + jX$，X 为电抗。据此形式可得阻抗、阻抗角的另一表示形式如下。

阻抗：
$$|Z| = \sqrt{R^2 + X^2}$$

阻抗角：
$$\varphi = \arctan\frac{X}{R}$$

上式表示阻抗 $|Z|$、电阻 R 和电抗 X 三者符合直角三角形的条件，称为阻抗三角形。

📢提示

　　复数阻抗 Z 只是一个复数，而不是相量，所以只能用不加"·"的大写字母 Z 来表示。

【**实例 2-7**】 在如图 2-17 所示的 RLC 串联电路中，已知 $R = 10\,\Omega$，$X_L = 20\,\Omega$，$X_C = 10\,\Omega$，电感电压 $U_L = 20\,\text{V}$，求电路电流 I、电阻电压 U_R、电容电压 U_C、电路总电压 U 和阻抗角 φ。

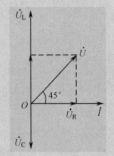

图 2-19　RLC 串联交流电路的相量图

解 电路电流：
$$I = \frac{U_L}{X_L} = \frac{20}{20} = 1\,\text{A}$$

电阻电压：
$$U_R = I \cdot R = 1 \times 10 = 10\,\text{V}$$

电容电压：
$$U_C = I \cdot X_C = 1 \times 10 = 10\,\text{V}$$

以电流为参考相量，作相量图，如图 2-19 所示。

电路总电压：
$$U = \sqrt{U_R^2 + (U_L - U_C)^2} = \sqrt{10^2 + (20-10)^2} = 10\sqrt{2} = 14.14\,\text{V}$$

阻抗角即为电压与电流的相位差：
$$\varphi = \arctan\frac{U_L - U_C}{U_R} = \arctan\frac{20-10}{10} = \arctan 1 = 45°$$

📢提示

　　相量图是分析交流电路的重要依据，可以帮助我们分析、计算交流电路。图 2-19 中 U_R、$U_L - U_C$、U 组成的三角形称为电压三角形，很明显它与阻抗三角形相似。

3）功率

　　在 RLC 串联电路中，既有消耗电能的电阻，又有进行能量交换的电感、电容，所以电路既有有功功率又有无功功率。

　　（1）有功功率：应等于电阻元件的有功功率。
$$P = U_R I = UI\cos\varphi \tag{2-43}$$

　　（2）无功功率：电感和电容是能量交换元件，由于电感与电容电压相位相反，因此电感、电容的瞬时功率互为负值，即若电感释放能量时电容在吸收能量，电感与电容能量交换的剩余部分与电源进行交换。

$$Q = Q_L - Q_C = (U_L - U_C)I = UI\sin\varphi \tag{2-44}$$

　　（3）视在功率：视在功率表示交流电源提供总功率（包括有功功率和无功功率）的能力，即交流电源的容量，其单位是 VA（伏安）或 kVA（千伏安）。
$$S = UI = \sqrt{P^2 + Q^2} \tag{2-45}$$

　　有功功率、无功功率和视在功率组成功率三角形，与电压三角形、阻抗三角形相似，如图 2-20 所示。

　　（4）功率因数。电路的有功功率与视在功率的比值，它表示电源容量的利用率，用希腊字母 λ 表示，即：

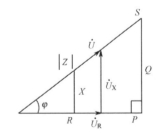

图 2-20　电压、阻抗和功率三角形

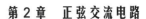
$$\lambda = \cos\varphi = \frac{P}{S} = \frac{U_R}{U} = \frac{R}{|Z|} \qquad (2\text{-}46)$$

式中，φ 为阻抗角，也称功率因数角。

当视在功率一定时，电路的功率因数越大，用电设备的有功功率越大，电源输出功率的利用率就越高。

提示

$P=UI\cos\varphi$、$Q=UI\sin\varphi$ 不仅可用于 RLC 串联电路，还可用于任何交流电路有功功率、无功功率的计算。$UI\cos\varphi$ 为电压电流相量在相同方向上的分量乘积，相当于电阻的有功功率，所以为总电路的有功功率；$UI\sin\varphi$ 为电压电流相量在垂直方向上的分量乘积，相当于电感或电容的无功功率，所以为总电路的无功功率。

【实例2-8】 计算例2-6中电路的有功功率 P、无功功率 Q、视在功率 S 及功率因数 λ。

解 有功功率：$\qquad P = UI\cos\varphi = 220\times4.4\times\cos53.13° = 580.8\ \text{W}$

无功功率：$\qquad Q = UI\sin\varphi = 220\times4.4\times\sin53.13° = 774.4\ \text{var}$

视在功率：$\qquad S = UI = 220\times4.4 = 968\ \text{VA}$

功率因数：$\qquad \lambda = \cos\varphi = \dfrac{P}{S} = \dfrac{R}{Z} = \dfrac{30}{50} = 0.6$

4）RLC 串联电路的 3 种工作状态

由 RLC 串联交流电路的相量图（如图 2-21 所示）可以看出以下几点。

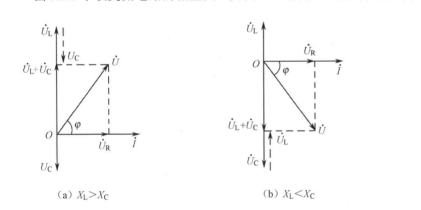

(a) $X_L > X_C$ (b) $X_L < X_C$ (c) $X_L = X_C$

图 2-21 RLC 串联交流电路的相量图

（1）当 $X_L > X_C$ 时，即电抗 $X > 0$，$U_L > U_C$，阻抗角 $\varphi > 0$，总电压 u 超前电流 i，电路呈电感性。

（2）当 $X_L < X_C$ 时，即电抗 $X < 0$，$U_L < U_C$，阻抗角 $\varphi < 0$，总电压 u 滞后电流 i，电路呈电容性。

（3）当 $X_L = X_C$ 时，即电抗 $X = 0$，$U_L = U_C$，阻抗角 $\varphi = 0$，总电压 u 与电流 i 同相位，电路呈纯电阻性。

2. 电阻、电感和电容元件串、并联交流电路分析

由 RLC 串联电路的分析方法，可总结出对一般电阻、电感和电容元件串、并联组成的交流电路的分析步骤：

（1）合并复阻抗；

（2）根据相量形式欧姆定律 $\dot{U} = \dot{I}Z$ 求电压或电流。

【实例 2-9】 在如图 2-22 所示的交流电路中，已知 $R_1 = 5\,\Omega$，$R_2 = X_L = 7.5\,\Omega$，$X_C = 15\,\Omega$，电容元件的端电压 $\dot{U}_C = 150\underline{/-45°}$ V。试求：（1）电流 $\dot{I}_1$、$\dot{I}_2$ 和 $\dot{I}$；（2）电路的等效阻抗 Z；（3）电压 $\dot{U}$。

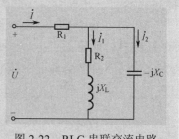

图 2-22　RLC 串联交流电路

解　（1）RL 支路的电流：

$$\dot{I}_1 = \frac{\dot{U}_C}{Z_1} = \frac{\dot{U}_C}{R_2 + \mathrm{j}X_L} = \frac{150\underline{/-45°}}{7.5 + \mathrm{j}7.5} = \frac{150\underline{/-45°}}{7.5\sqrt{2}\underline{/45°}} = 10\sqrt{2}\underline{/-90°}\ \mathrm{A}$$

电容支路的电流：

$$\dot{I}_2 = \frac{\dot{U}_C}{Z_2} = \frac{\dot{U}_C}{-\mathrm{j}X_C} = \frac{150\underline{/-45°}}{-\mathrm{j}15} = \frac{150\underline{/-45°}}{15\underline{/-90°}} = 10\underline{/45°}\ \mathrm{A}$$

总电路电流：

$$\dot{I} = \dot{I}_1 + \dot{I}_2 = 10\sqrt{2}\underline{/-90°} + 10\underline{/45°} = -\mathrm{j}10\sqrt{2} + (5\sqrt{2} + \mathrm{j}5\sqrt{2})$$

$$= 5\sqrt{2} - \mathrm{j}5\sqrt{2} = 10\underline{/-45°}\ \mathrm{A}$$

（2）RL 支路和电容支路的等效阻抗：

$$Z' = \frac{Z_1 \cdot Z_2}{Z_1 + Z_2} = \frac{7.5\sqrt{2}\underline{/45°} \times 15\underline{/-90°}}{7.5 + \mathrm{j}7.5 - \mathrm{j}15} = \frac{112.5\sqrt{2}\underline{/-45°}}{7.5\sqrt{2}\underline{/-45°}} = 15\underline{/0°}\ \Omega$$

电路的等效阻抗：

$$Z = Z' + R_1 = 15\underline{/0°} + 5\underline{/0°} = 20\underline{/0°}\ \Omega$$

（3）电路电压相量：

$$\dot{U} = \dot{I}Z = 10\underline{/-45°} \times 20\underline{/0°} = 200\underline{/-45°}\ \mathrm{V}$$

---

3. 功率因数的提高

提高电力系统的功率因数，对于国民经济的发展及节能减排具有重要的意义。通过提高功率因数，可以使发电设备的容量得到充分利用，减小输电线路的能量损耗。

根据公式 $P = UI\cos\varphi$，功率因数 $\cos\varphi$ 越高，供电设备的能量利用率就越高。另外，功率因数 $\cos\varphi$ 越高，在电源电压和有功功率一定的情况下，输电线路的电流越小，线路损耗越小。

提高功率因数常用的方法是在感性负载两端并联电容，如图 2-23（a）所示。

在如图 2-23（b）所示的相量图中，电容支路的电流为：

$$I_C = I_1\sin\varphi_1 - I\sin\varphi = \frac{P}{U\cos\varphi_1}\cdot\sin\varphi_1 - \frac{P}{U\cos\varphi}\cdot\sin\varphi = \frac{P}{U}(\tan\varphi_1 - \tan\varphi)$$

而 $I_C = U\omega C$，因此补偿电容的电容量为 $C = \dfrac{P}{\omega U^2}(\tan\varphi_1 - \tan\varphi)$。

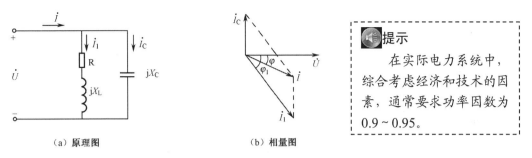

（a）原理图　　　　　　　　（b）相量图

图 2-23　提高供电系统的功率因数

需要注意的是，在并联补偿电容前后，感性负载的电流、电压、有功功率和功率因数并没有发生变化。但是通过并联一个适当的补偿电容，就能提高整个电路或整个供电系统的功率因数，这正是所我们需要的。

2.3　交流电路中的谐振

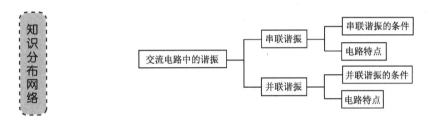

在具有电感和电容元件的交流电路中，电路电压与电流的相位一般是不相同的。如果适当地调节电路参数电感 L、电容 C 或电源频率 f，就可以使它们的相位相同，这种现象称为**谐振**。按照电路的不同，谐振通常分为串联谐振和并联谐振。

2.3.1　串联谐振

在如图 2-17 所示的 RLC 串联电路中，当 $X_L = X_C$ 时，电路呈电阻性，电压与电流同相，这时电路的状态称为**串联谐振**。

1. 串联谐振的条件

$$X_L = X_C \quad 或 \quad \omega_0 L = \frac{1}{\omega_0 C} \tag{2-47}$$

即

$$\omega_0 = \frac{1}{\sqrt{LC}} \tag{2-48}$$

或

$$f_0 = \frac{1}{2\pi\sqrt{LC}} \tag{2-49}$$

式中，ω_0 为谐振角频率，f_0 为谐振频率，它们只由电路参数 L、C 决定，与电阻 R 无关，反映了电路自身固有的性质。因此，ω_0、f_0 也称为谐振电路的固有角频率、固有频率。

要使电路发生谐振，电源频率（谐振频率）必须等于谐振电路的固有频率。在实际应用

中，通常通过调节 L 或 C 的大小来实现谐振。

2. 电路特点

串联谐振电路具有下列特点。

（1）阻抗最小，$Z=R$，电路呈电阻性，即电路相当于一个电阻。

（2）电流最大，$I_0 = \dfrac{U}{|Z|} = \dfrac{U}{R}$，电流与电压同相。

（3）电路中的无功功率为零，表明电源供给的能量全部被电阻消耗，电源与电路之间没有能量交换，只在电感元件和电容元件之间进行能量交换。

（4）电阻电压等于电路总电压，电感电压与电容电压大小相等，相位相反，并且都为电路电压的 Q 倍。

Q 为电感电压或电容电压与电路总电压之比，称为串联谐振电路的品质因数，即：

$$Q = \frac{\omega_0 L}{R} = \frac{1}{\omega_0 CR} \tag{2-50}$$

🔊 提示　串联谐振电路的品质因数

串联谐振时：

$$U_L = I_0 X_L = \frac{U}{R} \cdot \omega_0 L = \frac{\omega_0 L}{R} U$$

$$U_C = I_0 X_C = \frac{U}{R} \cdot \frac{1}{\omega_0 C} = \frac{1}{\omega_0 RC} U$$

所以，$Q = \dfrac{U_L}{U} = \dfrac{U_C}{U} = \dfrac{\omega_0 L}{R} = \dfrac{1}{\omega_0 RC}$。一般串联谐振电路的 Q 值可达几十至几百，即 U_L 或 U_C 可达 U 的几十至几百倍。利用串联谐振可以在电感或电容两端获得很高的电压，因此串联谐振又称为电压谐振。

Q 值的大小是衡量谐振电路质量优劣的一个重要指标。Q 值越大，谐振电路的频率选择性越好，电路损耗的能量越少。

串联谐振在电子技术中具有广泛的应用，如调谐电路、反馈电路等。但是在电力工程上，串联谐振时过高的电压有可能击穿线圈或电容的绝缘，造成电气设备损坏及人身伤害。

🐚 应用　收音机的调谐电路

各地的广播电台以不同的频率发射无线电波，收音机为什么能让我们收听到某一电台的节目呢？

这是因为收音机中有一个能够选择无线电波频率的电路——调谐电路。调谐电路实际上是串联谐振电路，当我们调节电容器的电容量为一定值时，电路就对某一频率的无线电信号发生串联谐振，此时电路呈现的阻抗最小，电流最大，电容的两端将产生一个高于信号电压 Q 倍的电压，使我们收听到该频率的电台节目。对于其他频率的无线电信号，电路不能发生谐振，电路电流很小，其信号被电路抑制掉。

因此，通过调节电容使调谐电路发生谐振，就可以从不同的频率中选择出所需的电台信号。

【**实例 2-10**】　某收音机调谐电路的电路模型如图 2-24 所示，若电感线圈的电感 $L = 260\ \mu\text{H}$，当电容器的电容量调到 100 pF 时发生串联谐振，计算此时所收听的广播电台信号频率 f。若要收听频率为 640 kHz 的电台广播，电容的电容量 C 应为多大？

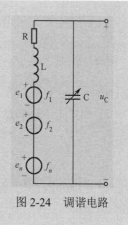

图 2-24　调谐电路

解　广播电台的信号频率 f 即是调谐电路的串联谐振频率 f_0。

根据式（2-49）可得广播电台的信号频率为：

$$f = f_0 = \frac{1}{2\pi\sqrt{LC}} = \frac{1}{2 \times 3.14 \times \sqrt{260 \times 10^{-6} \times 100 \times 10^{-12}}} \approx 990\ \text{kHz}$$

当收听的广播电台信号为 640 kHz 时，电容的电容量为：

$$C = \frac{1}{(2\pi f)^2 L} = \frac{1}{(2 \times 3.14 \times 640 \times 10^3)^2 \times 260 \times 10^{-6}} \approx 238\ \text{pF}$$

2.3.2　并联谐振

在如图 2-23（a）所示的并联交流电路中，如果电路电压与总电流同相，则电路处于并联谐振状态。

1. 并联谐振的条件

$$X_\text{C} = \frac{R^2 + X_\text{L}^2}{X_\text{L}} \quad \text{或} \quad \omega C = \frac{\omega L}{R^2 + (\omega L)^2} \tag{2-51}$$

即

$$\omega_0 \approx \frac{1}{\sqrt{LC}} \tag{2-52}$$

或

$$f_0 \approx \frac{1}{2\pi\sqrt{LC}} \tag{2-53}$$

提示　关联谐振频率

由图 2-25 所示的相量图可以看出，电路处于并联谐振状态时，电路电压与电流同相，$\varphi = 0$，此时电感支路电流 I_1 的分量 $I_{1\text{L}}$ 和电容支路电流 I_C 相等，即：

$$I_\text{C} = I_{1\text{L}} = I_1 \sin\varphi_1$$

$$\frac{U}{X_\text{C}} = \frac{U}{|Z_1|} \cdot \frac{X_\text{L}}{|Z_1|} = \frac{UX_\text{L}}{R^2 + X_\text{L}^2}$$

$$X_\text{C} = \frac{R^2 + X_\text{L}^2}{X_\text{L}} \quad \text{或} \quad \omega_0 C = \frac{\omega_0 L}{R^2 + (\omega_0 L)^2}$$

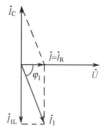

图 2-25　并联谐振电路的相量图

一般情况下，$\omega_0 L \gg R$，所以谐振角频率和谐振频率分别为：

$$\omega_0 \approx \frac{1}{\sqrt{LC}} \qquad f_0 \approx \frac{1}{2\pi\sqrt{LC}}$$

2. 电路特点

并联谐振电路具有下列特点。

（1）阻抗最大，电路呈电阻性，阻抗模 $|Z_0| = \dfrac{(\omega_0 L)^2}{R} = \dfrac{L}{RC}$。

（2）总电流最小，并且与电压同相，$I_0 = \dfrac{U}{|Z_0|} = \dfrac{RCU}{L}$。

（3）电感支路电流与电容支路电流近似相等，并且都为电流 I_0 的 Q 倍，即 $I_1 \approx I_C = QI_0$。Q 为谐振电路的品质因数，其值为：

$$Q = \frac{I_1}{I_0} \approx \frac{I_C}{I_0} = \frac{\omega_0 L}{R} = \frac{1}{\omega_0 RC} \tag{2-54}$$

并联谐振时，电感支路电流或电容支路电流比总电流大许多倍。因此，并联谐振又称为电流谐振。

（4）电路中的无功功率为零，表明电源供给的能量全部被电阻吸收，电源与电路之间没有能量交换，只在电感元件和电容元件之间进行能量交换。

利用并联谐振电路高阻抗的特点，可用作选频器或振荡器，在电力工程中用作高频阻波器等。

知识拓展　非正弦周期电量

在电子技术和电工技术中，常常会遇到不按正弦规律做周期性变化的电量，称之为非正弦周期电量，如脉冲电路中的矩形波、整流电路中的半波整流波和全波整流波等。

1）非正弦周期电量的分解

在满足狄利克雷条件的情况下，任何一个非正弦周期电量都可以展开为包括直流分量和一系列具有不同幅值、不同初相角而频率成整数倍关系的正弦波分量的傅里叶级数。

例如，一个角频率为 ω 的非正弦周期电量 $f(t)$ 的傅里叶级数展开式为：

$$f(t) = a_0 + A_1 \sin(\omega t + \psi_1) + A_2 \sin(2\omega t + \psi_2) + \cdots = a_0 + \sum_{k=1}^{\infty} A_k \sin(k\omega t + \psi_k) \tag{2-55}$$

式中，a_0 为直流分量或恒定分量；$A_1 \sin(\omega t + \psi_1)$ 的频率与非正弦周期电量的频率相同，称为基波或一次谐波；$A_2 \sin(2\omega t + \psi_2)$ 的频率为非正弦周期电量的频率的两倍，称为二次谐波；除基波外的其余谐波统称为高次谐波。

2）非正弦周期电量的有效值

$$F = \sqrt{\frac{1}{T} \int_0^T f^2(t) \mathrm{d}t} \tag{2-56}$$

将非正弦周期电压 $u(t)$ 分解成傅立叶级数 $u(t) = U_0 + \sum_{k=1}^{\infty} U_{km} \sin(k\omega t + \psi_k)$，代入下式可得其有效值。

$$U = \sqrt{\frac{1}{T} \int_0^T u^2(t) \mathrm{d}t} = \sqrt{\frac{1}{T} \int_0^T \left[U_0 + \sum_{k=1}^{\infty} U_{km} \sin(k\omega t + \psi_k) \right]^2 \mathrm{d}t} \tag{2-57}$$

经化简可得：

$$U = \sqrt{U_0^2 + \frac{1}{2}\sum_{k=1}^{\infty} U_{km}^2} = \sqrt{U_0^2 + U_1^2 + U_2^2 + \cdots} \qquad (2\text{-}58)$$

同理，非正弦周期电流 $i(t)$ 的有效值为：

$$I = \sqrt{I_0^2 + \frac{1}{2}\sum_{k=1}^{\infty} I_{km}^2} = \sqrt{I_0^2 + I_1^2 + I_2^2 + \cdots} \qquad (2\text{-}59)$$

因此，非正弦周期电量的有效值等于其直流分量及各次谐波有效值的平方和的平方根。

2.4　三相交流电路

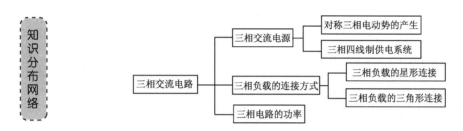

由 3 个幅值相等、频率相同、相位互差 120° 的电动势组成的电力系统称为**三相制电路**。前面学习到的单相交流电路只是其中的一相。

三相交流电与单相交流电相比较具有无可比拟的优点：第一，三相发电机的结构简单，易于制造，便于使用和维修，输出功率比尺寸相同的单相发电机要大，并且运行时振动较小；第二，在相同的条件下，输送相同的功率，三相交流电比单相交流电要节省输电线，尤其在远距离输电时，优点更显著。因此，三相制电路得到了极其广泛的应用。

2.4.1　三相交流电源

三相交流发电机是最常见的三相交流电源，它能将汽轮机、水轮机、柴油机等原动机的机械能转换为电能，产生对称三相电动势。

1. 对称三相电动势的产生

1）三相交流发电机的结构

三相交流发电机通常由定子、转子、端盖及轴承等部件构成，最简单的三相交流发电机的如图 2-26 所示。

在由硅钢片叠成的定子铁芯槽内，按照 120° 的角度均匀地放置 3 组几何尺寸与匝数完全相同的线圈，从而形成三相交流发电机的对称三相定子绕组 U、V、W。它们的首端分别用 U_1、V_1 和 W_1 表示，末端分别用 U_2、V_2 和 W_2 表示。

励磁绕组绕在三相交流发电机的转子铁芯上，通入直流电以建立磁场，按要求制作转子磁极形状，可使磁极表面磁感应强度按正弦规律分布。

2）三相交流发电机的工作原理

在原动机的驱动下，三相交流发电机的转子沿逆时针方向以角速度 ω 匀速转动，对称三相定子绕组将依次切割磁场线，产生感应电动势 e_U、e_V、e_W。这 3 个感应电动势的最大值（或有效值）相等，频率相同，彼此间的相位差为 120°，具有上述特征的三相电动势称为对称三相电动势。各相电动势的参考方向规定为自绕组的末端指向始端，而各相绕组端电压的参考方向则规定为自绕组的始端指向末端，如图 2-26（b）所示。

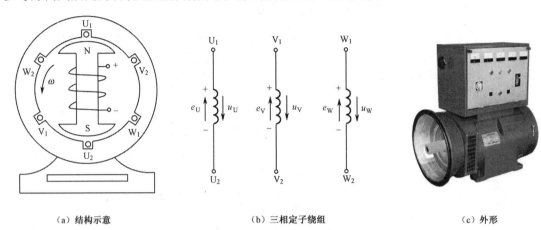

（a）结构示意　　　　　　　（b）三相定子绕组　　　　　　（c）外形

图 2-26　三相交流发电机

以 e_U 为参考正弦量，则对称三相电动势的瞬时值表示式分别为：

$$e_U = E_m \sin \omega t$$
$$e_V = E_m \sin(\omega t - 120°)$$
$$e_W = E_m \sin(\omega t + 120°)$$

对称三相电动势的瞬时值之和为零，即：

$$e_U + e_V + e_W = 0$$

对称三相电动势的波形图如图 2-27（a）所示。

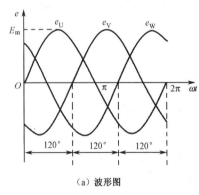

（a）波形图　　　　　　　　　　　　（b）相量图

图 2-27　对称三相电动势

以 $\dot{E}_U$ 为参考相量，则对称三相电动势的相量式分别为：

$$\dot{E}_U = E\underline{/0°}$$
$$\dot{E}_V = E\underline{/-120°}$$
$$\dot{E}_W = E\underline{/+120°}$$

对称三相电动势的相量之和也为零，即：

$$\dot{E}_U + \dot{E}_V + \dot{E}_W = 0$$

对称三相电动势的相量图如图 2-27（b）所示。

3）相序

对称三相电动势随时间按正弦规律变化，它们到达正最大值（或相应零值）的顺序称为相序。

在图 2-27（a）中，对称三相电动势到达正最大值的顺序为 e_U、e_V、e_W，其相序为 U—V—W—U，称为正序或顺序；与正序相反的相序 U—W—V—U 则称为负序或逆序。工程上常用的相序是正序。

2. 三相四线制供电系统

三相电源的每一相绕组都可作为一个独立的单相电源，如果每绕组的两端都通过两根输电线与负载连接，则可得到 3 个互不关联的单相交流电路。但是，这种三相六线制的供电系统无法体现三相供电系统的优越性，既不经济也没有实用价值。

因此，三相电源的三相绕组必须进行适当的连接，一般情况下采用的是星形连接。

1）三相电源绕组的星形连接

将三相电源中三相绕组的末端 U_2、V_2、W_2 连接成一个公共端点，并由三相绕组的首端 U_1、V_1、W_1 分别引出 3 条输电线，这种连接方式称为星形连接，如图 2-28（a）所示。这种供电方式称为三相四线制。

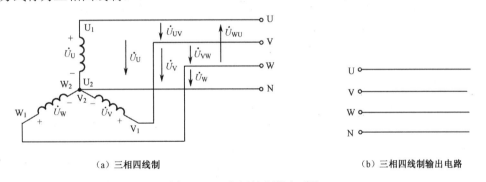

（a）三相四线制　　　　　　　　（b）三相四线制输出电路

图 2-28　三相四线制供电系统

电路中的几个术语分别如下。

（1）中性点：即三相绕组的末端 U_2、V_2、W_2 连接而成的公共端点，简称中点，用大写字母 N 表示。接大地的中性点则称为零点。

（2）中性线：从中点引出的输电线，简称中线。接大地的中线则称为零线或地线。

（3）相线：从三相绕组的首端 U_1、V_1、W_1 引出的 3 条输电线，又称端线，俗称火线，分别用大写字母 U、V、W 表示。

工程技术上，相线 U、V、W 分别用黄、绿、红 3 种颜色来区别，中性线则用黑色表示。

在实际应用中，为了简便，一般只画出 4 条输电线并分别标上 U、V、W 和 N 来表示三

相四线制供电系统，如图 2-28（b）所示。

2）相电压和线电压

三相四线制供电系统能够提供两种不同的电压，即相电压和线电压。

（1）相电压：相线与中线之间的电压称为**相电压**。三相相电压的相量分别用 $\dot{U}_U$、$\dot{U}_V$、$\dot{U}_W$ 表示，它们的参考方向如图 2-28（a）所示。

由图 2-28（a）可以看出，三相相电压就是三相绕组的端电压。由于三相电源绕组的阻抗很小，因此通常认为相电压等于相应的电动势。因为三相电动势是对称的，所以三相相电压也是对称的，即它们的最大值相等，频率相同，彼此间的相位差为 120°。相电压的有效值通常用 U_P 表示，在我国三相四线制低压配电线路中相电压 $U_P = 220\text{ V}$。

以相电压 $\dot{U}_U$ 为参考相量，则三相相电压的相量式分别为：

$$\dot{U}_U = U_P \underline{/0°}$$
$$\dot{U}_V = U_P \underline{/-120°}$$
$$\dot{U}_W = U_P \underline{/120°}$$

相量图如图 2-29 所示。

（2）线电压：相线与相线之间的电压称为**线电压**。三相线电压的相量分别用 $\dot{U}_{UV}$、$\dot{U}_{VW}$、$\dot{U}_{WU}$ 表示，它们的参考方向如图 2-28（a）所示。

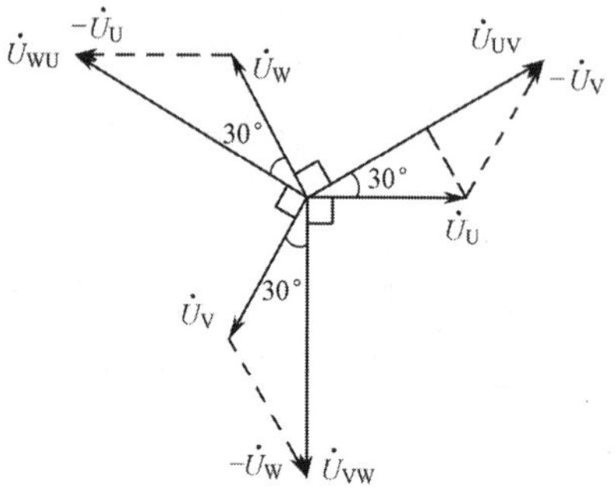

图 2-29　线电压与相电压的相量图

在三相四线制供电系统中，三相线电压也是对称的，它们的最大值相等，频率相同，彼此间的相位差为 120°。线电压的有效值通常用 U_L 表示，在我国三相四线制低压配电线路中线电压 $U_L = 380\text{ V}$。线电压的相量图如图 2-29 所示。

（3）线电压与相电压的关系。线电压与相电压的数值关系为：

$$U_L = \sqrt{3}U_P \tag{2-60}$$

线电压与相电压的相位关系是线电压超前相应的相电压 30°。

线电压与相电压的关系用相量式可表示为：

$$\begin{cases} \dot{U}_{UV} = \sqrt{3}\dot{U}_U \underline{/30°} \\ \dot{U}_{VW} = \sqrt{3}\dot{U}_V \underline{/30°} \\ \dot{U}_{WU} = \sqrt{3}\dot{U}_W \underline{/30°} \end{cases} \tag{2-61}$$

提示　线电压与相电压的关系

在图 2-28（a）中，根据基尔霍夫电压定律可得：

$$\dot{U}_{UV} = \dot{U}_U - \dot{U}_V = \dot{U}_U + (-\dot{U}_V)$$
$$\dot{U}_{VW} = \dot{U}_V - \dot{U}_W = \dot{U}_V + (-\dot{U}_W)$$
$$\dot{U}_{WU} = \dot{U}_W - \dot{U}_U = \dot{U}_W + (-\dot{U}_U)$$

根据上述关系，可作出三相线电压的相量图。

应用平行四边形法则，可得：

$$U_{UV} = 2U_U \cos 30° = \sqrt{3}U_U = \sqrt{3}U_P$$

同理，　$U_{VW} = \sqrt{3}U_V = \sqrt{3}U_P$，　$U_{WU} = \sqrt{3}U_W = \sqrt{3}U_P$。

因此，线电压与相电压有效值的数值关系为 $U_L = \sqrt{3}U_P$。

从图 2-29 还可以看出，线电压超前相应的相电压 30°。三相线电压的有效值（或最大值）相等，彼此间相差 120°，三相线电压是对称的。

2.4.2　三相负载的连接方式

三相负载分为两类：对称三相负载和不对称三相负载。

各相负载阻抗相同（阻抗模相等，阻抗角相同）的三相负载称为对称三相负载。如三相电动机、三相变压器、三相电炉等；各相负载不同的三相负载称为不对称三相负载，如由 3 个单相照明电路组成的三相负载。

三相负载有两种连接方式，即星形连接和三角形连接。

三相负载的连接要依据两个原则：必须遵照电源电压等于负载额定电压的原则，以此原则确定三相负载的连接方式（星形连接或三角形连接）；对于不对称三相负载，应该尽可能将其均衡地接在三相电源上。

1. 三相负载的星形连接

三相负载 Z_U、Z_V 和 Z_W 分别接在相线与中线之间的连接方式称为三相负载的星形连接，用 "Y" 标记，如图 2-30 所示。

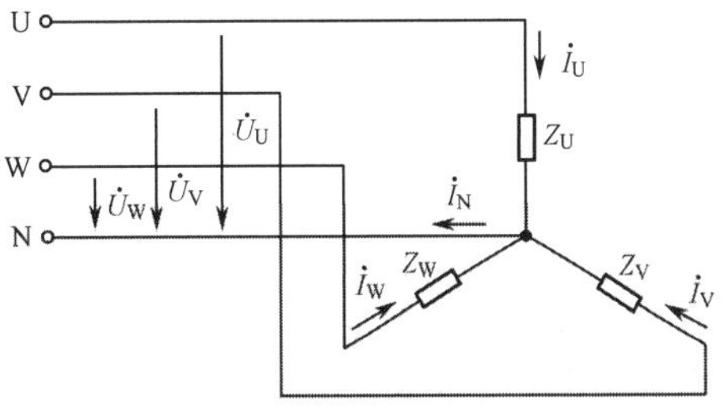

由图 2-30 可以看出各相负载端电压分别为电源的 3 个对称相电压。

图 2-30　三相负载的星形连接

各相负载的电流称为相电流，分别为：

$$\dot{I}_U = \frac{\dot{U}_U}{Z_U} = \frac{U_P \underline{/0°}}{|Z_U| \underline{/\varphi_U}} = \frac{U_P}{|Z_U|} \underline{/-\varphi_U + 0°} = I_U \underline{/-\varphi_U + 0°}$$

$$\dot{I}_V = \frac{\dot{U}_V}{Z_V} = \frac{U_P \underline{/-120°}}{|Z_V| \underline{/\varphi_V}} = \frac{U_P}{|Z_V|} \underline{/-\varphi_V - 120°} = I_V \underline{/-\varphi_V - 120°}$$

$$\dot{I}_W = \frac{\dot{U}_W}{Z_W} = \frac{U_P \underline{/120°}}{|Z_W| \underline{/\varphi_W}} = \frac{U_P}{|Z_W|} \underline{/-\varphi_W + 120°} = I_W \underline{/-\varphi_W + 120°}$$

相电流的有效值用 I_P 表示。

每根端线电流称为**线电流**。从电路图可以看出线电流等于相电流。线电流的有效值用 I_L 表示。

流过中性线的电流称为中线电流，有效值用 I_N 表示。

根据基尔霍夫电流定律，中线电流相量为：

$$\dot{I}_N = \dot{I}_U + \dot{I}_V + \dot{I}_W$$

若负载为对称三相负载，在三相对称相电压的作用下，对称三相负载的相电流相量分别为：

$$\dot{I}_{\mathrm{U}} = \frac{\dot{U}_{\mathrm{U}}}{Z} = \frac{U_{\mathrm{P}}}{|Z|} \underline{/-\varphi + 0^\circ} = I_{\mathrm{P}} \underline{/-\varphi + 0^\circ}$$

$$\dot{I}_{\mathrm{V}} = \frac{\dot{U}_{\mathrm{V}}}{Z} = \frac{U_{\mathrm{P}}}{|Z|} \underline{/-\varphi - 120^\circ} = I_{\mathrm{P}} \underline{/-\varphi - 120^\circ}$$

$$\dot{I}_{\mathrm{W}} = \frac{\dot{U}_{\mathrm{W}}}{Z} = \frac{U_{\mathrm{P}}}{|Z|} \underline{/-\varphi + 120^\circ} = I_{\mathrm{P}} \underline{/-\varphi + 120^\circ}$$

式中，阻抗模 $|Z| = |Z_{\mathrm{U}}| = |Z_{\mathrm{V}}| = |Z_{\mathrm{W}}|$；阻抗角 $\varphi = \varphi_{\mathrm{U}} = \varphi_{\mathrm{V}}$

$= \varphi_{\mathrm{W}}$；相电流 $I_{\mathrm{P}} = I_{\mathrm{U}} = I_{\mathrm{V}} = I_{\mathrm{W}} = \dfrac{U_{\mathrm{P}}}{|Z|}$。

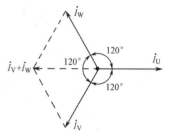

上式表明，对称三相负载的相电流对称，线电流也对称。为了简化计算，通常可先求出其中一相的相电流相量，再根据三相相电流的对称性写出其余两相的相电流相量。

中线电流的相量图如图 2-31 所示，表达式为：

$$\dot{I}_{\mathrm{N}} = \dot{I}_{\mathrm{U}} + (\dot{I}_{\mathrm{V}} + \dot{I}_{\mathrm{W}}) = \dot{I}_{\mathrm{U}} - \dot{I}_{\mathrm{U}} = 0$$

图 2-31　对称负载星形连接的电流相量图

> **提示　中线的作用**
>
> 　　对称三相负载做星形连接时，中线电流为零。此时将中线去掉也不会影响电路的正常工作，因此三相四线制供电系统可变成三相三线制供电系统。
>
> 　　在不对称三相负载做星形连接时，中线电流不为零。此时中线具有重要的作用，它能使各相负载的相电压对称，保证各相负载都能正常工作。如果中线断开就会导致各相负载电压重新分配，有的超压工作，有的欠压工作，各相负载不能正常工作。因此，中线不允许断开。为防止其断开，中线上不允许加装熔断器和开关，中线采用机械强度高的材料，如采用带钢心的导线。

【实例 2-11】 对称三相负载的阻抗 $Z = (10 + \mathrm{j}17.32)\ \Omega$，每相负载的额定电压 $U_{\mathrm{N}} = 220\ \mathrm{V}$。三相四线制电源的线电压为 380 V。

（1）如何将对称三相负载接入三相四线制电源？

（2）求三相负载的相电流 $\dot{I}_{\mathrm{U}}$、$\dot{I}_{\mathrm{V}}$ 和 $\dot{I}_{\mathrm{W}}$ 及中线电流 $\dot{I}_{\mathrm{N}}$。

（3）若 U 相断开，求相电流 $\dot{I}_{\mathrm{U}}$、$\dot{I}_{\mathrm{V}}$ 和 $\dot{I}_{\mathrm{W}}$ 及中线电流 $\dot{I}_{\mathrm{N}}$。

解　（1）三相四线制电源的相电压 $U_{\mathrm{P}} = U_{\mathrm{L}} / \sqrt{3} = 380 / \sqrt{3} = 220\ \mathrm{V}$。由于每相负载的额定电压 $U_{\mathrm{N}} = 220\ \mathrm{V}$，所以该对称三相负载必须做星形连接。

（2）设 $\dot{U}_{\mathrm{U}} = 220 \underline{/0^\circ}\ \mathrm{V}$，相电流为：

$$\dot{I}_{\mathrm{U}} = \frac{\dot{U}_{\mathrm{U}}}{Z} = \frac{220 \underline{/0^\circ}}{10 + \mathrm{j}17.32} = \frac{220 \underline{/0^\circ}}{20 \underline{/60^\circ}} = 11 \underline{/-60^\circ}\ \mathrm{A}$$

由于三相相电流是对称的，所以：

$$\dot{I}_{\mathrm{V}} = 11 \underline{/-60^\circ - 120^\circ} = 11 \underline{/-180^\circ}\ \mathrm{A}$$

$$\dot{I}_{\mathrm{W}} = 11 \underline{/-60^\circ + 120^\circ} = 11 \underline{/60^\circ}\ \mathrm{A}$$

中线电流相量　　$\dot{I}_{\mathrm{N}} = \dot{I}_{\mathrm{U}} + \dot{I}_{\mathrm{V}} + \dot{I}_{\mathrm{W}} = 11\underline{/-60°} + 11\underline{/-180°} + 11\underline{/60°} = 0$ A

（3）若 U 相断开，则相电流 $\dot{I}_{\mathrm{U}} = 0$。由于中线并未断开，因此 V 相和 W 相不受影响，仍然正常工作，相电流保持不变，即 $\dot{I}_{\mathrm{V}} = 11\underline{/-180°}$ A，$\dot{I}_{\mathrm{W}} = 11\underline{/60°}$ A，中线电流为：

$$\dot{I}_{\mathrm{N}} = \dot{I}_{\mathrm{U}} + \dot{I}_{\mathrm{V}} + \dot{I}_{\mathrm{W}} = 0 + 11\underline{/-180°} + 11\underline{/60°} = 11\underline{/120°}\ \mathrm{A}$$

2. 三相负载的三角形连接

三相负载 Z_{U}、Z_{V} 和 Z_{W} 分别接在相线与相线之间的连接方式称为三相负载的三角形连接，用 "△" 标记，如图 2-32 所示。

由图中电路可以看出各相负载的相电压等于电源的 3 个对称线电压。

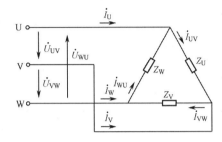

图 2-32　三相负载的三角形连接

三相负载的相电流相量分别为：

$$\dot{I}_{\mathrm{UV}} = \frac{\dot{U}_{\mathrm{UV}}}{Z_{\mathrm{U}}} = \frac{\sqrt{3}\dot{U}_{\mathrm{U}}\underline{/30°}}{Z_{\mathrm{U}}} = \frac{\sqrt{3}U_{\mathrm{P}}\underline{/0°+30°}}{|Z_{\mathrm{U}}|\underline{/\varphi_{\mathrm{U}}}} = \frac{U_{\mathrm{L}}}{|Z_{\mathrm{U}}|}\underline{/-\varphi_{\mathrm{U}}+30°} = I_{\mathrm{UV}}\underline{/-\varphi_{\mathrm{U}}+30°}$$

$$\dot{I}_{\mathrm{VW}} = \frac{\dot{U}_{\mathrm{VW}}}{Z_{\mathrm{V}}} = \frac{\sqrt{3}\dot{U}_{\mathrm{V}}\underline{/30°}}{Z_{\mathrm{V}}} = \frac{\sqrt{3}U_{\mathrm{P}}\underline{/-120°+30°}}{|Z_{\mathrm{V}}|\underline{/\varphi_{\mathrm{V}}}} = \frac{U_{\mathrm{L}}}{|Z_{\mathrm{V}}|}\underline{/-\varphi_{\mathrm{V}}-90°} = I_{\mathrm{VW}}\underline{/-\varphi_{\mathrm{V}}-90°}$$

$$\dot{I}_{\mathrm{WU}} = \frac{\dot{U}_{\mathrm{WU}}}{Z_{\mathrm{W}}} = \frac{\sqrt{3}\dot{U}_{\mathrm{W}}\underline{/30°}}{Z_{\mathrm{W}}} = \frac{\sqrt{3}U_{\mathrm{P}}\underline{/+120°+30°}}{|Z_{\mathrm{W}}|\underline{/\varphi_{\mathrm{W}}}} = \frac{U_{\mathrm{L}}}{|Z_{\mathrm{W}}|}\underline{/-\varphi_{\mathrm{W}}+150°} = I_{\mathrm{WU}}\underline{/-\varphi_{\mathrm{W}}+150°}$$

式中，φ_{U}、φ_{V}、φ_{W} 为各相负载的阻抗角或功率因数角。

当负载对称时，三相电流对称。

三相负载采用三角形连接时，线电流与相电流不相等。在图 2-32 中，根据基尔霍夫电流定律，不对称三相负载的线电流相量分别为：

$$\dot{I}_{\mathrm{U}} = \dot{I}_{\mathrm{UV}} - \dot{I}_{\mathrm{WU}}$$
$$\dot{I}_{\mathrm{V}} = \dot{I}_{\mathrm{VW}} - \dot{I}_{\mathrm{UV}}$$
$$\dot{I}_{\mathrm{W}} = \dot{I}_{\mathrm{WU}} - \dot{I}_{\mathrm{VW}}$$

对称三相负载的线电流与相电流的数值关系为：

$$I_{\mathrm{L}} = \sqrt{3}I_{\mathrm{P}} \tag{2-62}$$

线电流与相电流的相位关系是线电流滞后相应的相电流 30°。

线电流与相电流的关系用相量式可表示为：

$$\begin{cases} \dot{I}_{\mathrm{U}} = \sqrt{3}\dot{I}_{\mathrm{UV}}\underline{/-30°} \\ \dot{I}_{\mathrm{V}} = \sqrt{3}\dot{I}_{\mathrm{VW}}\underline{/-30°} \\ \dot{I}_{\mathrm{W}} = \sqrt{3}\dot{I}_{\mathrm{WU}}\underline{/-30°} \end{cases} \tag{2-63}$$

上式表明，对称三相负载的线电流也对称。

> **提示　对称三相负载的线电流与相电流**
>
> 在图 2-32 中，根据基尔霍夫电流定律可得：
>
> $$\dot{I}_{\mathrm{U}} = \dot{I}_{\mathrm{UV}} - \dot{I}_{\mathrm{WU}}$$

$$\dot{I}_V = \dot{I}_{VW} - \dot{I}_{UV}$$

$$\dot{I}_W = \dot{I}_{WU} - \dot{I}_{VW}$$

根据上述关系，可作出三相相电流和线电流的相量图，如图2-33所示。

应用平行四边形法则，可得：

$$I_U = 2I_{UV}\cos 30° = \sqrt{3}I_{UV} = \sqrt{3}I_P$$

同理，$I_V = \sqrt{3}I_{VW} = \sqrt{3}I_P$，$I_W = \sqrt{3}I_{WU} = \sqrt{3}I_P$。

因此，线电流与相电流的数值关系为 $I_L = I_U = I_V = I_W = \sqrt{3}I_P$。

从图2-33还可以看出，线电流滞后相应的相电流30°。

因此，三相线电流和相电流都是对称的。

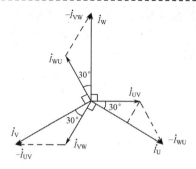

图2-33　对称负载三角形连接的电流相量图

2.4.3　三相电路的功率

由于三相电路实际上是3个单相电路的组合，因此无论三相负载是星形连接还是三角形连接，三相电路的总有功功率 P 都等于各相负载的有功功率 P_U、P_V 和 P_W 之和，即：

$$P = P_U + P_V + P_W$$

当三相负载对称时，$P_P = P_U = P_V = P_W = U_P I_P \cos\varphi_P$，所以三相电路的总有功功率为：

$$P = 3P_P = 3U_P I_P \cos\varphi \qquad (2-64)$$

式中，U_P、I_P 分别表示每相负载的相电压和相电流的有效值，φ 为每相负载的阻抗角（每相负载的相电压与相电流的相位差）。

在实际工程中，测量线电压、线电流比较方便（三角形连接的三相负载），因此，三相电路的总有功功率常用线电压和线电流表示，即：

$$P = \sqrt{3}U_L I_L \cos\varphi \qquad (2-65)$$

同理，对称三相负载的总无功功率和总视在功率分别为：

$$Q = \sqrt{3}U_L I_L \sin\varphi \qquad (2-66)$$

$$S = \sqrt{P^2 + Q^2} = \sqrt{3}U_L I_L \qquad (2-67)$$

🔵**注意**

上式中，U_L、I_L 分别表示三相电源的线电压和线电流，φ 仍为每相负载的阻抗角，不能将 φ 理解为线电压与线电流的相位差。

【实例2-12】将一个对称三相负载作三角形连接后接到对称三相电源上，已知每相负载的阻抗 $Z = (8 + j6)\ \Omega$，对称三相电源的线电压 $u_{UV} = 380\sqrt{2}\sin(314t - 30°)\ V$。试求：（1）三相负载的相电流 $\dot{I}_{UV}$、$\dot{I}_{VW}$ 和 $\dot{I}_{WU}$；（2）三相负载的线电流 $\dot{I}_U$、$\dot{I}_V$ 和 $\dot{I}_W$；（3）三相负载的总有功功率、总无功功率和总视在功率。

解　（1）由线电压 $u_{UV} = 380\sqrt{2}\sin(314t - 30°)\ V$ 可得线电压的相量为：

$$\dot{U}_{UV} = 380\underline{/-30°}\ V$$

则相电流为：

$$\dot{I}_{UV} = \frac{\dot{U}_{UV}}{Z} = \frac{380\underline{/-30°}}{8+j6} = \frac{380\underline{/-30°}}{10\underline{/36.87°}} = 38\underline{/-66.87°}\ A$$

由于三相相电流是对称的，所以：

$$\dot{I}_{VW} = 38\underline{/173.13°}\ A$$

$$\dot{I}_{WU} = 38\underline{/53.13°}\ A$$

（2）根据 $\dot{I}_U = \sqrt{3}\dot{I}_{UV}\underline{/-30°}$ 可得：

$$\dot{I}_U = \sqrt{3}\dot{I}_{UV}\underline{/-30°} = 38\sqrt{3}\underline{/-66.87°-30°} = 38\sqrt{3}\underline{/-96.87°}\ A$$

由于三相线电流是对称的，所以：

$$\dot{I}_V = 38\sqrt{3}\underline{/-96.87°-120°} = 38\sqrt{3}\underline{/143.13°}\ A$$

$$\dot{I}_W = 38\sqrt{3}\underline{/-96.87°+120°} = 38\sqrt{3}\underline{/23.13°}\ A$$

（3）总有功功率：$P = \sqrt{3}U_L I_L \cos\varphi = \sqrt{3}\times380\times38\sqrt{3}\times\cos36.87°\ W \approx 34.66\ kW$

总无功功率：$\quad Q = \sqrt{3}U_L I_L \sin\varphi = \sqrt{3}\times380\times38\sqrt{3}\times\sin36.87°\ var = 25.99\ kvar$

总视在功率：$\quad S = \sqrt{3}U_L I_L = \sqrt{3}\times380\times38\sqrt{3}\ VA = 43.32\ kVA$

任务操作指导

1. 交流电量测量

对交流电流、电压的测量，没有正、负极性要求。

1）交流电流的测量

使用交流电流表或万用表的交流电流挡测量交流电流时，应将其串联在被测电路中，并合理选择电流表的量程（一般要求表头指针偏转到满刻度的 2/3 左右），每次测量前还要使表头指针处于刻度盘的零点。

需要注意的是，交流电流表的读数一般是指交流电流的有效值。

2）交流电压的测量

将交流电压表或万用表的交流电压挡并联在被测交流电压的两端，并拨动转换开关至适当的交流电压量程。可以先将转换开关拨到最高交流电压挡，再根据表头指针偏转的情况选择适当量程。

在测量 1000 V 以上的高电压时，必须采取一定的安全措施。

3）有功功率的测量

目前使用最多的单相功率表属于电动式仪表，如图 2-34（a）所示。

单相功率表有两个线圈：电流线圈和电压线圈。电流线圈应串联在被测电路中，电压线圈则应与被测电路并联。

使用功率表时应特别注意以下几点。

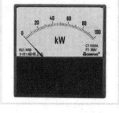
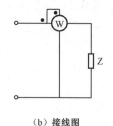

（a）实物图 （b）接线图

图 2-34　单相功率表

（1）正确选择功率表的量程。选择功率表的量程既要使功率量程大于负载功率，又要使功率表的电流量程不小于负载电流，电压量程不低于负载电压。

（2）正确连接测量线路。电流线圈和电压线圈分别有两个接线端钮，接线时电流线圈标有"·"号的端钮必须接到相线上，电流线圈的另一端钮则与负载相连；电压线圈标有"·"号的端钮也必须接在相线上，即与电流线圈标有"·"号的端钮接在被测电路的同一点处，而电压线圈的另一端钮则要跨接到负载的另一端，如图 2-34（b）所示。

（3）正确读数。对于直读单量程式功率表，表上的读数即为负载的功率。对于多量程功率表，其刻度盘上只标注分格，所以读出的指针在标度尺上偏转的格数再乘以单位分格所对应的瓦特数（又称功率表常数）才是负载的功率。

2. 认识电路

日光灯电路由日光灯管、镇流器和启辉器等组成，如图 2-35 所示。

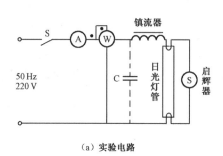

（a）实验电路 （b）相量模型

图 2-35　日光灯电路

日光灯管的两端各有一根灯丝，灯管内充有微量的氩和稀薄的汞蒸气，灯管内壁上涂有一层均匀的荧光粉，两个灯丝之间的气体导电时发出紫外线，使荧光粉发出近似太阳光的可见光。

电感镇流器是一个铁芯电感线圈，有抑制电流变化的作用。

启辉器由氖气放电管和电容组成。当放电管中的氖泡放电时，由双金属片做成的电极闭合接通电路，而当氖泡放电终止时，双金属片电极将分断切断电路，因此，启辉器在电路中起到开关的作用。与双金属片电极并联的电容则可以消除日光灯启动时对电源的电磁干扰。

当开关 S 闭合时，日光灯接上交流电源，因为较低的电源电压无法使灯管导电，所以此时日光灯管中的灯丝、启辉器和镇流器是串联的，电源电压将全部加在启辉器上使氖气放电

管放电，放电产生的热量使启辉器接通电路。在电路接通的瞬间，启辉器中的氖气放电管放电被终止，电路断开，由于电路电流突然消失，镇流器将产生一个高压脉冲（约为 800～1500 V），它与电源电压叠加后，加在灯管的两端，使灯管启动发光。

在对日光灯电路进行分析和计算时，可将日光灯管近似看成电阻元件 R_1，将镇流器看成电阻元件 R_2 和电感元件 L 的串联组合，因此日光灯电路实际上就是电阻、电感串联交流电路，即 RL 串联交流电路，其相量模型如图 2-35（b）所示。

由于日光灯电路是电感性电路，功率因数较低，因此可通过并联一个容量适当的电容器来提高功率因数。

图 2-35 所示的日光灯电路采用的电感镇流器，耗能较大，噪声较高。随着电子技术的发展，日光灯电路广泛采用电子镇流器，以降低能耗和噪声，提高功率因数。

3. 电路组装步骤

在日光灯电路组装前，应检查灯管、镇流器、启辉器等有无损坏，是否互相配套，检查所用的各种仪表是否正常工作，然后按图 2-35（a）所示实验电路安装日光灯。具体安装步骤如下。

1）组装灯架

根据日光灯管的长度，固定灯座，制作出与日光灯管配套的灯架。

2）连接电路

对照电路图，将镇流器、启辉器底座、灯座等用导线进行连接，并将交流电流表、单相功率表按要求接入电路。

3）通电试用

将启辉器旋入底座，日光灯管装入灯座，按白炽灯的安装方法将开关、单相插头进行接线。接线完毕，要对照电路图详细检查，无误后方可合上开关进行操作。

4. 调试与检测

在使用日光灯的过程中，难免会出现一些非正常的工作状态，对此应采取正确的对策。

1）日光灯启动后时亮时灭闪烁

应首先检查灯管两端是否呈深黑色，如果是，就意味着灯管即将报废，应更换同规格的新灯管。如果灯管是新的或仅使用了很短一段时间，则应立即更换启辉器。当然，日光灯闪烁也可能是其他原因造成的，如电源电压低、镇流器不匹配、室温过低都会引起日光灯闪烁。

2）日光灯不能启动或启动很慢

一般应首先检查灯管是否接触不良，再用万用电表检查其他部位是否有断路现象，如果一切正常，则要考虑更换启辉器。

3）灯管发光后立即熄灭

应先检查接线是否错误，改变接线，更换新灯管，再检查镇流器内部是否短路，若有短

路故障，应更换镇流器。

5. 注意事项

在进行日光灯电路实验时，应该注意以下事项。

（1）实验时，应尽量少用连接导线，还要注意避免导线交叉，更不要缠绕在一起。

（2）使用仪表时，应注意正确接线，避免接错而损坏仪表；注意合理选择仪表的量程；读数时要注意有效数字。

（3）注意安全用电。必须先切断电源才能进行接线、拆线、检查配件；在实验过程中，应注意观察有无异常现象发生，若有异常现象，应立即切断电源并停止实验。

考核要求

（1）通电灯亮。
（2）接线正确、合理。
（3）会正确使用万用表、交流电流表及单相功率表。
（4）按规定操作，安全文明生产。

知识梳理与总结

1. 大小和方向随时间按正弦函数规律变化的电流、电压和电动势称为正弦交流电量。正弦交流电量由最大值（或幅值）、角频率（周期或频率）和初相位 3 个要素确定。瞬时值表示式、波形图、相量及相量图是正弦交流电量的主要表示方法。

2. 两个同频率的正弦交流电量的相位差等于它们的初相位之差。一般的相位关系有超前或滞后；特殊的相位关系有同相、反相等。

3. 在各种交流电路中，应重点掌握用相量法对其进行分析和计算。在正弦电压的作用下，各种单相交流电路的电压与电流的关系及其功率如表 2-3 所示。

表 2-3　单相交流电路的性质

电路参数		阻抗	电流与电压的关系			功率		
			相位关系	数值关系	相量关系	有功功率	无功功率	视在功率
R		R	u_R、i 同相	$U_R = IR$	$\dot{U}_R = R\dot{I}$	$P = U_R I$	$Q_R = 0$	$S = P$
L		jX_L $X_L = \omega L$	u_L 超前 i 90°	$U_L = IX_L$	$\dot{U}_L = jX_L\dot{I}$	$P = 0$	$Q_L = U_L I$	$S = Q_L$
C		$-jX_C$ $X_C = 1/\omega C$	u_C 滞后 i 90°	$U_C = IX_C$	$\dot{U}_C = -jX_C\dot{I}$	$P = 0$	$Q_C = U_C I$	$S = Q_C$
RLC 串联	$X_L > X_C$	$Z = R + jX$ $= \|Z\| \angle \varphi$	u 超前 i 电感性	$U = \|Z\| I$ $\|Z\| = \sqrt{R^2 + X^2}$	$\dot{U} = Z\dot{I}$	$P = UI\cos\varphi$	$Q = UI\sin\varphi$	$S = UI$
	$X_L < X_C$	$X = X_L - X_C$ $\varphi = \arctan X/R$	u 滞后 i 电容性					
	$X_L = X_C$	$Z = R$ $\varphi = 0$	u、i 同相 串联谐振	$\|Z\| = R$		$P = UI$	$Q = 0$	$S = P$

4. 通过提高供电系统的功率因数可以提高供电设备的能量利用率，减小输电线路的能量损耗。对于功率因数较低的电感性负载，可在其两端并联适当的电容来提高供电系统的功率因数。

5. 在含有电感和电容元件的电路中，如果调节电路的参数或电源的频率则可使电路的端电压与电路电流的相位相同，电路发生谐振现象。按发生谐振电路的不同，可分为串联谐振和并联谐振。

6. 三相四线制供电系统能够提供两种对称的三相电压，即线电压和相电压。线电压与相电压的数值关系为 $U_L = \sqrt{3}U_P$，线电压超前相应的相电压 $30°$。

7. 根据额定电压的不同，对称三相负载可做星形（Y）连接或三角形（△）连接。对称三相负载电路的性质如表 2-4 所示。

表 2-4 对称三相负载交流电路的性质

性质 连接方式	星形连接	三角形连接
相电压	$\dot{U}_U = U_P \underline{/0°} \quad \dot{U}_V = U_P \underline{/-120°}$ $\dot{U}_W = U_P \underline{/120°}$	$\dot{U}_{UV} = \sqrt{3}\dot{U}_U \underline{/30°} \quad \dot{U}_{VW} = \sqrt{3}\dot{U}_V \underline{/30°}$ $\dot{U}_{WU} = \sqrt{3}\dot{U}_W \underline{/30°}$
相电流	$\dot{I}_U = \dot{U}_U/Z = I_P \underline{/-\varphi+0°}$ $\dot{I}_V = \dot{U}_V/Z = I_P \underline{/-\varphi-120°}$ $\dot{I}_W = \dot{U}_W/Z = I_P \underline{/-\varphi+120°}$ $I_P = U_P/|Z|$	$\dot{I}_{UV} = \dot{U}_{UV}/Z = I_P \underline{/-\varphi+30°}$ $\dot{I}_{VW} = \dot{U}_{VW}/Z = I_P \underline{/-\varphi-90°}$ $\dot{I}_{WU} = \dot{U}_{WU}/Z = I_P \underline{/-\varphi+150°}$ $I_P = U_L/|Z|$
线电流	线电流等于对应的相电流	$\dot{I}_U = \sqrt{3}\dot{I}_{UV} \underline{/-30°}$ $\dot{I}_V = \sqrt{3}\dot{I}_{VW} \underline{/-30°}$ $\dot{I}_W = \sqrt{3}\dot{I}_{WU} \underline{/-30°}$
总功率	$P = \sqrt{3}U_L I_L \cos\varphi \qquad Q = \sqrt{3}U_L I_L \sin\varphi \qquad S = \sqrt{3}U_L I_L$	

测试题 2

2-1 判断题

1. 正弦交流电的角频率表示其变化快慢。 （ ）

2. 正弦交流电的初相位表示其变化步调。 （ ）

3. 正弦交流电的瞬时值与其相量相等。 （ ）

4. 与电阻相似，电感、电容的伏安关系也是线性代数关系。 （ ）

5. 无功功率就是无用的功率。 （ ）

6. 复阻抗也是相量。 （ ）

7. 功率因数越高，电源容量的利用率越高。 （ ）

8. 三相交流电星形接法线电压是相电压的 $\sqrt{3}$ 倍，二者相位相同。 （ ）

9. 星形接法中，无论三相负载是否对称，中线都可有可无。 （ ）

10. 三角形接法三相负载线电流总是相电流的 $\sqrt{3}$ 倍。 （ ）

2-2　计算题

1．已知某正弦电压 $u = 220\sqrt{2}\sin(314t - 45°)$ V，试求它的最大值、有效值、角频率、频率、周期和初相位。

2．根据下列正弦电压的瞬时值表示式，分别写出它们的相量式。

（1）$u = 20\sqrt{2}\sin\omega t$ V；

（2）$u = 20\sqrt{2}\sin(\omega t + 90°)$ V；

（3）$u = 20\sqrt{2}\sin(\omega t - 90°)$ V；

（4）$u = 20\sqrt{2}\sin(\omega t + 120°)$ V。

3．试用瞬时值表示式和相量图分别表示角频率均为 ω 的正弦电量 $\dot{U} = 220\underline{/30°}$ V 和 $\dot{I} = 6\underline{/-60°}$ A，并计算它们的相位差 φ，说明它们的相位关系。

4．已知正弦电压 $u_1 = 60\sqrt{2}\sin(\omega t + 45°)$ V，$u_2 = 80\sqrt{2}\sin(\omega t - 45°)$ V，试用相量法计算电压 $u = u_1 + u_2$。

5．现有一只标称阻值为 22 Ω 的电阻接在 $u = 220\sqrt{2}\sin(314t + 60°)$ V 的电源上，试求流过电阻的电流 i 及有功功率 P。

6．在纯电感电路中，电感元件的电感 $L = 0.35$ H，端电压 $u_L = 220\sqrt{2}\sin(314t + 30°)$ V。试求电流 i 及无功功率 Q_L。

7．在纯电容电路中，电容 $C = 80$ μF，电路电流 $i = 5.5\sqrt{2}\sin(314t + 60°)$ A。试求电容元件的端电压 u_C 及无功功率 Q_C。

8．一个线圈接在 $U = 120$ V 的直流电源上，$I = 20$ A；如果接在 $f = 50$ Hz、$U = 220$ V 的交流电源上，则 $I = 22$ A。试求该线圈的电阻 R 和电感 L。

9．在 RL 串联交流电路中，电源电压 $U = 10\sqrt{2}$ V，如果电阻电压 $U_R = 10$ V。试求电感电压 U_L 及电源电压与电流的相位差 φ。

10．在 RLC 串联交流电路中，已知电阻 $R = 40$ Ω，电感 $L = 159$ mH，电容 $C = 159$ μF，电源电压 $u = 220\sqrt{2}\sin(314t + 60°)$ V。试求：（1）电路的等效阻抗 Z；（2）电路电流 i；（3）各元件的端电压 $\dot{U}_R$、$\dot{U}_L$、$\dot{U}_C$；（4）有功功率 P、无功功率 Q 和视在功率 S；（5）画出相量图。

11．在如图 2-36 所示的 RLC 并联交流电路中，已知电阻 $R = 10$ Ω，电感 $L = 31.85$ mH，电容 $C = 159.2$ μF，总电流 $i = 10\sqrt{2}\sin(314t + 15°)$ A。试求：（1）电路的等效阻抗 Z；（2）电源电压 $\dot{U}$；（3）各元件支路的电流 $\dot{I}_R$、$\dot{I}_L$、$\dot{I}_C$；（4）有功功率 P、无功功率 Q 和视在功率 S；（5）画出相量图。

12．在如图 2-37 所示的串联交流电路中，已知电源电压 $u = 220\sqrt{2}\sin(314t + 30°)$ V，阻抗 $Z_1 = (3.16 + j6)$ Ω、$Z_2 = (2.5 - j4)$ Ω、$Z_3 = (3 + j3)$ Ω。试求：（1）电路的等效阻抗 Z；（2）电路电流 i；（3）有功功率 P、无功功率 Q 和视在功率 S。

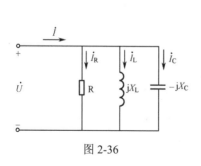

图 2-36

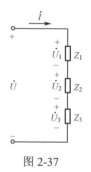

图 2-37

13．在如图 2-38 所示的并联交流电路中，已知 $R_1 = 3\,\Omega$，$X_L = 4\,\Omega$，$R_2 = 8\,\Omega$，$X_C = 6\,\Omega$，电源电压 $\dot{U} = 220\ 60°$ V。试求：（1）电路的等效阻抗 Z；（2）电路电流 $\dot{I}$ 及 RL、RC 支路的电流 $\dot{I}_1$、$\dot{I}_2$；（3）有功功率 P、无功功率 Q 和视在功率 S。

14．JZ7 系列中间继电器的线圈额定电压为 380 V，额定频率为 50 Hz，线圈电阻为 2 kΩ，线圈电感为 43.3 H。试求线圈电流 I 及功率因数 $\cos\varphi$。

15．在三相四线制供电系统中，相电压 $u_W = 220\sqrt{2}\sin(314t - 30°)$ V，按照正序写出对称三相相电压 $\dot{U}_U$、$\dot{U}_V$ 和对称三相线电压 $\dot{U}_{UV}$、$\dot{U}_{VW}$、$\dot{U}_{WU}$。

16．在对称三相交流电路中，对称三相负载的额定电压为 220 V、每相负载的阻抗 $Z = (10 + j17.32)\,\Omega$，三相四线制电源的线电压 $u_{VW} = 380\sqrt{2}\sin(314t + 30°)$ V。

（1）该对称三相负载如何接入三相电源才能保证其在额定状态下工作？

（2）计算各相负载的相电压 $\dot{U}_U$、$\dot{U}_V$、$\dot{U}_W$。

（3）计算各相负载的相电流 $\dot{I}_U$、$\dot{I}_V$、$\dot{I}_W$。

（4）计算总有功功率 P、总无功功率 Q 和总视在功率 S。

17．在如图 2-39 所示的三相四线制供电系统中，作星形连接的三相电阻性负载的电阻分别为 5.5 Ω、11 Ω 和 22 Ω，对称三相相电压 $\dot{U}_V = 220\underline{/-120°}$ V。试求：（1）负载的相电压 $\dot{U}_U$、$\dot{U}_W$；（2）各相负载的相电流 $\dot{I}_U$、$\dot{I}_V$、$\dot{I}_W$；（3）中线电流 $\dot{I}_N$。

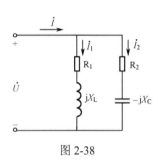

图 2-38

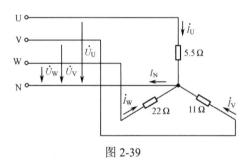

图 2-39

18．在对称三相交流电路中，对称三相负载的额定电压为 380 V，每相负载的阻抗 $Z = (10 + j10)\,\Omega$，三相四线制电源的相电压 $\dot{U}_U = 220\underline{/45°}$ V。

（1）该对称三相负载如何接入三相电源才能保证其在额定状态下工作？

（2）计算各相负载的相电压 $\dot{U}_{UV}$、$\dot{U}_{VW}$、$\dot{U}_{WU}$。

（3）计算各相负载的相电流 $\dot{I}_{UV}$、$\dot{I}_{VW}$、$\dot{I}_{WU}$ 和线电流 $\dot{I}_U$、$\dot{I}_V$、$\dot{I}_W$。

（4）计算总有功功率 P、总无功功率 Q 和总视在功率 S。

第3章

变压器与电动机

教学导航

教	知识重点	1. 磁场的主要物理量及磁性材料的磁化性质； 2. 磁路和磁路欧姆定律；　　　　3. 变压器的结构及工作原理； 4. 三相异步电动机的结构、工作原理、电磁转矩与机械特性； 5. 单相异步电动机的结构和工作原理；　　6. 特种电机的工作原理
	知识难点	1. 磁路欧姆定律；　　　　2. 变压器变换电压、变换电流、变换阻抗的原理； 3. 三相旋转磁场的产生原理；　4. 单相异步电动机的工作原理； 5. 特种电机的工作原理
	推荐教学方式	注重磁场基本概念与性质，注重变压器、电动机的外在工作特性分析
	建议学时	24 学时
学	推荐学习方法	牢固掌握磁场的基本概念与性质，并将其运用于对变压器、电动机工作原理与特性的理解
	必须掌握的理论知识	1. 磁场的主要物理量及关系；　　　　2. 磁性材料的磁化性质； 3. 三相旋转磁场的产生及三相异步电动机的转动原理； 4. 三相异步电动机的电磁转矩与转速的关系； 5. 三相异步电动机的控制方法；　　6. 单相异步电动机的转动原理； 7. 交流伺服电动机转速与控制电压的关系； 8. 步进电动机转速与脉冲频率的关系
	必须掌握的技能	三相笼形异步电动机的拆卸与装配

任务3 三相笼形异步电动机的拆卸与装配

实物图

三相异步电动机是工业生产中不可缺少的动力机械，如图 3-1 所示。它主要由定子和转子两大部分组成。定子的作用是产生旋转磁场，主要包括定子铁芯、定子绕组、机座等部件。转子是电动机的旋转部分，包括转子铁芯、转子绕组和转轴等部件。

图 3-1

器材与工具

拆装三相异步电动机所需用的器材与工具见表 3-1。

表 3-1

序号	名称	型号规格	数量
1	三相异步电动机	Y-112M-4	1 台
2	拉具	—	1 套
3	呆扳手	7 件套	1 套
4	套筒扳手	6.3 mm	1 套
5	手锤	0.5 kg	1 把
6	紫铜棒	$\phi300$ mm	1 根
7	小盒（或纸盒）	—	1 个

背景知识

在电工技术中有很多电气设备或器件是利用电磁现象及电与磁的相互作用原理来工作的。变压器与电动机是其中的两种，这些电气设备都是由电路和磁路两大部分组成的。在学习它们的工作原理之前先复习有关磁路的一些知识。

变压器是一种变换交流电压的电磁设备，是输配电网络中的主要设备。

电动机是一种将电能转换成机械能的电磁设备，按其用途可分为动力用电动机和控制用电动机。三相异步电动机是一种常用的动力电动机，伺服电机和步进电机是控制电机中应用较多的两种。

3.1 磁场的主要物理量

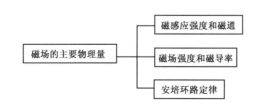

在电磁器件中通常利用通电线圈来建立磁场，并且使线圈绕在闭合的或接近闭合的铁芯

上，如图3-2所示。下面首先简要复习描述磁场的几个物理量。

3.1.1 磁感应强度和磁通

1. 磁感应强度

磁感应强度（B）表示磁场中某点磁场的强弱和方向，其单位名称为T（特斯拉[特]）。磁感应强度是矢量，其大小表示磁场中某点磁场的强弱，其方向表示该点的磁场方向。磁场的分布通常用磁感应线表示，磁感应线某点的切线方向为该点的磁场方向。

2. 磁通

磁通（Φ）是磁场中垂直穿过某面积的磁感应强度的总和，如图3-3所示。

当磁场为均匀磁场，所取面积为平面且与磁场方向垂直时有：

$$\Phi = BS \tag{3-1}$$

磁通量的单位为Wb（韦伯[韦]）。

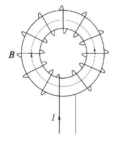

图 3-2　通电线圈磁场

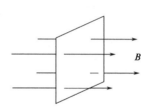

图 3-3　磁通

📣 **提示**

（1）磁通量表示某范围内磁场的强弱，只能反映大小，是标量。磁感应强度表示磁场中某点的磁场强弱，既有大小又有方向，是矢量。

（2）磁通量与磁感应线之间的关系是：穿过某面积磁感应线的数量越多，该面上的磁通量就越大。

（3）磁感应强度 $B = \dfrac{\Phi}{S}$，又称 B 为磁通密度

3.1.2 磁场强度和磁导率

🔥 **实验　磁场强度与媒介质**

图 3-4 所示为两个相同的通电线圈，图 3-4（a）为铁芯，图 3-4（b）为铜芯。用铁棒和铜棒分别吸引铁屑，会发现二者吸力明显不同，铁棒吸力大于铜棒，说明通电线圈产生磁场的强弱不仅与线圈尺寸、匝数、通入电流有关，还与媒介质材料有关。为了表述这些因素对磁场强弱的影响，引入两个物理量，即磁场强度和磁导率。

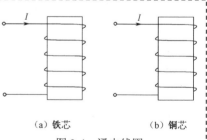

（a）铁芯　　（b）铜芯

图 3-4　通电线圈

1. 磁导率

磁导率（μ）是表示媒介质对磁场强弱影响的物理量，其单位为 H/m，实验测得真空磁导率为一常数：

$$\mu_0 = 4\pi \times 10^{-7}\ \text{H/m} \tag{3-2}$$

为了比较媒介质对磁场的影响，把任一物质的磁导率与真空磁导率的比值称为相对磁导率，用 μ_r 表示，即：

$$\mu_r = \frac{\mu}{\mu_0} \tag{3-3}$$

相对磁导率是一个纯数，经过实验分析将自然界物质按相对磁导率不同分成 3 类。

（1）顺磁物质，μ_r 稍大于 1，如空气、铝、铂等。

（2）反磁物质，μ_r 稍小于 1，如氢、铜。

（3）铁磁物质，μ_r 远大于 1，可达到数百甚至数千以上（且不是一个常数），如铁、镍、钴及其合金。

顺磁物质和反磁物质的相对磁导率接近于 1，近似认为它们的磁导率相同，与真空磁导率一致，称为非铁磁物质。

铁磁物质的磁导率很高，在相同通电线圈激发下能产生很强的磁场，在电磁器件中有很广泛的应用。

2. 磁场强度

在通电线圈产生的磁场中，除了媒介质以外，把其他因素如线圈尺寸、匝数、通入电流等对磁场的影响综合成一个物理量，即磁场强度（H）。其单位为 A/m，并且是矢量。磁场强度和磁导率共同决定磁场强弱。

$$B = \mu H \tag{3-4}$$

3.1.3　安培环路定律

在如图 3-2 所示的环形磁场内任取一条圆形磁感应线，可知各点的磁感应强度、磁场强度相同。

经证明，磁场强度为：

$$H = \frac{NI}{l} \tag{3-5}$$

此式称为**安培环路定律**，该式表明磁场强度与磁场经历的路径成反比，因为路径越长，磁场越分散，各点的磁场越弱，所以在允许的情况下应尽可能缩短磁场经历的路径。

3.2　磁性材料的磁化性质及磁路

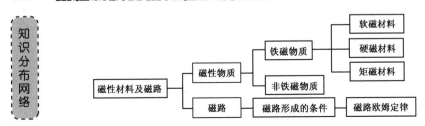

3.2.1　铁磁物质与非铁磁物质

自然界物质在外磁场作用下所表示出来的磁化性能不同，基本可分为两类，即铁磁物质与非铁磁物质，如表 3-2 所示。

表 3-2　铁磁物质与非铁磁物质的磁化性能

	铁磁物质	非铁磁物质
物质实例	铁、镍、钴、硅钢、铁氧体	空气、铝、铜、胶木
磁导率	$\mu \gg \mu_0$，且为非常数	$\mu \approx \mu_0$，近似为常数
磁化曲线		
磁化性能	1. 高导磁性（μ很大）； 2. 非线性磁化特性（μ非常数）； 3. 磁饱和性：当磁场强度增大到一定程度时，磁感应强度基本不再增大，达到饱和	1. 弱导磁性（μ很小）； 2. 线性磁化特性（μ为常数）
反复磁化特性曲线	1. 磁滞性：磁感应强度 B 滞后于磁场强度 H 回零； 2. 剩磁性：当通电线圈中的电流降为 0 时，H 降为0，铁芯内的 B 不为 0	1. 无磁滞性； 2. 无剩磁性

提示

（1）利用铁磁物质的剩磁性可以用来制作永久磁铁。

（2）铁磁物质的材料不同，剩磁大小也不同，据此将铁磁物质分为 3 类。

3.2.2　铁磁物质的分类

铁磁物质的分类，如表 3-3 所示。

表 3-3　铁磁物质分类

分类	磁滞回线	特点	用途
软磁材料		磁导率高，易磁化也易去磁，磁滞回线较窄，磁滞损耗小	硅钢、铸钢、铁镍合金等；电机、变压器、继电器铁芯；高频半导体收音机中的磁棒

续表

分类	磁滞回线	特点	用途
硬磁材料	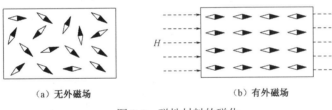	磁滞回线很宽，不易磁化，也不易去磁，一旦磁化后能保持很强的剩磁，适宜制作永久磁铁	碳钢、钴钢等；磁电式仪表、扬声器中的磁钢、永久磁铁
矩磁材料		磁滞回线的形状如同矩形。在很小的外磁场作用下就能磁化，一经磁化便达到饱和值，去掉外磁，磁性仍能保持在饱和值，主要用作记忆元件	锰镁铁氧体；磁带、计算机中存储器的磁心

提示：

铁磁物质之所以具有高导磁性，是因为铁磁物质内部的分子电流形成很多微小磁场，称为磁畴。在没有外磁场作用时，这些磁畴杂乱无章地分布，磁性相互抵消，对外不显磁性。当有外磁场作用时，这些磁畴逐步转向外磁场方向，相互叠加形成一个很强的附加磁场，从而使铁磁物质内部具有很强的磁性。磁性材料的磁化如图 3-5 所示。

（a）无外磁场　　　　　（b）有外磁场

图 3-5　磁性材料的磁化

应用　磁卡

银行信用卡的磁条记录了银行代码、户头编号、密码等数据，这些数据是用二进制码表示的。在磁化时用磁性的有无表示二进制的"1"或"0"。

3.2.3　磁路

磁路是磁通经过的路径。

如图 3-6 所示的通电线圈为铁磁质。由于铁磁质的磁导率远大于空气磁导率，使铁芯内磁通远大于空气中的漏磁通，忽略空气漏磁通可近似认为通电线圈磁场几乎全部集中在铁芯内，这种集中在一定路径内的磁场称为**磁路**。显然，磁路形状取决于铁芯的形状，几种电磁设备的磁路如图 3-7 所示。

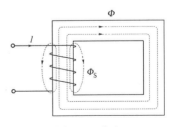

图 3-6　磁路

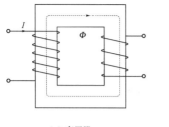

（a）变压器

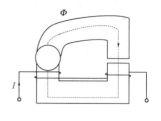

（b）电动机

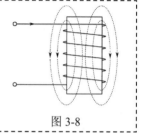

（c）继电器

图 3-7 不同的磁路

???思考题

如果图 3-7 中媒介质材料换作胶木，通电线圈的磁场会形成磁路吗？若媒介质虽然是铁芯但不是闭合的，如图 3-8 所示，那么还会成为磁路吗？由此可以总结出磁路形成的条件吗？

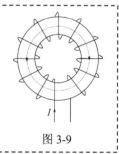

图 3-8

3.2.4 磁路欧姆定律

若为圆环形铁芯，则当圆环半径较小时可近似认为圆环内磁场为均匀磁场，其内部磁通为：

$$\Phi = B \cdot S = \mu \cdot H \cdot S = \frac{\mu \cdot S \cdot N \cdot I}{l} = \frac{N \cdot I}{l/\mu \cdot S} = \frac{N \cdot I}{R_{\mathrm{m}}}$$

该式称为**磁路欧姆定律**。NI 称为磁通势，R_{m} 称为磁阻，分别对应电阻元件在电路中的电动势和电阻，磁通对应电流，两个关系式相似，故称此式为磁路欧姆定律。

???思考题

（1）变压器、电动机等电气设备的磁路为什么都选用磁性材料制成？

（2）如果在图 3-9 所示的环形铁芯上锯下一小段，形成空气隙，在磁通势 F 不变的条件下，磁通 Φ 将如何变化？

图 3-9

3.3 交流铁芯线圈

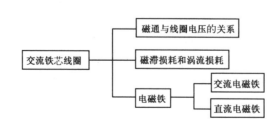

电磁设备中经常用到交流铁芯线圈，比如交流电动机、变压器以及各种继电器，因此交流铁芯线圈的电路性质和磁路性质非常重要。图 3-10 所示为交流铁芯线圈。

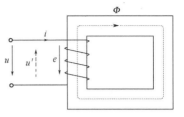

图 3-10 交流铁芯线圈

3.3.1 交流铁芯线圈的磁通

当电源电压为正弦交流量时，忽略线圈绕线电阻、漏磁通，则铁芯中的磁通也应为正弦规律。

设主磁通为：

$$\Phi = \Phi_{\mathrm{m}} \cdot \sin \omega t$$

则感应电动势为：

$$e = -N\frac{\mathrm{d}\Phi}{\mathrm{d}t} = -2\pi f N \cdot \Phi_{\mathrm{m}} \cdot \sin(\omega t + 90°) = -E_{\mathrm{m}} \cdot \sin(\omega t + 90°)$$

式中，$E_{\mathrm{m}} = 2\pi f N \Phi_{\mathrm{m}}$ 是主磁感应电动势的最大值，其有效值为：

$$E = \frac{E_{\mathrm{m}}}{\sqrt{2}} = \frac{2\pi f N \Phi_{\mathrm{m}}}{\sqrt{2}} = 4.44 f \cdot N \cdot \Phi_{\mathrm{m}}$$

据基尔霍夫定律： $u = -e$

则电压的有效值为： $U = 4.44 f \cdot N \cdot \Phi_{\mathrm{m}}$

 提示

（1）$U = E = 4.44 f \cdot N \cdot \Phi_{\mathrm{m}}$ 是分析变压器、交流电机的重要依据。

（2）由上述分析可以得出结论，当电源电压 U 一定时，只要线圈匝数 N 一定，其主磁通 Φ 也一定，当其他因素变化时，Φ 不应随之变化，这也是一个非常重要的结论。

3.3.2 磁滞损耗和涡流损耗

1．磁滞损耗

在交变磁场中，铁芯被反复磁化，根据磁滞回线可知铁芯磁感应强度的下降步调总是滞后于上升步调，这就使铁芯线圈在磁感应强度上升时从电源吸收电能大于磁感应强度下降时释放出的能量，即铁芯线圈损耗一部分电能，称为**磁滞损耗**。磁滞损耗与磁滞回线的包围面积成正比。

2．涡流损耗

交流铁芯线圈的交变磁场穿过铁芯，铁芯本身是导电的，在铁芯内部产生旋涡状的感应电流，称为涡流，如图 3-11（a）所示。涡流在铁芯内循环流动，在铁芯电阻中产生热消耗，称为**涡流损耗**。

在电机、变压器等电磁设备中应尽可能减小涡流损耗，采用硅钢片叠起来作为铁芯，如图 3-11（b）所示。一方面加长涡流路径，提高电阻减小涡流；另一方面加入硅提高铁芯电阻率。也有很多利用涡流工作的场合，例如，在工业生产中高频感应炉利用涡流加热和冶炼金属；生活中的电磁炉也是利用涡流加热。

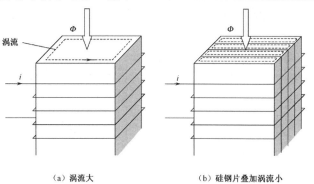

（a）涡流大　　　　　　（b）硅钢片叠加涡流小

图 3-11　涡流

3.3.3　交、直流电磁铁

1. 交流电磁铁

交流电磁铁是很常用的一种电磁设备，如图 3-12、图 3-13 所示。其结构组成包括线圈、铁芯（静铁芯）和衔铁（动铁芯），如图 3-14 所示。当线圈与交流电源连接时，在铁芯、衔铁和微小气隙构成的磁路中建立磁场。将铁芯、衔铁磁化，在铁芯与衔铁的端面上出现极性相异的磁极，彼此相吸，使衔铁吸向铁芯，从而带动某一机械结构运动，完成确定的机械动作，如起重、制动、吸持（吸盘）、开闭阀门等。

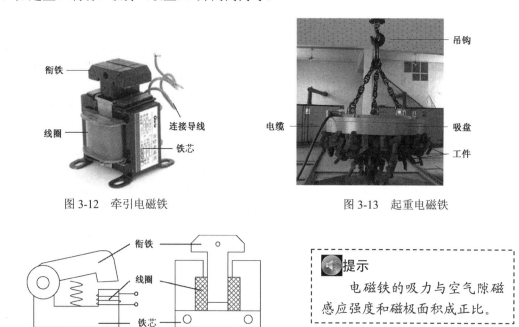

图 3-12　牵引电磁铁　　　　　　　　图 3-13　起重电磁铁

图 3-14　电磁铁的结构

提示
电磁铁的吸力与空气隙磁感应强度和磁极面积成正比。

2. 直流电磁铁

直流电磁铁的线圈接直流电，由于其电压、电流恒定，因此在线圈两端没有感应电动势。

在电源电压 U 作用下，线圈中的电流 $I = \dfrac{U}{R}$，当 U 一定时，电流 I 一定，R 为线圈电阻，一般很小，当 U 很大时直流铁芯线圈中的电流 I 很大，可能因过热造成损坏，直流电磁铁与交流电磁铁各方面的性质比较如表 3-4 所示。

表 3-4　交、直流电磁铁性能比较

项目　　　特性　　　名称	交流电磁铁	直流电磁铁
电源电压 U 一定	ϕ 一定 $\phi_m = \dfrac{U}{4.44\,fN}$	$I = \dfrac{U}{R}$ 一定
磁滞涡流损耗	有	无
在衔铁吸合过程中　磁阻 $R_m = \dfrac{l}{\mu S}$	变小	变小
磁通 ϕ	不变	变大
吸力	平均吸力不变	吸力变大

思考题

（1）交流电磁铁衔铁卡住，长时间不能吸合，会烧毁线圈，为什么？

（2）直流铁芯线圈和交流铁芯线圈一般不能换用，这是为什么？

3.4　变压器

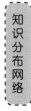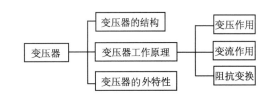

变压器是一种变换交流电压的电磁设备，这也是"变压器"的名称来由。变压器实际起到的作用还有以下几个。

（1）变换电压，主要用于输、配电电路。

（2）变换电流，主要用于电工测量。

（3）变换阻抗，主要用于电子技术领域。

在交流电路中，输送相同电功率时，电压越高，线路电流越低，线路损耗越小，同时对输电线要求越低，所以在输/配电网络中常采用高压输电，利用变压器将发电机发出的交流电压升高向用户输送。电能被送到用电区后，再根据用户的不同需求，利用变压器将电压降低至用户所需求的电压。例如，大型动力设备和工厂用电为 10 kV、6 kV、3 kV；小型动力设备和照明用电为 380 V、220 V；特殊场合为 36 V、24 V、12 V、6 V。

变压器的种类很多，常见变压器如图 3-15 所示。按用途分，可分为用于输/配电的电力变压器；用于电工测量的仪用互感器；用于电子电路的整流变压器和阻抗变换器等。按电能变换相数分，可分为单相变压器和三相变压器。

（a）电力变压器　　　　（b）整流变压器　　　　（c）互感器　　　　（d）自耦变压器

图 3-15　常见变压器

3.4.1　变压器的结构

变压器主要包括铁芯和绕在铁芯上的两个线圈或多个线圈。变压器按其铁芯结构形式分为壳式和芯式两种，如图 3-16 所示。

壳式结构一般用于小容量变压器，芯式结构一般用于大容量变压器。

图 3-16～图 3-18 为单相双绕组变压器的原理结构示意图及其表示符号。其中与电源连接的线圈（绕组）称为原绕组、初级绕组或一次绕组。对应的电压和匝数分别用 U_1、N_1 表示；与负载连接的线圈称为副绕组、次级绕组或二次绕组，对应的电压和匝数分别用 U_2、N_2 表示。

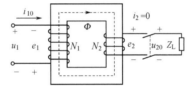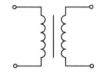

（a）芯式变压器　（b）壳式变压器

图 3-16　变压器结构　　　图 3-17　变压器空载运行状态　　　图 3-18　变压器符号

提示

　　为防止变压器内部短路，绕组与绕组、绕组与铁芯之间要良好绝缘。

3.4.2　变压器的工作原理

在图 3-17 中，原绕组接交流电源，在铁芯内建立交变磁场，该交变磁场在原绕组和副绕组中分别产生感应电动势 e_1、e_2；电动势 e_2 作用于负载，实现电能由电源向负载的传输。变压器符号如图 3-18 所示。

1. 空载运行状态（变压器变压作用）

图 3-17 中负载开路时为变压器空载运行状态，副绕组电流 i_2 为 0，原绕组 i_{10} 称为空载电流。为分析简便，忽略绕组的绕线电阻、铁芯损耗、磁路漏磁通以及磁饱和等影响，即变压器为理想变压器。

变压器的原边电压为：

$$u_1 = -e_1 = N_1 \cdot \frac{\mathrm{d}\Phi}{\mathrm{d}t}$$

变压器的副边电压为：

$$u_{20} = e_2 = -N_2 \cdot \frac{\mathrm{d}\Phi}{\mathrm{d}t}$$

原、副边电压之比：

$$\frac{u_1}{u_{20}} = -\frac{N_1}{N_2}$$

此式也可用于电压相量形式：

$$\frac{\dot{U}_1}{\dot{U}_{20}} = -\frac{N_1}{N_2}$$

> **提示**
>
> （1）由上式可知，变压器的原边、副边电压在如图 3-17 所示的参考方向时，互为反相关系。
>
> （2）原边、副边电压的有效值之比为：
>
> $$\frac{U_1}{U_2} = \frac{N_1}{N_2} = k$$
>
> 式中，N_1 为原绕组匝数；N_2 为副绕组匝数；k 为变比系数。
>
> 当 $N_2 > N_1$ 时，为升压变压器；当 $N_2 < N_1$ 时，为降压变压器。

2. 负载运行状态

变压器副绕组接有负载时为负载运行状态，此时，变压器的原、副绕组电流分别为 i_1、i_2。

变压器在负载运行状态时，当电源电压与空载相同时，根据公式 $U_1 = 4.44 f \cdot N_1 \cdot \Phi_{\mathrm{m}}$，则铁芯中主磁通 Φ_{m} 不变。副绕组电压 U_2 不变，即空载运行状态时变压公式可用于负载运行状态。

相对于空载运行状态，由于铁芯中的主磁通没变，铁芯磁阻也没有变化，则线圈磁动势也不变，即：

$$N_1 i_{10} = N_1 i_1 + N_2 i_2$$

由于铁芯磁导率很高，在铁芯中建立一定强度的磁场，所需电流很小，近似分析可认为空载电流 i_{10} 是 0，因此有：

$$N_1 i_1 + N_2 i_2 \approx 0$$

$$\frac{i_1}{i_2} = -\frac{N_2}{N_1} = -\frac{1}{k}$$

此式也适用于电流相量的形式：

$$\frac{\dot{I}_1}{\dot{I}_2} = -\frac{N_2}{N_1} = -\frac{1}{k}$$

其有效值之比为：

$$\frac{I_1}{I_2} = \frac{N_2}{N_1} = \frac{1}{k}$$

结论

（1）变压器负载运行时，原、副绕组电流为如图 3-19 所示的参考方向时，互为反相。

（2）原、副绕组电流之比与匝数比成反比。

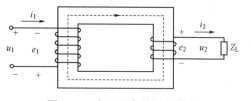

图 3-19　变压器负载运行状态

3. 变压器变换阻抗作用

如图 3-20 所示的负载经变压器与电源连接时，相对于电源而言，其负载 Z'_L 为：

$$Z'_L = \frac{\dot{U}_1}{\dot{I}_1} = \frac{-k\dot{U}_2}{-\frac{1}{k}\dot{I}_2} = k^2 \frac{\dot{U}_2}{\dot{I}_2} = k^2 \cdot Z_L$$

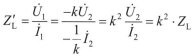

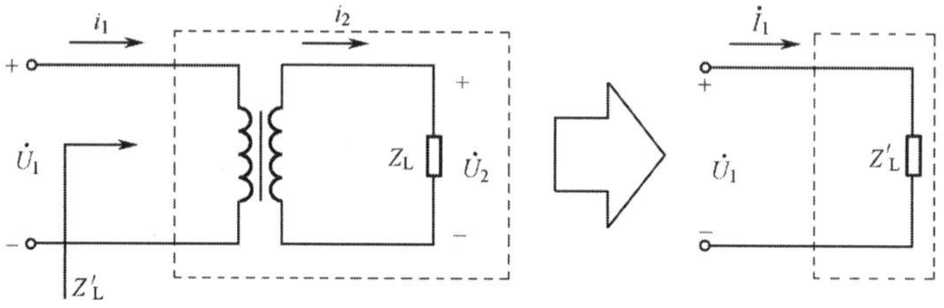

（a）原理电路　　　　　　　　（b）等效电路

图 3-20　变压器阻抗变换作用

结论

（1）变压器原边等效阻抗的性质与负载相同。

（2）变压器原边等效阻抗 $|Z'_L| = k^2 \cdot |Z_{Ld}|$，当改变原、副绕组匝数时，可改变变压器原边等效阻抗。

变压器阻抗的变换作用常用于电子电路的阻抗匹配。在电子放大电路中，放大器为有效驱动负载工作，常要求负载电阻与放大器等效内阻相等（阻抗匹配），使负载从放大器中取用最大的电功率。如果实际负载不符合匹配要求，则可在负载与放大器输出端之间连接变压器，进行阻抗变换。

【实例 3-1】 某晶体管收音机的输出变压器一次侧匝数 $N_1 = 240$ 匝，二次侧匝数 $N_2 = 80$ 匝，原来配接阻抗为 $8\,\Omega$ 的扬声器，达到匹配要求。现要改接同样功率阻抗为 $4\,\Omega$ 的扬声器，二次侧绕组匝数应改为多少？

　解　该收音机匹配阻抗为：

$$Z_L = k^2 \cdot Z_{Ld} = \left(\frac{240}{80}\right)^2 \times 8 = 72\,(\Omega)$$

改接 $4\,\Omega$ 扬声器后，Z_L 不变，则需副绕组匝数变为：

$$N_2' = \frac{N_1}{k'} = \frac{240}{\sqrt{\dfrac{72}{4}}} = \frac{240}{3\sqrt{2}} \approx 57\,(\text{匝})$$

4．变压器的外特性

理想变压器当外接负载发生变化时，副绕组电压 U_2 不变，而实际变压器由于绕组内阻及漏磁通影响，当负载变化时，U_2 随之变化。

外特性是指保持电源电压 U_1 不变，U_2 随 I_2 的变化关系，即 $U_2 = f(I_2)$，一般用曲线表示，如图 3-21 所示。在感性负载条件下，即 U_2 随 I_2 的增加而略有下降。

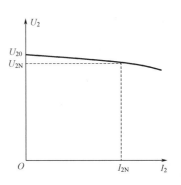

图 3-21　变压器的外特性

3.5　绕组的同名端及连接

如图 3-22 所示的变压器副边有两个相同的绕组，若每个绕组可提供 110 V 电压，则将两个线圈正确串联可得到 220 V 电压，以适应不同负载的要求。两个线圈正确连接的第一步是先判断线圈的同名端。

1．同名端

与同一磁通交链的两个线圈中，在变动磁通的作用下产生电动势的同极性端称为同名端，用"*"、"△"或" · "表示。

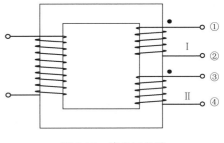

图 3-22　绕组同名端

2．同名端的判别方法

假设从两个线圈的任意两端分别通入电流，若两个电流产生的磁场方向一致，则这两端为同名端，否则为异名端，如图 3-22 所示。

提示

上面的这种判别方法只能用于绕组绕行方向已知的情况，对于不知道绕组绕行方向的两个线圈可用实验法测定。实验方法有交流法和直接法两种。直流法如图 3-23 所示，合上开关 S 的瞬间，若检流计指示电流向下，则①和③是同名端；若电流向上，则①和④是同名端。

大家可以思考一下这是为什么。

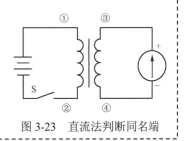

图 3-23　直流法判断同名端

3. 绕组的连接

绕组的连接有两种方式：串联、并联。其正确连接方法如下。

（1）串联：两个线圈的异名端接到一起，剩余两端接电源（一次绕组）或负载（二次绕组）。

（2）并联：两个线圈的同名端分别接至一起，如图 3-24 所示。

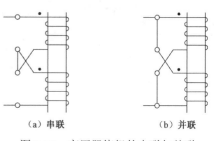

（a）串联　　　（b）并联

图 3-24　变压器绕组的串联与并联

??? 思考题

两个绕组串、并联接错会出现什么问题？

3.6　三相变压器及特殊用途变压器

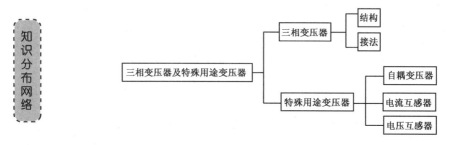

1. 三相变压器

三相变压器用于三相交流电的传输，其外形及结构示意图如图 3-25 所示。三相变压器一般用于电力传输系统，容量大，电压高。在结构上为了使铁芯和绕组间良好绝缘和散热，铁芯和绕组浸泡在装有绝缘油的油箱内，油箱外表面装有油管散热器。

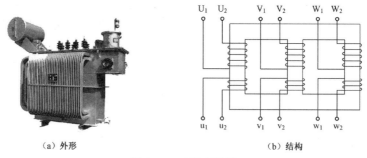

（a）外形　　　　　　　　　　（b）结构

图 3-25　三相变压器

三相变压器的工作原理与单相变压器相同，每相高、低压绕组绕在同一铁芯上，穿过同一磁通，通过电磁感应进行电能传输。

高、低压绕组都有星形、三角形接法，相互组合可有 6 种接法。

其中最常用的有 3 种：Y、yn；Y、d 和 YN、d。

Y、yn 接法即高压绕组星形连接，低压绕组也是星形连接，且带中性线；Y、d 连接方式的特点是高压绕组接成星形，低压绕组接成三角形；YN、d 接法是高压绕组接成星形且带中性线，低压绕组接成三角形。

2．特殊变压器

特殊变压器常用的有自耦变压器、电流互感器、电压互感器。它们外形如图 3-15 所示，其特点与应用如表 3-5 所示。

表 3-5　特殊变压器

名称\项目	自耦变压器	电流互感器	电压互感器
结构特点	(1) 原、副绕组共用一个线圈； (2) 绕组抽头为活动触头； (3) 用料省，效率高	一次绕组匝数少，导线粗； 二次侧绕组匝数多	一次侧绕组匝数多； 二次侧绕组匝数少
应用及注意事项	输出电压调节方便，方便用于实验室： (1) 高压侧、低压侧相通，高压侧故障会影响低压侧，低压侧要有过电压保护措施； (2) 输入相线、零线接反，输出零线为高电压； 注意接线要正确，不能用作电源隔离变压器	用小量程电流表测量大电流： (1) 二次侧一端和铁芯可靠接地； (2) 二次侧不允许开路。若二次侧开路，副边电流为 0，由于原边电流基本不变，二次侧磁通势去磁作用消失，磁通很大，铁芯损耗很大，铁芯发热明显，严重时会烧毁互感器，另外由于副边匝数很多，同时副边产生很大的感应电动势，危及操作人员及测量设备安全	用小量程电压表测量大电压： (1) 二次侧一端和铁芯可靠接地； (2) 二次侧不允许短路。若二次侧短路，副边电压为 0，原边电压也为 0，负载被短路
工作原理	$\dfrac{U_1}{U_2}=\dfrac{N_1}{N_2}=k$ 改变滑动触头位置，可以改变输出电压 U_2	$\dfrac{I_1}{I_2}=\dfrac{N_2}{N_1}=\dfrac{1}{k}$　$I_1=\dfrac{1}{k}\cdot I_2$ $N_2>N_1,I_2<I_1$，可用小量程电流表测量大电流	$\dfrac{U_1}{U_2}=\dfrac{N_1}{N_2}=k$　$U_1=k\cdot U_2$ $N_2<N_1,U_2<U_1$，可用小量程电压表测量高电压
结构及接线	U_1　U_2	被测电路　负载　I_2　Ⓐ	被测电路　Ⓥ

3.7　三相异步电动机的转动原理

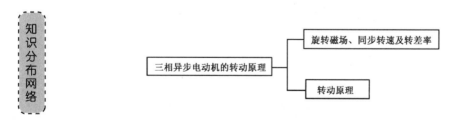

3.7.1　异步电动机转动原理和转差率

图 3-26（a）所示为异步电动机模型机，图 3-26（b）所示为异步电动机转动原理图。手

柄与磁极相连，手柄转动，磁极随之转动，磁极中间放置一个短路铜条做成的转子，当手柄带动磁极转动时，会发现短路铜环随磁极同方向旋转。

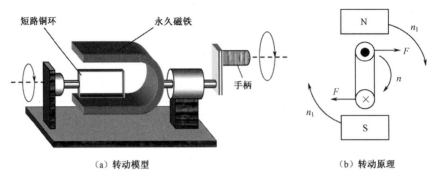

（a）转动模型　　　　　　　　　　　（b）转动原理

图 3-26　异步电动机转动原理

> **提示　为什么电动机转子会转动起来？**
>
> 　　当磁场旋转时，磁场与转子间有相对运动，铜条切割磁感应线，在铜条回路中产生感应电流，使铜条成为载流导体，载流导体在磁场力作用下转动起来。
>
> 　　转子旋转方向与磁场旋转方向相同，但转速总是低于磁场转速。

定义磁场转速为同步转速，用 n_1 表示；转子转速为 n，则转差率为：

$$s = \frac{n_1 - n}{n_1} = \frac{\Delta n}{n_1}$$

转差率是电机的一个重要参数，其范围为 $0 < s \leq 1$。

3.7.2　三相异步电机的旋转磁场

由电动机的模型机可知，磁场的旋转是电机旋转的前提，在三相异步电机中，采用给三相定子绕组通入三相对称交流电流产生旋转磁场。

三相异步电机的基本结构是定子和转子。其中，定子是固定的中空的铁芯，内壁槽中对称放置三相线圈绕组，三相绕组与三相电源连接，如图 3-27 所示。三相绕组接成星形，如图 3-28 所示。

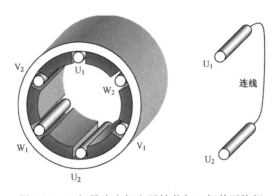

图 3-27　三相异步电机定子铁芯与三相单匝绕组

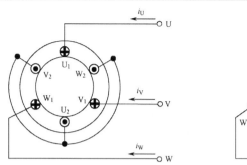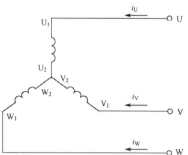

图 3-28　三相绕组星形连接

三相电流分别是：

$$i_U = I_m \sin \omega t$$

$$i_V = I_m \sin(\omega t - 120°)$$

$$i_W = I_m \sin(\omega t + 120°)$$

三相绕组电流波形如图 3-29 所示。

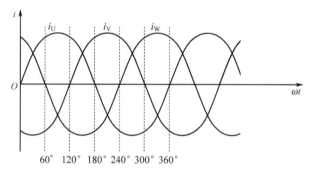

图 3-29　三相交流电波形图

取不同时刻分析定子内部的磁场情况，如图 3-30 所示。

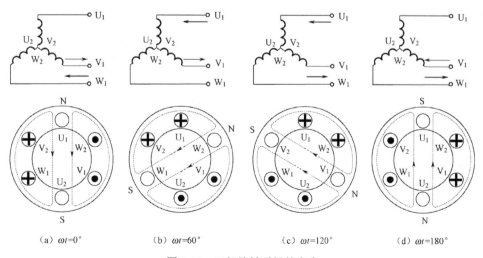

（a）$\omega t = 0°$　　　（b）$\omega t = 60°$　　　（c）$\omega t = 120°$　　　（d）$\omega t = 180°$

图 3-30　三相旋转磁场的产生

由图 3-30 可以看出，在定子内部形成了二极（一对磁极）旋转磁场。交流电变化一周，磁场旋转一周，即二极旋转磁场同步转速 $n_1=60\times50=3000$（r/min）。

转子安装在定子铁芯内部，转子在旋转磁场作用下转动起来。

提示

（1）任意对调三相绕组中的两相绕组与电源连接位置，即改变三相绕组的电流相序，可改变旋转磁场的旋转方向，这是我们改变电机转向的方法。

（2）如果每相绕组有两个线圈，仍然对称分布在定子铁芯内部，可以形成四极（两对磁极）磁场。这时磁场的同步转速为：

$$n_1=\frac{60f_1}{2}=\frac{60\times50}{2}=1500(\text{r}/\min)$$

依次类推，当每相绕组线圈增加，产生 p 对磁极时，磁场同步转速为：

$$n_1=\frac{60f_1}{p}$$

思考题

对于工频交流电，当旋转磁场的磁极对数分别是 $p=1$、$p=2$、$p=3$、$p=4$ 时，其同步转速分别是多少？

3.8 三相异步电动机的结构

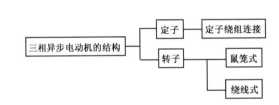

三相异步电动机由定子和转子两大部分组成。图 3-31 所示为三相异步电动机的外形，图 3-32 所示为其基本结构图。

图 3-31　三相异步电动机外形

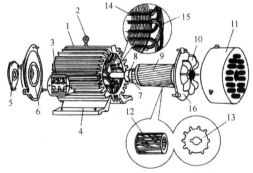

1—散热筋；2—吊环；3—接线盒；4—机座；5—前轴承外盖；6—前端盖；7—前轴承；8—前轴承内盖；9—转子；10—风叶；11—风罩；12—笼形转子绕组；13—转子铁芯；14—定子铁芯；15—定子绕组；16—后端盖

图 3-32　三相异步电动机的基本结构

3.8.1　定子

定子的作用是产生旋转磁场，主要包括定子铁芯、定子绕组、机座等部件。

定子铁芯是电动机磁路的一部分，并在其上放置定子绕组。定子铁芯一般为 0.35～0.5 mm 厚，表面由具有绝缘层的硅钢片冲制、叠压而成，在铁芯的内圆冲有均匀分布的槽，用以嵌放定子绕组。如图 3-33 所示为定子铁芯冲片。

定子绕组是电动机的电路部分，通入三相对称交流电，产生旋转磁场。小型异步电动机定子绕组通常用高强度漆包线绕制成线圈后再嵌放在定子铁芯槽内。大中型电机则用经过绝缘处理后的铜条嵌放在定子铁芯槽内。

三相绕组的 3 个首端、3 个尾端接在电机外壳的接线盒上，以便与三相电源连接。三相绕组有两种接法，即星形和三角形，如图 3-34 所示。

图 3-33　定子铁芯冲片

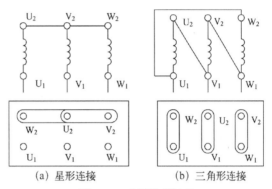

(a) 星形连接　　　　　(b) 三角形连接

图 3-34　定子绕组连接

3.8.2　转子

转子是电动机的旋转部分，包括转子铁芯、转子绕组和转轴等部件。

转子铁芯作为电机磁路的一部分，一般用 0.5 mm 厚的相互绝缘的硅钢片冲制、叠压而成，硅钢片外圆冲有均匀分布的槽，放置转子绕组。

转子绕组的作用是切割定子旋转磁场，产生感应电动势和电流，并在旋转磁场的作用下产生电磁力矩而使转子转动。根据构造的不同可分鼠笼式和绕线式两种结构。

鼠笼式通常有两种结构形式：中小型异步电动机的鼠笼转子一般为铸铝式转子，将融化了的铝浇铸在转子铁芯槽内连同两端的短路环成为一个完整体；另一种结构为铜条转子，即在转子铁芯槽内放置铜条，铜条的两端用短路环焊接起来，形成一个鼠笼的形状，如图 3-35 所示。

绕线式异步电动机的定子绕组结构与鼠笼式异步电动机完全一样，但其转子绕组与鼠笼式异步电动机不同，绕线式转子绕组也和定子绕组一样制作成三相对称绕组，如图 3-36 所示。三相转子绕组一般都接成星形接法。一般绕线式异步电动机转子绕组与外接变阻器连接，改变电阻阻值可以调节电机转速，所以绕线式异步电动机调速性能好，但其成本高，一般用于起重机、卷扬机、压缩机等对调速性能有特别要求的场合。

转轴用以传递转矩及支承转子的重量，一般由中碳钢或合金钢制成。

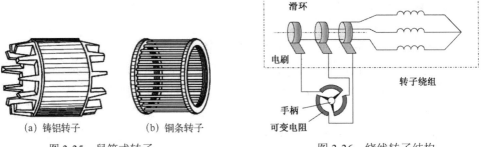

(a) 铸铝转子	(b) 铜条转子

图 3-35　鼠笼式转子　　　　　　　　　图 3-36　绕线转子结构

3.9　三相异步电动机的电磁转矩与机械特性

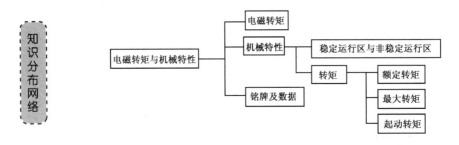

3.9.1　电磁转矩

三相异步电动机的电磁转矩应与磁场强弱、转子感应电流成正比，所以电磁转矩 T 为：

$$T = C_T \Phi I_2 \cos \varphi_2$$

式中，T 还与转子绕组电路的功率因数 $\lambda_2 = \cos \varphi_2$ 有关，这是因为转子绕组是感性电路，电动机电磁转矩产生的机械功率与电路的平均功率对应；C_T 是由电动机自身结构决定的系数，称为电动机的转矩常数。

进一步分析得到：

$$T = C_T \Phi I_2 \cos \varphi_2 = K U_1^2 \cdot \frac{s R_2}{R_2^2 + (s X_{20})^2}$$

知识拓展　三相异步电动机电磁转矩公式分析

1. 磁通 Φ

三相异步电动机的结构和工作原理与变压器相似。三相异步电动机的定子绕组和转子绕组，相当于变压器的一次绕组和二次绕组，它们都是彼此相互独立的电路。定子绕组外接交流电源，产生旋转磁场，旋转磁场以同步转速 n_1 切割静止的定子绕组，产生感应电动势 E_1。与变压器原理相似：

$$U_1 \approx E_1 \approx 4.44 f_1 N_1 \Phi$$

$$\Phi = \frac{U_1}{4.44 f_1 N_1}$$

上式表明，旋转磁场的磁通量 Φ 由电源电压 U_1 决定。当 U_1 不变时，Φ 就基本是恒定的，与电动机转轴上的机械负载无关。

电动机的转子绕组相当于变压器的二次绕组，其感应电动势 E_2 为：

$$E_2 \approx 4.44 f_2 N_2 \Phi$$

但转子绕组电路的电量的频率 f_2 与交流电源频率 f_1 不同，而是小于 f_1。这是因为旋转磁场以同步转速 n_1 切割定子绕组；而以相对转速 $\Delta n = n_1 - n(r/\min)$ 切割转子绕组，使转子回路内各电量的频率为：

$$f_2 = \frac{\Delta n}{60} \times p = \frac{n_1 - n}{60} \times p = \frac{n_1 - n}{n_1} \times \frac{pn_1}{60} = s \times f_1$$

$$E_2 = 4.44 f_2 N_2 \Phi \approx 4.44 s f_1 N_2 \Phi$$

电动机启动瞬间 $s=1$，感应电动势亦为最大值，用 E_{20} 表示：

$$E_{20} = 4.44 f_1 N_2 \Phi$$

电动机正常运行时转子绕组的感应电动势为：

$$E_2 = s E_{20}$$

2. 转子电流 I_2 和功率因数 λ_2

$$I_2 = \frac{E_2}{\sqrt{R_2^2 + X_2^2}} = \frac{s E_{20}}{\sqrt{R_2^2 + (s X_{20})^2}}$$

$$X_2 = \omega_2 L_2 = 2\pi f_2 L_2 = 2\pi s f_1 L_2$$

电动机启动瞬间 $s=1$，感抗用 X_{20} 表示，其值为：

$$X_{20} = 2\pi f_{20} L_2 = 2\pi f_1 L_2$$

电动机运行时的感抗为：

$$X_2 = s X_{20}$$

$$\lambda_2 = \cos\varphi = \frac{R_2}{\sqrt{R_2^2 + X_2^2}} = \frac{R_2}{\sqrt{R_2^2 + (s X_{20})^2}}$$

将 Φ、I_2、λ_2 的表示式带入 T 表示式可得到：

$$T = C_T \Phi I_2 \cos\varphi_2 = K U_1^2 \cdot \frac{s R_2}{R_2^2 + (s X_{20})^2}$$

由上式可画出电磁转矩 T 随转差率变化的特性，如图 3-37 所示。图中 T 随 s 变化分成两个阶段。

（1）Ob 段：当 s 很小时，$X_2 = s X_{20}$，很小，可以忽略，T 与 s 近似成正比。

（2）ba 段：当 s 较大时，忽略电阻 R_2，T 与 s 成反比。

3.9.2 机械特性

当电动机的电源电压 U_1 保持恒定，转子电路的参数 R_2、X_{20} 为定值时，其转速 n 与电磁转矩 T 的关系称为机械特性。

由转矩特性可转换得到机械特性，如图 3-38 所示。

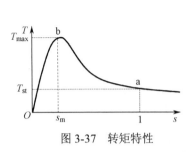

图 3-37　转矩特性

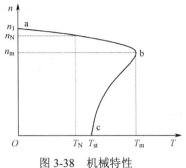

图 3-38　机械特性

1．机械特性的稳定运行区和非稳定运行区

机械特性的 ab 段与转矩特性的 Ob 段对应，是电动机的稳定运行区，bc 段与转矩特性的 ba 段对应，是电动机的非稳定运行区。最大电磁转矩 $T_{\max}$ 所对应的转差率 s_m 称为**临界转差率**。

电动机启动瞬间 $n=0$、$s=1$，所以对应的电磁转矩 T_{st} 称为**启动转矩**。

电动机在稳定运行区运行时有自动调节转矩适应负载变化的能力。在此区段内，若机械负荷增大，因为阻力矩大于电磁转矩，电机转速 n_2 下降，随转速 n_2 下降，电磁转矩增大，当电磁转矩与阻力矩平衡时，电机以较低转速稳定运行。

在 bc 区段内，若机械负荷增大，电机转速 n_2 下降，随转速 n_2 下降，电磁转矩减小，转速进一步下降，直至停转，所以电机在 bc 区段内不可能稳定运行。

2．三个典型转矩

1）额定转矩

电动机在额定状态下运行时电磁转矩为额定转矩。其计算式为：

$$T_{N} = \frac{P_{N}}{\omega_{N}} = \frac{P_{N} \times 10^{3}}{2\pi n_{N} / 60} = 9550 \frac{P_{N}}{n_{N}} \quad (\text{N} \cdot \text{m})$$

式中，P_N、n_N 分别是额定功率和额定转速，其单位分别为 kW 和 r/min。

2）最大转矩 $T_{\max}$

经分析可知，当：

$$s_{m} = \frac{R}{X_{20}}$$

时，电磁转矩为最大转矩，为：

$$T_{\max} = K \frac{U_{1}^{2}}{2X_{20}}$$

最大转矩与额定转矩之比称为过载系数，$T_{\max}/T_N$ 表示电机过载能力。一般电机过载系数在 1.8～2.5 之间。

🔊提示

（1）最大电磁转矩与电源电压成正比，当电源电压降低时，最大电磁转矩按平方规律下降；当负载大于最大电磁转矩时，电机停车，这时旋转磁场以最大相对转速切割转子绕

组，转子电流、定子电流最大。如果不及时切断电源容易出现"闷车"，即电机因过热而烧毁。

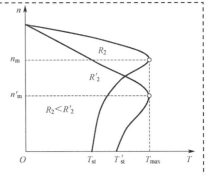

图 3-39　转子电阻对机械特性的影响

（2）临界转差率与转子绕组电阻成正比，增大转子绕组电阻，临界转差率提高，临界转速下降，而最大电磁转矩不变，机械特性的变化如图 3-39 所示。这时稳定运行区范围变大，调速范围大；另外，启动转矩增大，启动性能好。

绕线式电机外接可调电阻，转子绕组电阻大，所以其调速性能、启动性能好。

3. 启动转矩

电机启动时，电机转速 $n=0$、$s=1$，将其代入 $T = KU_1^2 \cdot \dfrac{sR_2}{R_2^2 + (sX_{20})^2}$，得到启动转矩为：

$$T_{st} \approx KU_1^2 \cdot \frac{R_2}{X_{20}}$$

上式表示启动转矩与电源电压、转子绕组电阻成正比。提高电源电压或转子绕组电阻可提高电机启动能力，电机越易于启动，启动越迅速。

启动转矩与额定转矩之比 T_{st}/T_N 称为启动系数，表示电机启动能力。一般电机启动系数为 $1.7 \sim 2.2$。

> ☼**应用　三相异步电动机的铭牌及数据**
>
> 在异步电动机的机座上都装有一块铭牌，如图 3-40 所示。铭牌上标出了该电动机的型号及一些技术数据，以便正确选用电动机。
>
> （1）型号（Y-112M-4）说明：
>
> Y——异步电动机。
>
> 112——机座中心高（mm）。
>
> M——机座类别代号，S 为短机座，M 为中机座，L 为长机座。
>
> 4——磁极数。
>
> （2）额定功率 P_N（4.0 kW）：表示电动机在额定工作状态下运行时允许输出的机械功率，单位为 W 或 kW。

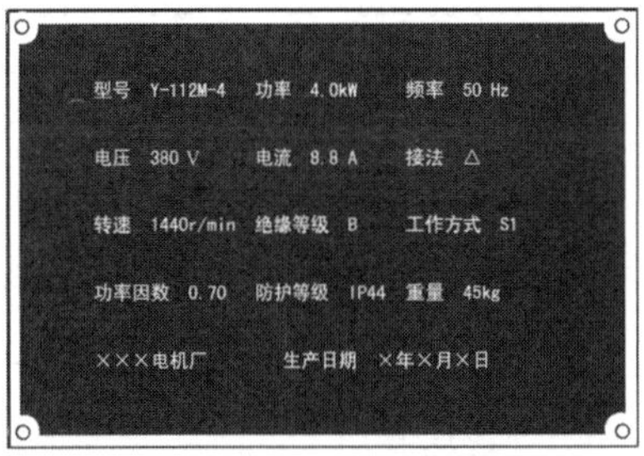

图 3-40　三相异步电动机的铭牌

> （3）额定电流 I_N（8.8 A）：表示电动机在额定工作状况下运行时定子电路输入的线电流，单位为 A。
>
> （4）额定电压 U_N（380 V）：表示电动机在额定工作状况下运行时的线电压，单位为 V。
>
> （5）额定转速 n_N（1440 r/min）：表示电动机在额定工作状况运行时的转速，单位为 r/min。
>
> （6）接法：表示电动机定子三相绕组与交流电源的连接方法，对 J02 系列及 Y 系列电动机而言，国家规定凡 3 kW 及以下者大多采用星形接法，4 kW 及以上者采用三角形接法。
>
> （7）防护等级（IP44）：表示电动机外壳防护的型式。
>
> （8）频率 f_N（50 Hz）：表示电动机使用的交流电源的频率。
>
> （9）功率因数 $\cos\varphi$：功率因数是电动机产品重要的技术经济指标。三相异步电动机

感性负载，定子绕组相电流滞后于相电压 φ 角度。在额定工作状态下，功率因数约为 0.7～0.9。在空载或轻载运行时，功率因数仅为 0.2～0.3。

3.10　三相异步电机的控制

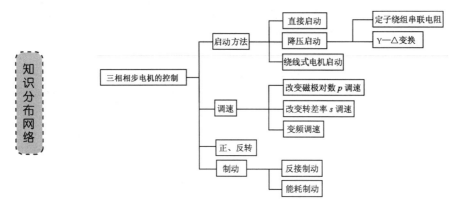

3.10.1　三相异步电机的启动

三相异步电机的启动电流很大，一般为额定电流的 4～7 倍。过大的启动电流一方面使负载端电压下降，影响其他负载的正常工作；另一方面若电机频繁启动，绕组发热，就会损坏绝缘，甚至烧毁。

提示

电机刚启动时，转速为 0，转差率最大，根据前面分析的转子电流可知定子电流最大。

三相异步电机的启动方法有如下几种。

1．直接启动

定子绕组直接与电源连接启动称为直接启动。其优点是启动简单、可靠，成本低，速度快。但是启动电流大，所以只能用于小容量电机，一般用于容量低于 7.5 kW 的小型电机。

2．降压启动

启动时降低定子绕组电压，以减小启动电流，正常运行时再恢复正常电压，称为降压启动，具体有下面几种方法。

1）定子绕组串联电阻

启动时定子绕组串接电阻与电源连接，使绕组电压降低，如图 3-41 所示，这种方法的缺点是电阻消耗能量。一般换用电抗器，但是电抗器体积大、成本高，目前这种方法已很少使用。

2）Y—△变换

启动时将三相定子绕组接成 Y 形，正常运行时换成△形，如图 3-42 所示。这种方法设备简单、价格低，但是只能用于正常运行时为三角形接法的电机，且由于启动转矩低，不能用于重载启动。

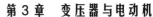

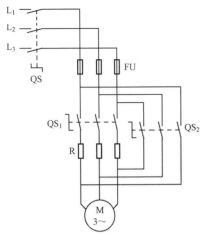

图 3-41　定子绕组串联电阻降压启动

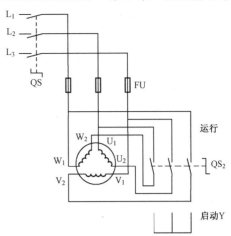

图 3-42　Y—△降压启动

3．绕线式电机启动

如前面所述，绕线式电机转子可以与外接变阻器连接，启动时将电阻调至最大，达到正常转速后将电阻切除。

采取这种方法既降低了启动电流，又提高了启动转矩，所以绕线式电机适用于要求频繁启动且启动转矩较大的机械设备。

这种方法还可以采用频敏电阻，利用电阻随频率自动变化的特性，使启动过程更平滑。

3.10.2　三相异步电机的调速

调速是指当负载不变时，人为改变电机转速的过程。

> ⭕ **注意**
>
> 电机调速与自动转速变化的区别。电机负载变化时，转速会自动变化以适应负载变化，但这不是调速。

电机转速表示式为：

$$n = (1-s) \cdot n_1 = (1-s) \cdot \frac{60 f_1}{p}$$

由上式可知，通过改变磁极对数 p、转差率 s 和电源频率 f 可以调速。

1．改变磁极对数 p 调速

定子绕组每相通常有多个绕组，采取改变各绕组连接方式的方法，可改变旋转磁场的磁极对数。这种操作方式决定了只能进行有级调速，级数少，一般只有 2~4 个同步转速，且只能用于笼形电机，但这种调速设备简单。

2．改变转差率 s 调速

这种调速方法只能用于绕线式电机。由式 $s_m = \dfrac{R_2}{X_{20}}$ 可知，改变转子回路电阻，临界转差率就会变化。参考图 3-39，改变转子回路电阻，机械特性曲线改变，所以对同一负载采用不同转速可以实现调速。这种调速方法设备也比较简单，并且操作方便，可实现平滑调速；缺点是电阻耗能大，机械特性变软。

3. 变频调速

随着变频技术的发展，可以应用专门的变频设备（变频器）进行调速。这种方法调速性能优于上面的两种，调速范围宽，平滑性好，机械特性硬，目前已得到广泛应用。

3.10.3 三相异步电机的反转

任意交换定子绕组两相绕组与电源的连接位置，可以改变旋转磁场的旋转方向，从而改变电机转向。

3.10.4 三相异步电机的制动

电机被切断电源后，由于惯性会持续运转一段时间，然后逐渐停止，为使电机快速停止需采取相应的方法。

1. 反接制动

当需要使电机停止时，将定子绕组改成反转接法，旋转磁场反向旋转，转子受到反方向作用力快速停止。使用这种方法要注意当转速接近 0 时及时切断电源，以免电机反向启动。

2. 能耗制动

如图 3-43 所示，当切断电机交流电源后，给任意两相绕组接入一个直流电源，直流电流产生一个恒定磁场，由于转子仍在惯性旋转，切割磁场产生感应电流，该电流使转子导体受到相反的磁力矩作用，电机快速停转。采用这种方法时，转子消耗直流电能，故称能耗制动。

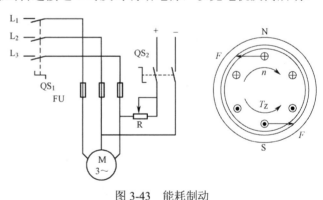

图 3-43　能耗制动

3.11 单相异步电动机

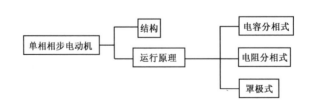

三相异步电动机运行平稳，工作稳定，功率大，广泛应用于大型机械设备的拖动。但在生活用电或其他只有单相交流电场合不能使用三相异步电动机，单相异步电动机可用于这些场合。它具有结构简单、成本低廉、运行可靠、维护方便等优点，主要用于小功率（容量在 0.6 kW 以下）的电扇、鼓风机、油泵、医疗器械、小型车床和家用电器中。单相异步电动机外形如图 3-44 所示。

3.11.1　单相异步电动机的结构

单相异步电动机的定子、转子结构与三相异步电动机的定子、转子结构相似，但定子内绕组是单绕组，与单相交流电源连接，如图 3-45 所示。随绕组中交流电流一周期内正负半波变化，电机内产生一个脉动磁场，如图 3-45 所示。电流正半周时，磁场垂直向下，大小不断变化；电流负半周时，磁场垂直向上，大小不断变化。虽然磁场大小、方向不断变化，但其轴线位置不变，不是旋转磁场，所以单相异步电动机不能自行启动。为使单相异步电动机自行启动，一般采用电容分相式、电阻分相式、罩极式等方式。

图 3-44　单相异步电动机

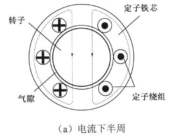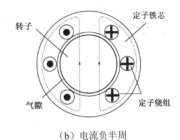

（a）电流下半周　　　　（b）电流负半周

图 3-45　脉动磁场

3.11.2　单相异步电动机的运行原理

1. 电容分相式单相异步电动机

如图 3-46 所示，定子上有两套绕组，一相称为主绕组 LA（工作绕组），另一相为副绕组 LB（启动绕组）。两相绕组垂直放置。主绕组电流滞后于电压 90°，副绕组因串入电容 C，其电流 i_B 超前 i_A，适当选择电容容量，可使电流 i_B 超前 i_A 90°，这样就会在电机内产生旋转磁场，实现单相异步电动机的启动。

提示

　　取几个不同的瞬时状态，可分析旋转磁场的形成。

启动后副绕组即使断开，电机仍可继续运行。在启动绕组中串联一个离心开关，刚开始启动时离心开关闭合，当电动机转速达到 75%～85% 的同步转速时，开关自动断开，将辅绕组从电源上切除，主绕组进入单独运行状态。这种电机称为单相电容启动异步电动机。因其具有较大的启动转矩，适用于各种满载启动的机械，如小型空气压缩机、

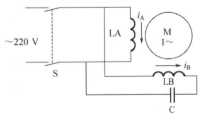

图 3-46　电容分相式单相异步电动机

部分冰箱压缩机。

单相异步电动机的副绕组也可以不断开，随电动机长期工作，这种电动机称为单相电容运行异步电动机。这种电机运行性能较好，功率因数、过载能力比普通单相异步电动机好，但启动性能不如单相电容启动异步电动机，常用于吊扇、空调器、吸尘器等场合。

改变电机运行方向的方法是将任意一个绕组的两个接线端互换。

应用 洗衣机电机控制

图 3-47 所示是某洗衣机电机控制原理图，当按强洗开关 S_1 时，电容接入副绕组，电机启动，并一直单方向转动。当按标准洗开关 S_2 时，S_3 定时控制，S_4 合向上面位置，电机正转；S_4 合向下面位置，电机反转。

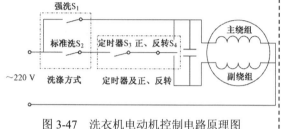

图 3-47　洗衣机电动机控制电路原理图

2. 单相电阻启动异步电动机

如果副绕组中串入的不是电容，而是串入适当的电阻或副绕组，所采用的导线比主绕组截面细，匝数少，可近似看作流过绕组中的电流滞后电源电压 90° 电角度，两个绕组中的电流相位相差近似 90° 电角度，达到启动目的。电阻启动异步电动机在电冰箱的压缩机中获得广泛应用。

3. 罩极式单相异步电动机

罩极式单相异步电动机的定子铁芯一般都做成凸极式，单相励磁绕组集中放在凸极上。在磁极的端部开一个凹槽将磁极分成两部分，其中一部分嵌入短路环，如图 3-48 所示。

励磁绕组接通单相电源，产生的磁通被分成两部分，一部分是不经过短路环的磁通 ϕ_A，另一部分是经过短路环的磁通 ϕ_B。短路环中由于穿过变动磁场会产生感应电流，依据电磁感应定律，感应电流

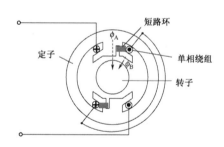

图 3-48　罩极式单相异步电动机结构

的磁场阻止原磁场的变化，使磁通 ϕ_B 滞后于磁通 ϕ_A 变化。例如，当磁通 ϕ_A 为最大值时，磁通 ϕ_B 为 0，再过一段时间磁通 ϕ_A 为 0，磁通 ϕ_B 为最大值。这就相当于磁场轴线产生移动，在此移动磁场作用下电动机启动。

罩极式单相异步电动机结构简单，工作可靠，但启动转矩小，效率低。它较多应用在启动转矩要求不高的场合，如电吹风机、电风扇及电子仪器的通风设备。

思考题

三相异步电机运行时，因为一相绕组断开而烧毁是常出现的故障。结合单相电机运行特征，分析原因。如果断相发生在启动时，电机能启动吗？若不能及时断开电源，电机很容易烧毁，这是为什么？

3.12 特种电机

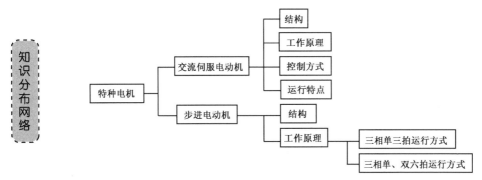

三相异步电机是动力型电机，其主要作用是拖动机械负荷，功率大；特种电动机是控制用电机，其作用是用所接收的电信号去控制被驱动对象的运行方式。特种电动机主要有伺服电动机、步进电动机。

3.12.1 交流伺服电动机

伺服电动机的作用是把所接收的电信号转换为电动机转轴的转向、角位移或角速度，以实现电信号对被驱动对象运行方式的控制。按电源性质的不同，伺服电动机可分为交流和直流两大类。本书只介绍交流伺服电机。

1．结构

交流伺服电机的外形如图 3-49 所示。

交流伺服电动机的定子结构和单相交流异步电动机相似，交流伺服电动机是两相异步电动机，定子上绕有两个形式相同并在空间互差 90° 电角度的绕阻，其中一个是励磁绕组，另一个是控制绕组。

图 3-49　交流伺服电机

交流伺服电动机的转子与一般异步电机有很大差别。常见的有笼形转子和非磁性空心杯形转子两种。笼形转子的结构和普通异步电动机的笼形转子相似，但有两个重要特征：一是外形细而长，以减小转动惯量；二是转子绕组电阻大，保证转子启动迅速，并且当控制信号消失时能快速停转。

非磁性空心杯形转子通常用铝合金或铜合金制成空心薄壁圆筒，以减小磁阻，在杯形转子内放置固定的内定子。

2．工作原理

交流伺服电动机的定子绕组如图 3-50 所示。图中 f 为励磁绕组，它由恒定电压的交流电源励磁；K 为控制绕组，一般由伺服放大器供电。两个绕组的轴线在空间相差 90° 电角度。控制绕组上所加的控制电压 U_K 与励磁电压 U_f 有一定的相位差，在理想的情况下，相位差为 90° 电角度。两个绕组中的电流共同在气隙中建立一个旋转磁场，从而使电机启动运行。

当控制电压 U_K 为 0 时，电机内磁场为脉动磁场，转子不转；当控制绕组加上控制电压时，电机内产生旋转磁场，转子转动；当改变控制电压的大小时，电机的机械特性如图 3-51

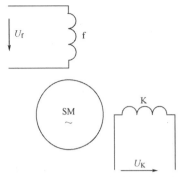

图 3-50　交流伺服电动机原理图

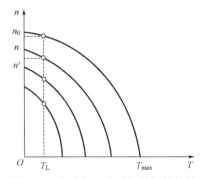

图 3-51　交流伺服电动机的机械特性

所示变化，在同一负载下，电机的转速不同；当控制电信号消失时，转子迅速停止。

3．控制方式

上面说明了如何用控制信号的幅值大小控制电机转速，其实也可以用其他方式进行控制。交流伺服电动机有以下 3 种控制方式。

（1）幅值控制。控制电压与励磁电压的相位差保持 90° 不变，改变控制电压的大小以控制电机转速。

（2）相位控制。控制电压的大小保持不变，改变控制电压与励磁电压之间的相位差。相位差越大，转速越高，相位差为 0 时，转速为 0。

（3）幅值－相位控制。同时改变控制电压的幅值和相位进行控制。

4．运行特点

（1）运行范围宽。由于转子电阻很大，交流伺服电动机的稳定运行区宽，调速范围大。

（2）无自转现象。交流伺服电动机由于转子的结构特征，转动惯量很小。另外，转子电阻很大，在控制信号消失时，伺服电动机能迅速自行停止转动。

（3）启动迅速，反应灵敏。交流伺服电动机由于转子电阻很大，启动转矩大，启动迅速，且由于转动惯量小，对控制电压变化能迅速做出反应。

3.12.2　步进电动机

步进电动机是将电脉冲信号变换成角位移或直线位移的执行元件。每输入一个电脉冲，电动机就转动一个角度或前进一步，故称**步进电动机**，又称为脉冲电动机。随着数控技术的发展，步进电动机的应用更为广泛。步进电动机可分为磁阻式、感应式和永磁式 3 种。本书主要介绍磁阻式步进电动机。步进电动机的外形如图 3-52 所示。下面以三相磁阻式步进电动机为例分析其工作原理。

图 3-52　步进电机外形

1．结构

三相磁阻式步进电动机的结构如图 3-53 所示，其定子上装有 6 个均匀分布的磁极，每

个磁极上都有控制绕组，绕组接成三相星形接法，其中每两个相对的磁极组成一相；定子铁芯由硅钢片叠成。其转子上没有绕组，由硅钢片或软磁材料叠成，转子具有 4 个均匀分布的齿。

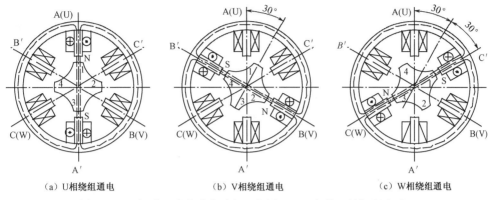

（a）U 相绕组通电　　　　（b）V 相绕组通电　　　　（c）W 相绕组通电

图 3-53　三相磁阻式步进电动机工作原理（三相单三拍运行方式）

2．三相单三拍运行方式

如图 3-53 所示，当 U 相绕组通入电脉冲时，气隙中产生一个沿 A—A′轴线方向的磁场，由于磁通总是要沿磁阻最小的路径闭合，于是产生磁拉力，使转子铁芯齿 1 和齿 3 与轴线 A—A′对齐，如图 3-53（a）所示。此时，转子只受沿 A—A′轴线上的拉力作用而具有自锁能力。如果将通入的电脉冲从 U 相换到 V 相绕组，则由于同样的原因，转子铁芯齿 2 和齿 4 将与轴线 B—B′对齐，即转子顺时针转过 30°角，如图 3-53（b）所示。当 W 相绕组通电而 V 相绕组断电时，转子铁芯齿 1 和齿 3 又转到与 C—C′轴线对齐，转子又顺时针转过 30°角，如图 3-53（c）所示。若定子三绕组按 U→V→W→U…的顺序通电，则转子就沿顺时针方向一步一步转动，每一步转过 30°角。每一步转过的角度称为**步距角θ**。从一相通电换接到另一相通电称作一拍，每一拍转子转过一个步距角。如果通电顺序改为 U→W→V→U…，则步进电动机将反方向一步一步转动。步进电动机的转速取决于脉冲频率，频率越高，转速越高。

上述的通电方式称为三相单三拍，"单"是指每次只有一相绕组通电，"三拍"是指一个循环只换接 3 次。对于三相单三拍通电方式，在一相控制绕组断电而另一相控制绕组开始通电时容易造成失步，而且单一控制绕组通电吸引转子，也容易造成转子在平衡位置附近产生振荡，运行的稳定性比较差，所以很少采用。

3．三相单、双六拍运行方式

如图 3-54 所示，步进电机按 U→U、V→V→V、W→W→W、U→U…顺序循环通电，首先给 U 相通电，使转子 1、3 齿与轴线 A—A′对齐。然后给 U、V 两相同时通电，这时转子 1、3 齿仍受定子磁极 A—A′的吸力，而转子 2、4 齿受到定子磁极 B—B′的吸力，所以转子只能转到两者之间的平衡位置，转动 15°。然后 U 相断电，只给 V 相通电，转子转到 2、4 齿与轴线 B—B′对齐。再转动 15°，每拍转过 15°角，即步距角θ=15°。这种通电方式有时一相通电，有时两相通电，所以称为单、双拍。

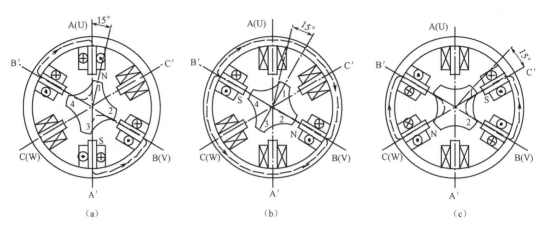

图 3-54　三相磁阻式步进电动机三相单、双六拍运行方式

步进电动机必须由专门驱动电源供电。普通的步进电动机驱动电源是由逻辑电路与功率放大器组成的，近年来微处理器与微型计算机技术给步进电动机的控制开辟了新的途径。驱动电源和步进电动机是一个整体，步进电动机的功能和运行性能都是两者配合的结果。

任务操作指导

1. 实际拆卸和安装步骤

电机拆卸时要做好记录或标记，用笔在线头、端盖等处做好标记。

三相异步电机拆装的一般步骤是：拆卸风扇→拆卸轴伸出端端盖→拆卸前端盖→抽出转子→重新装配→检查绝缘电阻→检查接线→通电试车。

主要零部件的拆卸、安装方法如表 3-6 所示。

表 3-6　三相异步电动机主要零部件的拆卸、安装

内容	图示	操作步骤及要点
风罩和风叶的拆卸		首先把外风罩螺钉松脱，取下风罩；然后把转轴尾部风叶上的定位螺钉松脱取下，用金属棒或锤子在风叶四周均匀地轻敲，风叶就可以松脱下来。小型异步电动机的风叶一般不用卸下，可随转子一起抽出，但在后端盖内的轴承需要加油或更换时就必须拆卸。对于采用塑料风叶的电动机，可用热水浸泡塑料风叶，待其膨胀后再拆卸
轴承盖和端盖的拆卸		首先把轴承的外盖螺栓用套筒扳手松下，卸下轴承外盖。为便于装配时复位，在端盖与机座接缝处的任意位置做好标记。然后松开端盖的螺栓，再用锤子均匀地敲打端盖四周（需衬上垫木），把端盖取下。较大的电动机端盖较重，应先把端盖用起重机吊住，以免拆卸时端盖跌碎或碰伤绕组。对于小型电动机，可先把轴伸出端的轴承外盖卸下，再松开后端盖的固定螺栓，然后用木锤敲打轴伸出端，这样可把转子连同后端盖一起取下
抽出转子		抽出转子时，应小心谨慎，动作缓慢，不可歪斜，以免碰擦定子绕组

内容	图示	操作步骤及要点
前端盖的拆卸		木锤沿前端盖四周移动，同时用铁锤击打木锤，卸下前端盖
后端盖的安装		将轴伸出端朝下垂直放置，在其端面上垫上木板，将后端盖套在后轴承上，用木锤敲打，把后端盖敲进去后，装轴承外盖。紧固内外轴承盖的螺栓时要逐步拧紧，不能先拧紧一个，再拧紧另一个
转子的安装		把转子对准定子内圈中心，小心地往里放，后端盖要对准与机座的标记，旋上后盖螺栓，但不要拧紧
前端盖的安装		装前轴承外盖时，可先在轴承外盖孔内用手插入一根螺栓，另一只手缓缓转动转轴，使轴承盖孔与外盖孔对齐，用木锤均匀敲击端盖四周，随即可将螺栓拧入轴承盖的螺孔内，再装另外两根螺栓。也可先用两根硬导线通过轴承外盖孔插入轴承内盖孔中，旋上一根螺栓，挂住内盖螺钉扣，然后依次抽出导线，旋上螺栓。螺栓每次拧紧的程度要一致，不要一次拧到底
风叶和风罩的安装		风叶和风罩安装完毕后，用手转动转轴，转子应转动灵活、均匀，无停滞或偏重现象。注意：绕线转子异步电动机的刷架要按所做的标记装上，安装前要做好滑环、电刷表面和刷握内壁的清洁工作。安装时，滑环与电刷的吻合要密切，弹簧压力要调匀。风扇的定位螺钉要拧到位且不松动

2. 装配后的检查

检查电动机的转子转动是否轻便灵活，若转子转动比较沉重，可用紫铜棒轻敲端盖，同时调整端盖紧固螺栓的松紧程度，使之转动灵活。

3. 注意事项

（1）电动机拆卸解体前，要做好记号，以便组装。

（2）端盖螺钉的松动与紧固，必须按对角线上、下、左、右依次旋动。

（3）不能用手锤直接敲打电动机的任何部位，只能用紫铜棒在垫好木块后再敲击。

（4）抽出转子或安装转子时动作要小心，一边送一边接，不可擦伤定子绕组。

考核要求

（1）掌握电动机的结构和工作原理。

（2）会正确使用拆卸电动机的工具。

（3）会按正确步骤拆卸、装配电动机。

（4）装配结束，电机转子能自由转动，无卡住、晃动现象，外壳螺丝无松脱。

（5）安全、文明生产，按规定操作。

知识梳理与总结

1. 表示磁场强弱的物理量有磁感应强度、磁通量、磁导率、磁场强度。

磁感应强度表示某点磁场强弱，是矢量；磁通量表示某范围内磁场强弱，是标量；磁导率表示磁场中媒介质对磁场强弱的影响；磁场强度表示线圈尺寸、匝数、电流等因素对磁场强弱的影响。

2．自然界物质按其导磁能力大体可分为两种：非导磁物质、铁磁物质。铁磁物质磁导率很高，导磁性能很好，适合做各种电磁器件的铁芯。其磁化性能除了高导磁性以外，还有磁饱和性、磁滞性、剩磁性。按剩磁大小，铁磁物质可分为软磁质、硬磁质和矩磁质。

3．磁路是磁通经过的路径。用闭合的或接近闭合的铁芯，磁场基本分布在铁芯内部，形成磁路。磁路欧姆定律是分析磁路的重要依据。

4．交流铁芯线圈应用很广泛，电机、变压器等都属于交流铁芯线圈。交流铁芯线圈的磁通是由电源电压决定的。当电源电压确定，磁通基本不随其他因素的变化而变化。这是交流铁芯线圈非常重要的性质。$U = 4.44 f \cdot N \cdot \Phi_{\mathrm{m}}$ 是非常重要的关系式。

5．变压器有 3 种变换作用：电压变换作用、电流变换作用和阻抗变换作用。对应 3 种作用，变压器分别应用于电力供电电路、测量装置和电子电路。

6．三相异步电动机是一种常用的动力电动机，三相异步电动机的结构和工作原理与变压器相似。旋转磁场是其转动的基本条件，旋转磁场的转速为同步转速，由交流电频率和磁极对数决定。电机转速总是低于旋转磁场的转速，但方向相同。转差率是表示同步转速、电机转速差别的参数，是非常重要的电机参数。

三相异步电动机的机械特性表示电机的运行性能。正常工作时应工作在稳定运行区，在此区域电机有自动调节转速适应负荷变化的能力。三相异步电动机有 3 个重要的转矩参数：额定转矩、最大转矩、启动转矩。额定转矩表示额定工作能力；最大转矩表示电机超负荷能力；启动转矩表示电机启动能力。

电机启动电流大，会影响其他电气设备正常工作，小容量电机可以直接启动，大容量电机一般应降压启动。降压启动的方法有定子绕组串联电阻启动和 Y—△ 变换启动两种。绕线式电机采用转子外接变阻器启动，启动电流小而且启动转矩大，启动性能优于笼形电机。

三相异步电动机的调速方法包括改变磁极对数、改变转差率和改变电源频率 3 种。其中，变频调速性能最好，目前应用非常广泛。

任意交换三相异步电动机两相定子绕组连接位置即可改变转向。

三相异步电动机电气制动方法有反接制动、能耗制动。

7．单相异步电动机更多应用于日常生活。单相交流电只能产生脉动磁场，使单相异步电动机不能自行启动。单相异步电动机采用电容分相式、电阻分相式、罩极式方法启动。

8．伺服电机和步进电机是控制电机中应用较多的两种，主要应用在控制系统中，完成对输入信号的传递、检测和执行。

自测题 3

3-1 填空题

1．磁感应强度是表示磁场_____的物理量，既有_____，又有_____，是____量。磁通是表示磁场_____的物理量，是_____量。

2. 磁导率是表示_____对磁场强弱影响的物理量。其中，非导磁物质磁导率很_____，且是_____数；铁磁物质磁导率很_____，且为_____数。

3. 铁磁物质磁化性能有_____、_____、_____、_____。

4. 制作永久磁铁应选用剩磁_____的材料，而制作变压器、电机铁芯应选用剩磁_____的材料。

5. 磁路是_____的路径，形成磁路应选用_____的铁芯。闭合铁芯磁路中如果开一个空气隙，磁场会变____。

6. 根据磁路欧姆定律可知，当磁路磁阻变小时，在电流不变的情况下，磁场会变_____。

7. 交流铁芯线圈当电源电压不变时，磁通_____，电源电压有效值与磁通的关系是_____。

8. 交流电磁铁吸力随衔铁吸合_____，线圈电流随衔铁吸合_____，直流电磁铁吸力随衔铁吸合_____，线圈电流随衔铁吸合_____。

9. 交流铁芯线圈损耗包括_____和_____，采用硅钢片叠成的铁芯可以_____涡流损耗。

10. 变压器绕组同名端是指_____。绕组串联时正确的接法是_____。绕组并联时正确的接法是_____

11. 电压互感器副边绕组比原边绕组匝数_____，电流互感器副边绕组比原边绕组匝数_____。

12. 三相异步电机同步转速是指_____，转差率表示式_____，其取值范围是_____。

13. 三相异步电机旋转磁场产生的条件是_____。

14. 三相异步电机机械特性图中包括_____区和_____区，正常工作时应工作在_____区。

15. 三相异步电机改变运行方向的方法是_____。

16. 三相异步电机的启动方法有_____和_____。其中_____方法是为了降低启动电流。

17. 三相异步电机调速是指_____，方法有_____、_____和_____。其中，_____调速是目前应用最多的一种。

18. 单相异步电机_____自行启动，其启动方法有_____、_____和_____。

19. 三相异步电机的电气制动方法有_____和_____。

20. 交流伺服电机的功能是_____，其运行特点有_____、_____和_____。

21. 步进电机的转速和角位移由_____决定。

3-2　计算题

1. 有一均匀磁场，磁感应强度 B=0.15 T，求与磁场垂直方向的面积 S=100 cm² 内的磁通量。若介质相对磁导率为 3000，求磁场强度。

2. 有一均匀环形密绕空心线圈如图 3-55 所示，平均直径 D=40 cm，匝数为 2000 匝，若其中心线处磁感应强度 B=1.5 T，求线圈电流。

3. 一个交流铁芯线圈接在 U=110 V、频率 f=50 Hz 的交流电源上，线圈匝数 N=600 匝，铁芯截面积 S=10 cm²。

（1）求铁芯中磁通的最大值和磁感应强度的最大值。

（2）如果在铁芯上再加装一个匝数为 60 的开路线圈，其电压为多少？

4．一台单相变压器一次绕组电压为 380 V，匝数为 1560 匝，二次绕组电压分别为 110 V、24 V、6.3 V。计算二次绕组的匝数分别是多少。

5．单相变压器一次侧、二次侧的额定电压为 220 V、36 V，容量为 2 kVA。

（1）求变压器一次侧、二次侧的额定电流。

（2）二次侧接 36 V、100 W 的白炽灯 10 盏，此时一次侧、二次侧电流为多少？

6．如图 3-56 所示为某电子放大电路的输出级，扬声器电阻为 8 Ω，为了在输出变压器的一次侧得到 256 Ω 的等效阻抗，求输出变压器的变比。

7．图 3-57 所示为单相变压器，若想得到 12 V、15 V、18 V 电压，二次绕组应该怎样连接？

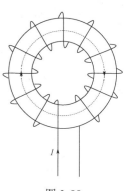

图 3-55

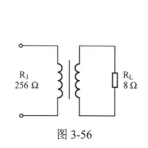

图 3-56

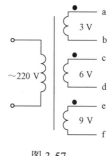

图 3-57

8．三相异步电机的磁极对数 $p=2$，电源频率 $f=50$ Hz，求同步转速 n_1。若电机以转速 $n=1000$ r/min 运行，求转差率。

9．三相异步电机的额定转速为 2950 r/min，其磁极对数、同步转速、额定转差率是多少？

10．三相异步电机的额定功率为 $P_N=18.5$ kW，额定转速为 $n_N=2930$ r/min，$T_{max}/T_N=2.2$，$T_{st}/T_N=2$，计算额定转矩 T_N、启动转矩 T_{st}、最大转矩 T_{max}。

第4章

三相异步电动机控制电路

教	知识重点	1. 常用低压电器的结构、工作原理、用途及型号含义； 2. 三相异步电动机基本控制电路的工作原理； 3. 三相异步电动机基本控制电路的安装方法
	知识难点	1. 交流接触器的工作原理； 2. 热继电器的工作原理； 3. 三相异步电动机 Y—△降压启动控制电路的工作原理； 4. 三相异步电动机基本控制电路的安装方法
	推荐教学方式	理论与实际紧密结合，注重实际操作
	建议学时	14 学时
学	推荐学习方法	积极动手操作，练中学、学中练
	必须掌握的理论知识	1. 常用低压电器的工作原理； 2. 三相异步电动机基本控制电路的工作原理
	必须掌握的技能	三相异步电动机基本控制电路的安装方法

任务4 三相异步电动机正反转控制线路的安装

实物图

采用接触器联锁的三相异步电动机正反转控制，是工业生产中常见的电机运行控制方式。线路由交流接触器、电源开关、熔断器、热继电器和按钮组成，按动按钮的不同位置可实现三相异步电动机的正反转控制。安装实物如图 4-1 所示。

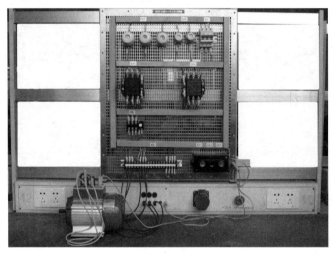

图 4-1 三相异步电动机正反转控制线路的安装

器材与元件

电动机正反转控制线路需用的器材与元件见表 4-1。

表 4-1

代号	名称	型号规格	数量
QF	组合开关	HZ10-25/3	1
FU$_1$	熔断器	RL1-60/3、熔体 20 A	3
FU$_2$	熔断器	RL1-15、熔体 5 A	2
KM$_1$、KM$_2$	交流接触器	CJ0-20、线圈电压 380 V	2
FR	热继电器	JR16-20/3D、15.4 A	1
SB	按钮	LA10-3 H	1
XT	接线端子	JD0-1020	1
M	三相笼形异步电动机	Y132M-4-B3、7.5 kW、1450 r/min	1

背景知识

三相笼形异步电动机在生产实际中有非常广泛的应用，它具有结构简单、价格低廉、坚固耐用、使用维护方便等优点。它的基本控制电路大多由继电器、接触器、按钮等有触点电器组成。三相异步电动机带动各种生产机械运行时，其启动、停止以及正反转等运行状态是

由一定的控制线路进行控制的。本章首先学习一些基本控制电器，然后学习一些常用基本控制线路。

4.1　电动机控制电路常用低压电器

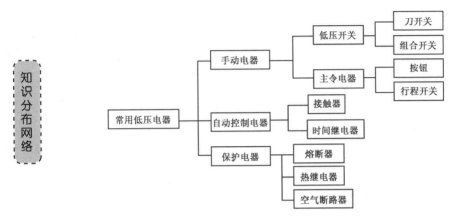

4.1.1　手动电器

1. 刀开关

刀开关外形如图 4-2 所示，结构如图 4-3 所示。

刀开关主要由动触刀、静夹座、操作手柄和绝缘底座组成。靠手动来实现触刀与夹座的接触或分离，以便实现对电路的接通与分断的控制。

刀开关按刀的极数可分为单极、双极和三极。刀开关在电路图中的符号如图 4-4 所示，其文字符号为 QS。

图 4-2　刀开关的外形　　图 4-3　刀开关的结构　　图 4-4　刀开关的符号

刀开关一般用于接通或分断小负荷电路，主要用于照明、电热设备及小容量电动机控制电路中。供手动不频繁地接通和分断电路用，或用于电源侧作隔离开关（不带负载操作）。

> 🔊 **提示**
>
> 安装时刀开关应垂直放置，保证开关分断时，动触刀自然垂落在下方。电源进线接上面的进线座，负载接下面的出线座，以保证操作时人身安全。

刀开关又称开启式负荷开关，其型号及含义如下。

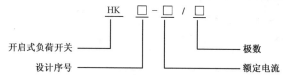

开启式负荷开关 ——
设计序号 ——
—— 极数
—— 额定电流

2. 组合开关

组合开关又称转换开关，触点对数多，接线方式灵活，体积小，操作方便，开关内部装有扭簧储能机构，能快速闭合与分断。图 4-5 是组合开关外形图。图 4-6 为组合开关结构图，三极组合开关有 6 个静触点和 3 个动触片，3 个动触片装在绝缘板上并套在方轴上，手柄带动方轴作 90° 正反向转动，使动触点与静触点接通或分断。其图形符号如图 4-7 所示，文字符号是 QS。

图 4-5　组合开关外形

转轴
手柄
动触点
静触点

图 4-6　组合开关结构

QS

图 4-7　组合开关的符号

组合开关可作为电源隔离开关，也可不频繁地直接接通或分断小负荷电路，比如控制小容量（5 kW 以下）异步电动机的启动、正反转和停止。

组合开关的型号及含义如下。

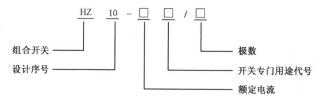

组合开关 ——
设计序号 ——
—— 极数
—— 开关专门用途代号
—— 额定电流

3. 按钮

按钮也起接通或分断电路的作用，但它触点面积小，不能用来控制大电流的主电路，其额定电流不能超过 5 A，只能短时接通和分断小电流的控制电路，以发出指令，所以又称主令电器。其外形如图 4-8 所示，结构图如图 4-9 所示，图形符号如图 4-10 所示，其文字符号为 SB。

按钮一般由按钮帽、复位弹簧、桥式动触点、静触点、支柱连杆及外壳等部分组成。

图 4-8　按钮外形

按钮按静态（不受外力作用）时触点的分合状态，可分为常开按钮（启动按钮）、常闭

按钮（停止按钮）和复合按钮。

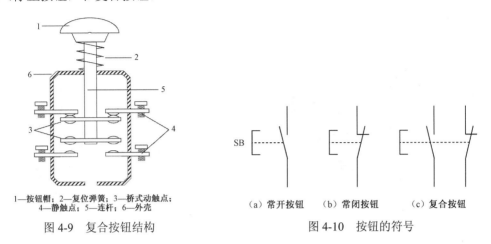

1—按钮帽；2—复位弹簧；3—桥式动触点；
4—静触点；5—连杆；6—外壳

图 4-9　复合按钮结构

（a）常开按钮　（b）常闭按钮　（c）复合按钮

图 4-10　按钮的符号

　　常开按钮在常态下触点是断开的，当按下按钮帽时，触点闭合；松开后，按钮在复位弹簧作用下自动复位。

　　常闭按钮在常态下触点是闭合的，当按下按钮帽时，触点断开；松开后，在复位弹簧作用下按钮自动复位。

　　复合按钮是将常开和常闭按钮组合为一体，当按下复合按钮时，常闭触点先断开，常开触点后闭合，当按钮释放后，在复位弹簧作用下按钮复原，复原过程中常开触点先恢复断开，常闭触点后恢复闭合。

　　按钮的型号及含义如下。

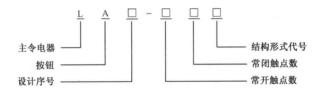

主令电器
按钮
设计序号

结构形式代号
常闭触点数
常开触点数

> **提示　常开触点与常闭触点**
>
> 　　所谓常开触点、常闭触点，是指电器在不受外力或电力作用时触点所处的状态。
>
> 　　在很多电器上都存在常开触点、常闭触点组成的复合触点，当电器受外力或电力作用时，常闭触点先分断，常开触点后闭合；当电器失去外力或电力时，常开触点先分断，常闭触点后闭合。这种动作顺序对分析电路控制原理非常重要。

4. 行程开关

　　行程开关也是主令电器的一种，通常行程开关被用来限制机械运动的位置或行程，使运动机械按一定的位置或行程实现自动停止、反向运动、变速运动或自动往返运动等。图 4-11 为各类行程开关的外形图。

　　从结构上来看，行程开关可分为 3 个部分：触点系统、操作机构和外壳。

　　图 4-12 为单轮式行程开关结构示意图。当运动部件的挡铁碰压行程开关的滚轮时，杠杆与转轴一起转动，使凸轮推动撞块，当撞块被压到一定位置时，推动微动开关快速动作，使

其常闭触点断开，常开触点闭合。当滚轮上的挡铁移开后，复位弹簧就使行程开关各部分恢复原始位置。

图 4-11　行程开关的外形　　　　　　图 4-12　行程开关的结构

行程开关在电路图中的符号如图 4-13 所示，其文字符号为 SQ。行程开关有 LX19 和 JLXK1 系列。JLXK1 系列的型号含义如下。

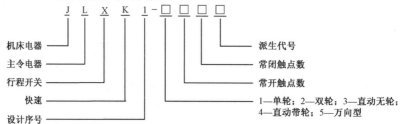

5. 接近开关

接近开关又称无触点行程开关，当物体与之接近到一定距离时就发出动作信号。接近开关也可作为检测装置使用，用于高速计数、测速、检测金属等。

接近开关按工作原理可分为高频振荡型、电容型、磁感应式接近开关和非磁性金属接近开关几种。

接近开关在电路图中的符号如图 4-14 所示，其文字符号为 SQ。

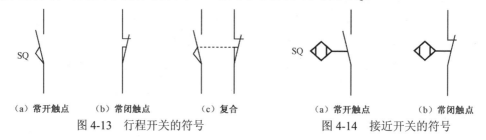

（a）常开触点　（b）常闭触点　（c）复合　　　（a）常开触点　（b）常闭触点

图 4-13　行程开关的符号　　　　　　图 4-14　接近开关的符号

4.1.2　自动控制电器

1. 交流接触器

接触器是一种自动的电磁式开关，适用于远距离频繁地接通或断开交直流主电路。可分为交流接触器和直流接触器两类，二者结构相似。本书只介绍交流接触器。图 4-15 为交流接触器外形。

图 4-16 为 CJ10-20 型交流接触器的结构示意图。它主要由电磁机构、触点系统、灭弧装置及辅助部件 4 部分组成。

（1）电磁机构由电磁线圈、静铁芯和衔铁 3 部分组成。当电磁线圈通电或断电时，衔铁和铁芯吸合或释放，从而带动动触点与静触点闭合或分断，以实现接通或分断电路。

（2）触点系统分为主触点和辅助触点。主触点用于通断电流较大的主电路，一般由 3 对常开触点组成；辅助触点用以通断电流较小的控制电路，通常由两对常开和两对常闭触点组成，起电气联锁或控制作用。

（3）交流接触器的灭弧装置的作用是使触点分断时产生的电弧被分割、冷却，迅速熄灭。

（4）交流接触器的辅助部件包括反作用弹簧、缓冲垫、触点压力弹簧、传动机构等。

当接触器的电磁线圈 1 两端接交流电源时，电磁线圈中有电流流过，产生磁场，使静铁芯 2 产生足够大的吸力，克服反作用弹簧 3 的反作用力，将衔铁 4 吸合。通过中间传动机构 9 带动动触点 6 使常闭触点 7 先断开，常开触点 5 后闭合。当加在接触器电磁线圈两端的电压为零或显著低于线圈额定电压时，由于电磁吸力消失或过小，不足以克服反作用弹簧的反作用力，衔铁即会在反作用力下复位，带动常开触点先恢复断开，常闭触点后恢复闭合。

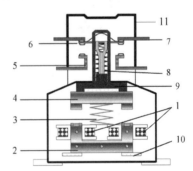

1—电磁线圈；2—静铁芯；3—反作用弹簧；4—衔铁；
5—常开触点；6—动触点；7—常闭触点；8—触点压力弹簧；
9—传动机构；10—缓冲垫；11—灭弧罩

（a）CJ10系列　　　　（b）CJ20系列

图 4-15　交流接触器的外形　　　　图 4-16　交流接触器的结构

交流接触器在电路图中的符号如图 4-17 所示。其文字符号是 KM。

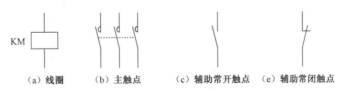

（a）线圈　　（b）主触点　　（c）辅助常开触点　　（e）辅助常闭触点

图 4-17　交流接触器的符号

交流接触器的型号及含义如下。

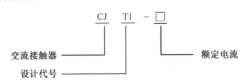

2．中间继电器

中间继电器的结构和工作原理与接触器基本相同，只是中间继电器的触点容量较小，且没有主、辅之分，但是触点数量多，一般在控制电路中当其他触点数量不够时作为补充触点，以控制更多元件或回路。

中间继电器的文字符号是 KA，其线圈、触点的图形符号与接触器相同。

3．时间继电器

时间继电器利用电磁原理控制触点的闭合或分断。其中一部分触点自线圈得电或断电后延迟一段时间再动作，故称时间继电器。它的种类很多，按动作原理分，有电磁式、电动式、空气阻尼式、晶体管式等，本书只介绍空气阻尼式时间继电器。图 4-18 所示为时间继电器的外形图。

（a）空气阻尼式时间继电器　　（b）电子式时间继电器　　　（c）电动式时间继电器

图 4-18　时间继电器的外形

空气阻尼式时间继电器又称气囊式时间继电器，是利用空气阻尼的原理获得延时的。图 4-19 所示为通电延时型空气阻尼式时间继电器原理示意图。

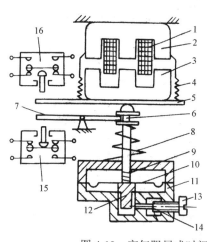

1—线圈；2—铁芯；3—衔铁；

4—反力弹簧；5—推板；

6—活塞杆；7—杠杆；

8—塔形弹簧；9—弱弹簧；

10—橡皮膜；11—空气室壁；

12—活塞；13—调节螺钉；

14—进气孔；15—延时触点；

16—瞬动触点

图 4-19　空气阻尼式时间继电器原理

当线圈 1 通电后，铁芯 2 产生吸力，衔铁 3 吸合，带动推板 5 立即动作，使瞬动触点 16 受压，其触点瞬时动作，同时活塞杆 6 在塔形弹簧 8 的作用下向上移动，带动活塞 12 及橡皮膜 10 向上移动，运动速度受进气孔 14 进气速度的限制，这时橡皮膜 10 下方气室的空气稀薄，与橡皮膜 10 上方的空气形成压力差（形成负压），对活塞 12 的移动产生阻尼作用，所以活塞杆 6 只能缓慢地向上移动，经过一段时间后，活塞 12 才能完成全部行程而压动行程开关，使延时常闭触点断开，常开触点闭合，达到通电延时的目的。

这种时间继电器延时时间的长短取决于进气孔的大小，可通过调节螺钉 13 进行调整。当线圈 1 断电时，衔铁 3 在反力弹簧 4 的作用下释放，并通过活塞杆 6 将活塞 12 推向下端，这时橡皮膜 10 下方气室内的空气通过橡皮膜 10 和活塞 12 的局部所形成的单向阀迅速从橡皮膜 10 上方的气室缝隙中排掉，使瞬动触点 15 和延时触点 16 各对触点迅速复位。

空气阻尼式时间继电器的优点是：结构简单，延时范围大（0.4～180 s），寿命长，价格低。其缺点是：延时误差大，不能精确地整定延时值。因此，它适合应用于延时精度要求不高的场合。

图 4-20 为空气阻尼式时间继电器的线圈及触点的图形符号，其文字符号是 KT。

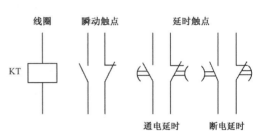

图 4-20 时间继电器的图形及文字符号

📢 **提示 时间继电器**

　　时间继电器分为通电延时型和断电延时型。通电延时时间继电器的线圈通电以后延时触点延时动作，当线圈断电时延时触点瞬时动作；断电延时时间继电器的线圈通电时延时触点瞬时动作，当线圈断电时延时触点延时动作。

　　将通电延时时间继电器的电磁线圈倒转 180° 即可转换成断电延时时间继电器（空气阻尼式时间继电器）。

空气阻尼式时间继电器的型号及含义如下。

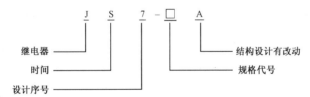

4.1.3 保护电器

为保证三相异步电机的安全可靠运行，需要采取一些保护措施。最常用的是短路和过载保护。熔断器和热继电器可起到这些保护作用。

1. 熔断器

熔断器用于配电电路的短路保护，有 RL 系列螺旋式熔断器、RC 系列插入式熔断器、管式熔断器，如图 4-21 所示。

熔断器主要由熔体、熔管和熔座 3 部分组成。熔体的材料有两种：一种是由铅、铅锡合金或锌等熔点较低的材料制成，多用于小电流电路；另一种是由银或铜等熔点较高的材料制成，主要用于大电流电路。熔体的形状多制成片状、丝状或栅状。熔体串联于电路中，当电路发生短路事故时，熔体快速熔断，保护电源和电机。

熔断器的主要技术数据是额定电压、额定电流和熔体额定电流。选用时应该使熔断器的额定电压大于或等于电路额定电压，熔断器的额定电流大于或等于熔体额定电流，熔体额定电流根据负载及其电流大小来确定。

图 4-21（c）为熔断器的图形符号，其文字符号是 FU。

（a）RL系列螺旋式熔断器　　　　（b）RC系列插入式熔断器　　　　（c）图形及文字符号

图 4-21　熔断器的外形及符号

2．热继电器

热继电器是利用流过继电器的电流所产生的热效应原理而动作的继电器。它主要用于电动机的过载保护、断相保护、电流不平衡运行的保护及其他电气设备发热状态的控制。

图 4-22　热继电器的外形

热继电器的外形如图 4-22 所示，热继电器的结构如图 4-23 所示。热元件串接在电动机定子绕组中，常闭触点串接在控制电路的接触线圈回路中。当电动机过载时，通过热元件的电流超过热继电器的整定电流，双金属片受热向左弯曲，推动导板向左移动。经过一定时间后，双金属片推动导板使热继电器触点动作，使接触器线圈断电，进而切断主电路，起到保护作用。电源切除后，双金属片逐渐冷却恢复原位，动触点在弓簧的作用下自动复位。

热继电器在电路图中的图形符号如图 4-24 所示，其文字符号是 FR。

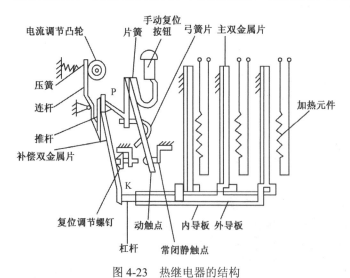

图 4-23　热继电器的结构

（a）热元件　　（b）常闭触点

图 4-24　热继电器的符号

提示

> 对于电机负载，熔断器不能替代热继电器起过载保护作用。因为电机启动电流大，熔体额定电流要按启动电流选取；热继电器也不能替代熔断器起短路保护作用，因为热继电器热元件动作需要经历一段时间，积累一定的热量。

3．低压断路器

低压断路器亦称空气开关或空气断路器。它集控制和多种保护功能于一体，既可作为手动开关，用于电路的通断控制；又可进行短路保护、过载保护、欠电压和过电压保护等。

图 4-25 为低压断路器的外形，其内部设有过流脱扣机构、过载脱扣机构、欠压脱扣机构，当线路出现短路、长时间过载、欠压情况时，自动跳闸，切断电路。

低压断路器在电路图中的符号如图 4-26 所示，其文字符号为 QF。

图 4-25 空气开关外形

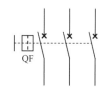
图 4-26 空气开关的符号

4.2 三相异步电动机基本控制电路

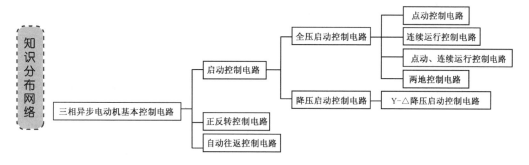

三相异步电动机控制电路由主电路和控制电路两部分组成。主电路是电机与电源连接的部分电路，其工作电流大，取决于电机容量。控制电路是控制电器组成的部分电路，其工作电流小。

电气控制电路图有以下几个特征。

（1）一般主电路画在左侧，控制电路画在右侧。

（2）同一电器的各部件（如线圈和触点）一般不画在一起，但文字符号相同。

（3）接触器、继电器的各触点为不通电时状态（常态）；各种刀开关为没有合闸状态；按钮、行程开关的触点为没有操作时状态（常态）。

4.2.1 启动控制电路

三相异步电动机启动有直接启动和降压启动两种方式。在变压器容量允许的情况下，笼形异步电动机应尽可能采用全电压直接启动，这样一方面可以提高控制电路的可靠性，另一方面也可以减小电气的维修工作量。

1. 三相异步电动机全压启动控制电路

1）点动控制线路

图 4-27 为电动机点动控制线路的电气原理图，由主电路和控制电路两部分组成。

主电路中电源开关 QS 起隔离电源的作用；熔断器 FU_1 对主电路进行短路保护，主电路的接通和分断是由接触器 KM 的三相主触点完成的。由于点动控制，电动机运行的时间短，所以不设置过载保护。

控制电路中熔断器 FU_2 做短路保护；常开按钮 SB 控制 KM 电磁线圈的通断。

电路的工作原理分析如下。

（1）启动：合上电源开关 QS，引入三相电源，按下常开按钮 SB，交流接触器 KM 的线圈得电，使衔铁吸合，同时带动 KM 的 3 对主触点闭合，电动机 M 接通电源启动运转。

（2）停止：当需要电动机停转时，松开按钮 SB，其常开触点恢复断开，交流接触器 KM 的线圈失电，衔铁恢复断开，同时通过连动支架带动 KM 的三对主触点恢复断开，电动机 M 失电停转。

2）连续运行控制线路

图 4-28 为三相笼形异步电动机连续运行控制线路。电路在点动控制电路的基础上，在启动按钮两端并联接触器辅助常开触点，串入停止常闭按钮，另外增设热继电器。

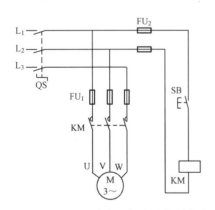
图 4-27 三相异步电动机点动控制线路

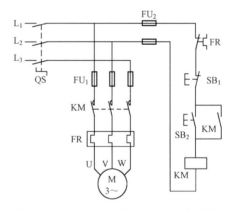
图 4-28 三相异步电动机连续运行控制线路

电路可以实现连续运行的原理如下。

合上组合开关 QS，然后按下启动按钮 SB_2，交流接触器 KM 的线圈得电，接触器 KM 的 3 对主触点闭合，电动机 M 便接通电源直接启动运转。与此同时，与 SB_2 并联的接触器辅助常开触点 KM 闭合。这样，即使松开按钮 SB_2，接触器 KM 的线圈仍可通过 KM 触点通电，

从而保持电动机连续运行。若需停止，按下停止按钮 SB_1，将接触器线圈回路切断，这时接触器 KM 断电释放，KM 的三相常开主触点恢复断开，切断三相电源，电动机 M 失电停止运转。

图 4-28 电路中采取的保护措施：熔断器 FU_1 和 FU_2 起短路保护作用；热继电器 FR 具有过载保护作用；交流接触器具有失压（或零压）和欠压保护作用。

> **💬提示**
>
> 图 4-28 电路中与启动按钮并联的 KM 辅助常开触点在松开启动按钮 SB_2 后，仍使接触器 KM 线圈保持通电的控制方式叫做"自锁"，辅助常开触点称为自锁触点。

失压保护是指电动机在正常运行中，由于某种原因引起突然断电时能自动切断电动机电源，当重新供电时保证电动机不能自行启动的一种保护，以保证人身和设备的安全。接触器可实现失压保护，因为接触器自锁触点和主触点在电源断电时已经断开，在电源恢复供电时，只要不按动按钮，电动机就不会自行启动运转。

欠压保护是指电路电压低于电动机应加的额定电压。下降到某一数值时，电动机能自动脱离电源停转，避免电动机在电压不足的状态下长期运行，因定子电流过大损坏电机。接触器可避免电动机欠压运行，因为当电路电压下降到一定值（一般指低于额定电压 85%以下）时，接触器线圈两端的电压也同样下降到此值，从而使接触器线圈磁通减弱，产生的电磁吸力减小。当电磁吸力减小到小于反作用弹簧的拉力时，动铁芯被迫释放，主触点、自锁触点同时分断，自动切断主电路和控制电路，电动机失电停转，达到了欠压保护的目的。

> **❓❓思考题**
>
> 图 4-29（a）所示的电路既可点动也可连续运行，图 4-29（b）所示的电路是两地控制电路，它们的工作原理分别是什么？

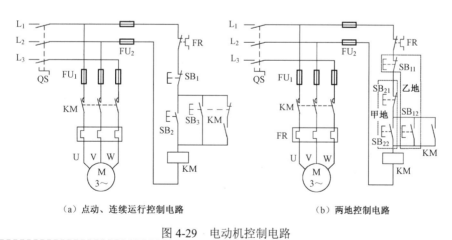

（a）点动、连续运行控制电路　　　　　　（b）两地控制电路

图 4-29　电动机控制电路

2．三相异步电动机降压启动控制电路

在通常情况下，容量超过 15 kW 的笼形异步电动机需采用降压启动。下面分析一个 Y—△降压启动电路。

如图 4-30 所示，主电路采用两个接触器 KM_Y 和 $KM_\triangle$，分别控制电机三相绕组作星形和

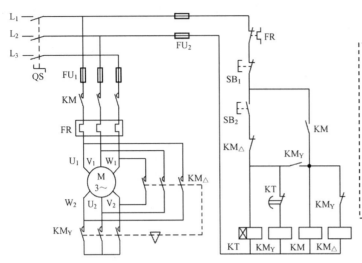

图 4-30　三相异步电动机 Y—△降压启动控制电路

三角形连接。

　　控制电路中有 KM_Y 和 $KM_\triangle$ 接触器、KM 接触器，还有时间继电器 KT。先合上电源开关 QS，按下启动按钮 SB_2，时间继电器 KT 和接触器 KM_Y 通电吸合，KM_Y 常开触点动作，使接触器 KM 也通电吸合并自锁，电动机 M 接成星形降压启动。当电动机 M 转速上升到一定值时，KT 延时结束，其常闭触点断开，使接触器 KM_Y、时间继电器 KT 断电释放，与 $KM_\triangle$ 串联的 KM_Y 常闭触点恢复闭合，$KM_\triangle$ 通电吸合，电动机 M 接成三角形全压运行。

思考题

在图 4-30 所示的电路中有自锁环节吗？

在图 4-30 所示的电路中，KM_Y 辅助常开触点除了使接触器 KM 通电吸合外还有什么作用？

4.2.2　正反转控制电路

　　在生产加工过程中，往往要求电动机能够实现可逆运行，如机床工作台的前进与后退、主轴的正转与反转、起重机的上升与下降等，这就要求电动机可以正反转。

　　由电动机的原理可知，若改变通入电动机定子绕组的三相电源相序，即把接入电动机三相电源进线中的任意两根对调接线时，电动机就可以反转，所以可逆运行控制电路实质上是两个方向相反的单向运行电路。

　　图 4-31 为接触器联锁的正反转控制电

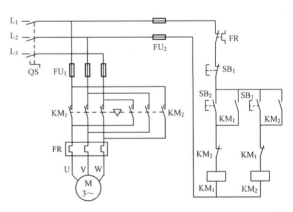

图 4-31　三相异步电动机正反转控制电路

路。电路中采用两个接触器，即正转用的 KM₁ 和反转用的 KM₂。它们分别由正转按钮 SB₂ 和反转按钮 SB₃ 控制。

电路的工作原理如下。

（1）正转启动：先合上电源开关 QS，按下按钮 SB₂，接触器 KM₁ 线圈得电，根据接触器触点的动作顺序可知，其辅助常闭触点先断开，切断 KM₂ 线圈回路，起到联锁作用，然后 KM₁ 自锁触点闭合，自锁 KM₁ 主触点闭合，电动机 M 启动正转运行。

需要停止时，按下停止按钮 SB₁，KM₁ 线圈失电，KM₁ 的常开主触点断开，电动机 M 失电停转，KM₁ 的辅助常开触点断开；解除自锁，KM₁ 的辅助常闭触点恢复闭合，解除对 KM₂ 的联锁。

（2）反转启动：先合上电源开关 QS，然后按下启动按钮 SB₃，KM₂ 线圈得电，KM₂ 的辅助常闭触点断开对 KM₁ 联锁，KM₂ 的常开主触点闭合，电动机 M 启动反转运行，KM₂ 的辅助常开触点闭合自锁，电动机 M 启动反转运行。

需要停止时，按下停止按钮 SB₁，控制电路失电，KM₁（或 KM₂）主触点断开，电动机 M 失电停转。

??? 思考题

（1）在图 4-31 所示的电路中，为什么要对 KM₁、KM₂ 进行联锁？

（2）如果不对 KM₁、KM₂ 进行联锁，会出现什么后果？

4.2.3　自动往返控制电路

在生产加工过程中，往往要求电动机能够拖动生产机械在指定范围内进行往返运动，提高生产效率。自动往返行程控制电路是在正反转控制电路的基础上产生的。

图 4-32 所示为三相异步电动机自动往返行程控制电路。为了使电动机的正反转控制与工作台的左右运动相配合，在控制电路中设置了 4 个位置开关，即 SQ₁、SQ₂、SQ₃、SQ₄，并把它们安装在工作台需限位的地方。其中，SQ₁、SQ₂ 被用来自动换接电动机正反转控制电路，实现工作台的自动往返行程控制；SQ₃、SQ₄ 被用来作终端保护，以防止 SQ₁、SQ₂ 失灵，工作台越过限定位置而造成事故。在工作台的 T 形槽中装有两块挡铁，挡铁 1 只能和 SQ₁、SQ₃ 相碰撞，挡铁 2 只能和 SQ₂、SQ₄ 相碰撞。当工作台运动到需要位置时，挡铁碰撞行程开关，使其触点动作，自动换接电动机正反转电路，通过机械传动机构使工作台自动往返运动。

电路的工作原理如下：合上电源开关 QS，按下启动按钮 SB₂，KM₁ 线圈得电，KM₁ 联锁触点和自锁触点分别断开和闭合，起到联锁和自锁保护作用，KM₁ 主触点闭合，电动机正转，拖动工作台右移，当右移到限定位置时，挡铁 2 碰撞行程开关 SQ₂，SQ₂ 常闭触点先分断，KM₁ 主触点分断，电动机失电停转，工作台停止右移，KM₁ 联锁触点恢复闭合，为 KM₂ 线圈得电做好准备，SQ₂ 常开触点后闭合，接通 KM₂ 线圈回路，KM₂ 主触点闭合，电动机反转，拖动工作台左移，此时，SQ₂ 触点复位，当工作台左移至限定位置时，挡铁 1 碰撞行程开关 SQ₁，SQ₁ 常闭触点先分断，KM₂ 线圈失电，KM₂ 主触点分断，电动机停止反转，工作台停止左移，SQ₁ 常开触点后闭合，KM₁ 线圈又得电，电动机又正转，重复上述过程。工作台就在限定的行程内自动往返运动。停止时，按下停止按钮 SB₁，整个控制电路失电，KM₁

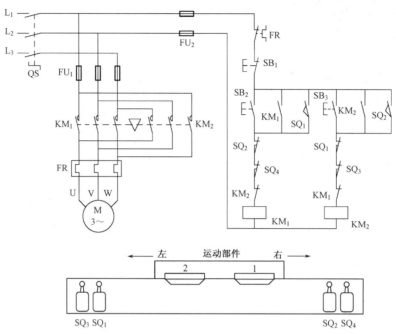

图 4-32 三相异步电动机自动往返控制电路

（或 KM_2）主触点断开，主动机 M 失电停止运转。

知识拓展 可编程控制器

前面所学的三相异步电动机控制电路采用继电器、接触器控制系统，具有结构简单、价格低廉、容易操作、技术难度较小等优点。但这种系统也存在着缺点，比如电路需导线连接，控制功能单一，更改困难；设备体积庞大；故障率高，可靠性降低；系统的动作速度较慢等。因此，继电器、接触器控制系统越来越不能满足现代化生产的控制要求。

得到广泛应用的可编程逻辑控制器（Programmable Logic Controller，PLC）可以通过编程改变控制方案，而且能够克服上述缺点，控制各种类型的机械设备或生产过程。

1. PLC 的组成

PLC 是以微处理器为核心的计算机控制系统，由硬件系统和软件系统组成。

PLC 的硬件系统主要由中央处理单元 CPU、输入/输出接口、I/O 扩展接口、编程器接口、编程器、电源等几部分组成，结构如图 4-33 所示。

可编程控制器由硬件系统组成，由软件系统支持。硬件和软件共同构成了可编程控制器系统。PLC 的软件系统可分为系统程序和用户程序两大部分。

2. PLC 的工作方式

PLC 采用循环扫描工作方式，整个工作过程可分为 5 个阶段：自诊断、通信处理、扫描输入、执行程序、刷新输出，其工作过程示意图如图 4-34 所示。

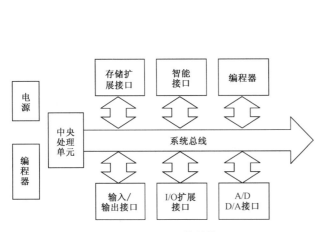

图 4-33　PLC 的结构

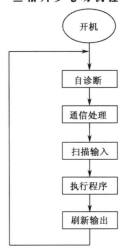

图 4-34　PLC 工作过程

PLC 与继电—接触器控制的重要区别之一就是工作方式不同。继电—接触器是按"并行"方式工作的，也就是说是按同时执行的方式工作的，只要形成电流通路，就可能有几个电器同时动作。而 PLC 是以反复扫描的方式工作的，它是循环地连续逐条执行程序，任一时刻它只能执行一条指令，即 PLC 是以"串行"方式工作的。这种串行工作方式可以避免继电—接触器控制的触点竞争和时序失配问题。

总之，采用循环扫描的工作方式也是 PLC 区别于微机的最大特点，使用者应特别注意。

3．PLC 的工作原理

PLC 内部有许多电子单元电路，它们具有电磁类继电器的功能。这种电子单元电路又称"软"继电器。它有两种工作状态：输出高电平，呈 1 状态；输出低电平，呈 0 状态。1 状态相当于电磁线圈通电、常闭触点断开、常开触点闭合。0 状态相当于电磁线圈断电、常闭触点闭合、常开触点断开。"软"继电器可以反复使用，使用次数不限，触点数量很多，方便使用。电磁类继电器、PLC "软"继电器的比较如表 4-2 所示。其中，PLC "软"继电器采用 SIMATIC S7-200 系列，其外部结构实物图如图 4-35 所示。

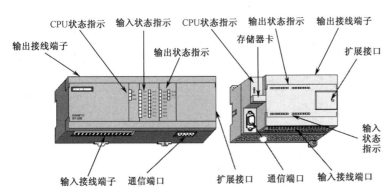

图 4-35　SIMATIC　S7-200 系列 PLC 外部结构

提示

"软"继电器的触点不同时动作，而是按"串行"扫描方式从左到右、从上向下执行动作。

表 4-2　电磁类继电器、PLC"软"继电器比较

名　　称	线　　圈	常开触点	常闭触点	代　　号	工作方式
电磁 继电器				KM	并行
PLC"软" 继电器				I（输入继电器） Q（输出继电器）	串行

4．梯形图

PLC 的编程语言包括梯形图、指令语句和逻辑块。其中，梯形图是依据继电—接触器控制系统原理图演变而来的，具有直观、易于掌握的优点，被广泛应用。

继电—接触器控制系统可转换为 PLC 控制系统。

【实例 4-1】将三相异步电动机连续运行控制线路转换成 PLC 控制系统控制方式。

PLC 控制系统主电路与图 4-36 主电路相同。

如图 4-37 所示，PLC 输入端 SB₁ 接编号为 I0.0 的 PLC 继电器，SB₂ 接编号为 I0.1 的 PLC 继电器，FR 接编号为 I0.2 的 PLC 继电器，由直流电源供电。

PLC 输出端的 KM 线圈接编号为 Q0.0 的 PLC 继电器，由交流 220 V 电源供电。PLC 控制系统梯形图如图 4-38 所示。

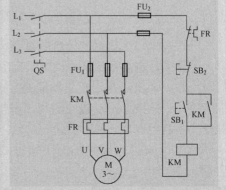

图 4-36　三相异步电动机连续运行控制线路

PLC 梯形图表达的电路工作原理：PLC 上电，I0.1、I0.2 输入端口为 ON，其常开触点闭合，按下 SB₁，Q0.0 输出继电器通电，接触器 KM 线圈通电，电动机启动，Q0.0 常开触点为 I0.0 常开触点自锁，电动机连续运行。按下 SB₂ 或 FR 动作，I0.1 常开输入继电器或 I0.2 常开输入继电器断电，Q0.0 输出继电器断电，KM 线圈断电，电动机停转。

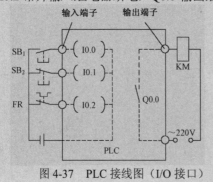

图 4-37　PLC 接线图（I/O 接口）

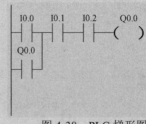

图 4-38　PLC 梯形图

> **提示**
>
> （1）PLC 中的软输出继电器只有常开触点和常闭触点。
>
> （2）梯形图不是由导线连接的，只是控制程序，梯形图中的连线表达了与继电器控制系统相似的控制关系。
>
> （3）如果接于 PLC 输入端的按钮是常闭触点，则输入软继电器的常开触点处于闭合状态，常闭触点处于断开状态。

【实例4-2】将三相异步电动机正反转控制电路转换为 PLC 控制系统控制方式。

继电器、接触器控制系统控制电路如图4-39 所示。

PLC 控制系统主电路与图 4-39 主电路相同。

PLC 接线图如图 4-40 所示。PLC 控制系统梯形图如图 4-41 所示。

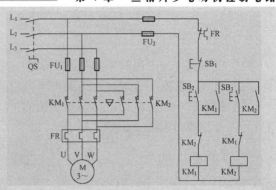

图 4-39　三相异步电动机正反转控制电路

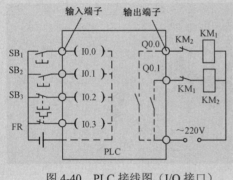

图 4-40　PLC 接线图（I/O 接口）

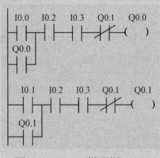

图 4-41　PLC 梯形图

提示

虽然 PLC 系统中加入了联锁保护（Q0.0 与 Q0.1），但是为了安全，接触器线圈仍需要联锁保护（KM_1 与 KM_2）。

任务操作指导

1. 检测电气元件

（1）用万用表检测电气元件线圈、触点的直流电阻。手动检查电气动作是否灵活。

（2）列出元件明细表，将元件的型号、规格、质量检查结果及有关测量值记入表4-3 中。

表 4-3　接触器联锁电动机正反转控制线路元件明细表

代号	名称	型号	规格	数量	检测结果
QS	电源开关				测量触点电阻——
FU	熔断器				测量熔芯电阻——
KM	交流接触器				测量线圈、触点电阻——
FR	热继电器				测量热元件、触点电阻——
SB	按钮				测量触点电阻——
XT	接线端子				测量连片电阻——
M	三相笼形异步电动机				测量电动机绕组电阻——

2. 画出电气元件布置图

（1）电气元件外形用简单几何图形表示。

（2）电气元件安装位置按主电路电流方向从上向下安排。

（3）根据三相异步电动机接触器联锁的正反转控制线路原理图（如图4-42所示），画出电气元件及线槽布置图（如图4-43所示）。

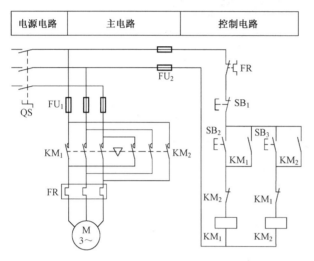

图4-42 三相异步电动机接触器联锁的正反转控制线路

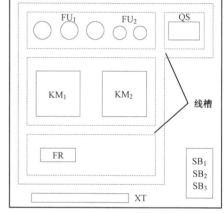

图4-43 电气元件及线槽布置图

3. 画出接线图

根据电路原理图及电气元件布置图画出接线图，如图4-44所示。

接线图中主电路的3根导线采用线束来表示，到达接线端子板或电气元件连接点时再分别画出。控制电路中的单根导线走向相同的也可以合并，用线束来表示。

4. 安装电气元件

（1）按照布置图安装电气元件及线槽，要求横平竖直，间距合理，整齐美观，并便于接线；

（2）电气元件安装要牢靠，按钮和电动机安装在网板外；

（3）电动机要安放平稳，防止运行时发生滚动。

5. 安装接线

（1）安装配电板上的控制电路。

（2）安装配电板上的主电路。

（3）安装按钮上的控制线路。

（4）将配电板上的控制电路与按钮上的控制线路连接。

（5）将电动机与配电板连接。

（6）连接电源线。

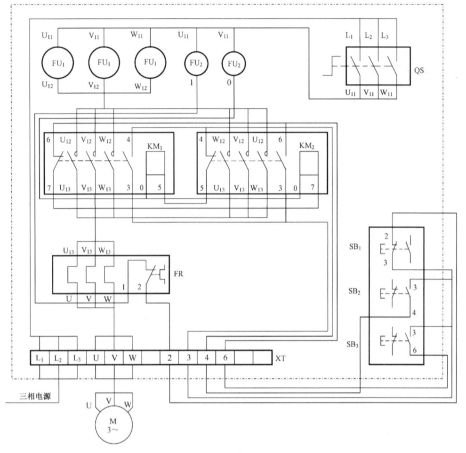

图 4-44 三相异步电动机正反转控制电路接线图

6. 通电试车

（1）根据电路原理图检查控制板接线的正确性。

（2）检查线路并测量电路的绝缘电阻。

（3）经教师检查后通电试车。

考核要求

（1）元件布置整齐、匀称、合理。

（2）元件安装紧固，无漏装螺钉。

（3）走线槽安装符合要求。

（4）无损坏元件。

（5）按电路图布线。

（6）接点无松动、无漏铜、压绝缘层、反圈等。

（7）布线中无损伤导线绝缘或线芯。

（8）无漏套或错套编码套管。

（9）主电路、控制电路熔体规格不能配错。

（10）通电试车成功。

（11）安全文明生产。

知识梳理与总结

1．三相异步电动机基本控制电路由接触器、继电器、按钮等有触点电器组成。控制电器有很多种，根据工作电压可分为低压电器和高压电器，用于三相异步电动机控制的电器一般是低压电器。其工作电压在交流额定电压 1200 V 以下，直流额定电压 1500 V 以下。低压电器按其动作方式不同分为手动控制电器和自动控制电器。按其功能分为控制用电器和保护用电器。

2．三相异步电动机的控制方式很多，其控制电路也很多。几种常用控制电路总结如表4-4 所示。

表 4-4　三相异步电动机基本控制电路

电路名称	主要控制原理
点动控制电路	由按钮的复位功能及接触器的电磁开关功能实现控制
连续运行控制电路	在点动控制线路的基础上，利用接触器辅助常开触点将启动按钮"锁住"，形成"自锁"，从而实现连续运行控制
两地控制电路	启动按钮并联引出，停止按钮串联引出形成两地控制。依此法可实现多地控制
Y—△降压启动控制电路	利用时间继电器控制两个接触器转接，以实现三相电机绕组 Y—△换接
电机正反转控制电路	将控制正转和反转的两个接触器的辅助常闭触点分别串入对方的线圈线路，使两个接触器不能同时得电，这种控制方法称为"联锁"或"互锁"
自动往返行程控制电路	利用一个行程开关的常闭触点断开电动机正转控制线路，之后利用该行程开关常开触点接通反转控制线路，实现正、反转转换。利用两个行程开关即可实现自动往返行程控制

自测题 4

4-1　简答题

1．刀开关与组合开关有何异同？其图形符号及文字符号分别是什么？

2．按钮在控制电路中起什么作用？有什么特点？其图形符号及文字符号分别是什么？操纵按钮时，其常开触点、常闭触点的动作顺序如何？

3．接触器也起接通或分断电路的作用，它与刀开关有什么区别？其电磁线圈、主触点、辅助常开触点、辅助常闭触点的图形符号分别是什么？

4．时间继电器主要分几种？空气阻尼式时间继电器分哪两种？其瞬动触点、延时触点图形符号分别是什么？

5．三相异步电机运行线路中一般有哪几种保护措施？分别由哪种电器保护？

6．熔断器与热继电器能否互用？为什么？

7．在三相异步电机控制电路中何为自锁？何为互锁？分别起什么作用？

8．什么是主电路？什么是控制电路？二者有什么区别？

9．在如图 4-28 所示的电路中都有哪些保护措施？

10．在如图 4-30 所示的电路中，若 KM_Y、$KM_\triangle$ 主触点同时闭合，会出现什么后果？

4-2　分析题

1．图 4-45 所示的电路是某人设计的点动和连续运行的控制电路，问电路是否合理？

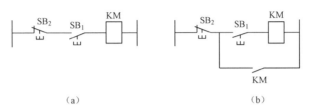

（a）　　　　　　　　　　　　　　　（b）

图 4-45

2．图 4-46 所示的电路是两电机顺序启动电路，分析其控制原理。

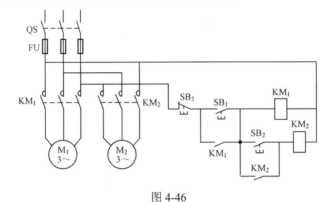

图 4-46

3．画出具有自锁、互锁环节的正、反转控制电路。

4．图 4-47 所示的电路是具有双重互锁的电动机正、反转控制电路，分析其控制原理。

5．图 4-48 所示的电路为三相异步电动机定子绕组串阻抗降压启动控制电路，试分析电路工作原理。

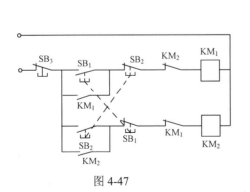

图 4-47

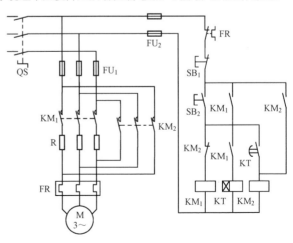

图 4-48

6．图 4-49 所示的电路为 Y—△降压启动电路，试分析其控制原理。

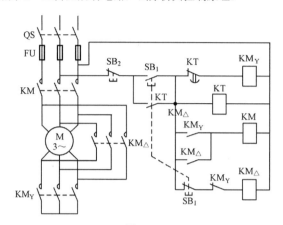

图 4-49

7．PLC 的工作方式与继电器、接触器的工作方式有何不同？

8．将图 4-29（a）、（b）所示电路转换为 PLC 梯形图。

第5章

三极管放大电路

教	知识重点	1. 二极管单向导电性； 2. 三极管的放大作用、开关作用及所需条件； 3. 三极管放大电路的组成、静态和动态参数的估算
	知识难点	1. 三极管放大电路的微变等效电路； 2. 分压式放大电路稳定静态工作点原理； 3. 反馈的判断及对电路的影响；　4. OTL 功率放大电路的工作原理
	推荐教学方式	注重基本元器件、基本电路的作用，培养电子电路的基本分析技能
	建议学时	22 学时
学	推荐学习方法	注意电子电路与电力供电电路的区别，牢固掌握基本元器件、基本电路的作用和电子电路的基本分析技能
	必须掌握的理论知识	1. 二极管、三极管的表示符号、作用、工作条件和伏安特性； 2. 共射极放大电路的电路结构；静态分析和动态分析的估算法； 3. 静态工作点的作用； 4. 分压式放大电路的特点及稳定静态工作点的作用； 5. 射极输出器的特点及应用；　6. 反馈的概念和对放大电路的影响； 7. OTL 互补对称功率放大电路的工作原理；
	必须掌握的技能	1. 利用万用表判断二极管、三极管的好坏和管脚 2. 电子电路的基本组装技能

任务5　电子助听器的安装

实物图

电子助听器（如图 5-1 所示）能够将接收到的声音信号放大，使收听者听到更响亮的声音。其最基本的单元是三极管放大电路，传声器将接收到的声音转换成电信号，经四级放大器放大，再由耳机进行电声转换，在耳机中就能听到放大后宏亮的声音了。

图 5-1

器材与元件

电子助听器需用的器材与元件见表 5-1。

表 5-1

序号	分类	名称	型号规格	数量
1	VT$_1$～VT$_4$	晶体管	9015	4
2	R$_1$	电阻	2.2 kΩ	1
3	R$_2$、R$_4$、R$_7$、R$_{10}$	电阻	1 kΩ	4
4	R$_3$、R$_5$、R$_8$	电阻	1.5 kΩ	3
5	R$_{11}$、R$_{12}$、R$_{13}$、R$_{14}$	电位器	100 kΩ	4
6	R$_6$	电阻	270 kΩ	1
7	R$_9$	电阻	100 kΩ	1
8	C$_1$	电解电容	1 μF/16 V	1
9	C$_2$	电解电容	100 μF/16 V	1
10	C$_3$～C$_5$	电解电容	10 μF/16 V	3
11		耳机	8 Ω	1
12	其他	BM 驻极体传声器、电池（1.5 V）、屏蔽线、印制板		

背景知识

电工电子技术的另外一大分支是电子技术。电子技术是电子元器件的应用技术，放大电路是其中之一。放大电路的应用非常广泛，在日常生活中应用于收音机、电视机等，在工程实际中应用于各种微弱电信号的放大，如温度、压力、机械位移等物理量的测量，由传感器转换过来的电信号非常微弱，不能直接显示，需要放大器进行放大后才能显示出测量结果。本项目首先学习几种常用的电子元器件，然后主要学习三极管构成的放大电路。

5.1　二极管

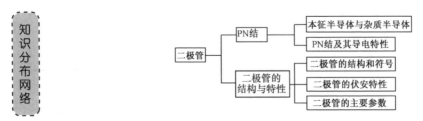

二极管是一种常用的电子元件，广泛应用于整流、检波、稳压、信号转换等场合，它是

由半导体材料制成的，内部由一个 PN 结构成。

5.1.1 PN 结

1. 本征半导体和掺杂半导体

半导体是导电能力介于导体和绝缘体之间的物质，它具有一些特殊的导电性质：对某些微量元素极为敏感。例如，在纯净的半导体材料中掺入某种微量元素，就可以使其导电能力增加几十万乃至几百万倍。此外，半导体的导电能力还对温度、光照、电和磁的变化极为敏感，利用这些特性可以制造出各种敏感元件，如热敏元件、光敏元件等。

常用的半导体材料有硅和锗。纯净的具有完整单晶体结构的半导体材料称为**本征半导体**。本征半导体的导电能力很弱，其原子之间的共价键结构非常稳定，如图 5-2 所示。价电子不易脱离束缚而成为自由电子，但是当获得足够的能量后，一些价电子可能挣脱共价键的束缚游离出来，成为自由电子，当有外电场作用时这些自由电子就可以参与导电。另外，当价电子游离出来以后，会在原来位置上留下一个"空位"，使这个共价键不稳定，能吸引其他电子来填充，这部分电子移动相当于"空位"向相反方向移动，这些空位称为空穴。空穴带正电。这就使半导体中当有外电场作用时形成两部分电流：自由电子导电电流和空穴导电电流。我们把参与导电的粒子称为载流子，因此半导体中有两种载流子：带负电的自由电子和带正电的空穴，这些载流子是在热激发作用下产生的。

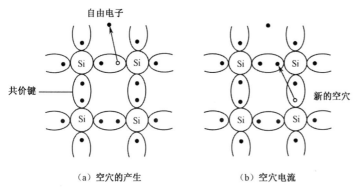

（a）空穴的产生　　　　（b）空穴电流

图 5-2　本征半导体的共价键结构和空穴电流的产生

> **提示**
> （1）纯净半导体的导电能力很弱。
> （2）半导体有两种载流子导电，而金属导体只有自由电子，没有空穴。这是为什么？

由于本征半导体的导电能力很弱，因此电子元件都采用掺杂半导体。掺杂半导体采用特殊工艺，在本征半导体中掺入某种微量杂质元素，其导电能力就可以显著提高。

若掺入五价元素，如磷（P），就形成了 N 型半导体。由于磷原子有 5 个价电子，其最外层的 4 个电子与相邻的 4 个硅（或锗）原子组成共价键结构，有 1 个价电子游离于共价键之外，成为自由电子，如图 5-3 所示。每掺入一个磷原子就会产生一个自由电子，因此 N 型半导体中自由电子的浓度大大增加。与此同时，还存在因热激发产生的少量自由电子和空穴。由于自由电子的

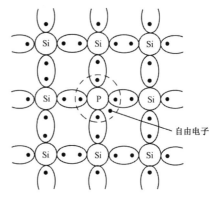

图 5-3　N 型半导体

数目远大于空穴的数目，所以自由电子是多数载流子，空穴是少数载流子。

同理，若在硅（或锗）晶体中掺入微量的三价元素，如硼（B），就形成了P型半导体，如图5-4所示。不难看出，P型半导体中多数载流子是空穴，少数载流子是自由电子。

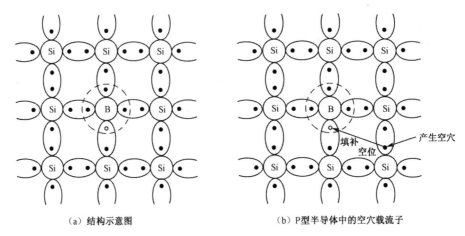

（a）结构示意图　　　　　　　　　　（b）P型半导体中的空穴载流子

图5-4　P型半导体

2. PN结

把P型半导体和N型半导体用特殊的工艺结合在一起时，N区中浓度较高的自由电子会扩散到P区，并与P型半导体中的空穴复合，在N区一侧留下带正电的净电荷区。同时，P区浓度较高的空穴会扩散到N区中，并与自由电子复合，在P区形成带负电的净电荷区。从而在交界面处形成一个由N区指向P区的内电场。该内电场对多数载流子继续扩散起阻碍作用，对双方少数载流子的漂移运动起推动作用。当多数载流子扩散数量与少数载流子漂移数量相同时，内电场宽度和强度保持稳定。这种在P型半导体和N型半导体交界面处形成的稳定的内电场称为PN结，如图5-5所示。

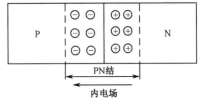

图5-5　PN结的形成

PN结有一个非常重要的导电特性：单向导电性。

实验　PN结的导电特性

PN结的导电特性可以通过下面的实验来验证，实验电路如图5-6所示。

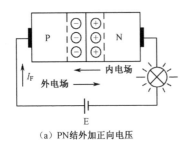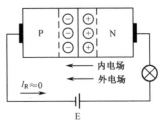

（a）PN结外加正向电压　　　　　　　　（b）PN结外加反向电压

图5-6　实验电路

1）PN 结加正向电压——正向导通

如图 5-6（a）所示，电源正极接 P 区，负极接 N 区，称为正向电压，指示灯亮，说明 PN 结导通。

较强外电场的作用使空穴和自由电子向内电场中移动，分别与内电场的正、负电荷中和，结果使内电场大大削弱。PN 结内电场对多数载流子扩散起阻碍作用，现在这个阻力大大削弱，使多数载流子得以顺利扩散形成较大电流。PN 结导通后其电压降很小，常常被忽略，因此理想状态时认为 PN 结的正向压降为 0。

2）PN 结加反向电压——反向截止

如图 5-6（b）所示，电源负极接 P 区，正极接 N 区，称为反向电压，指示灯不亮，说明 PN 结截止。

这是因为外加反偏电压所提供的外电场与内电场的方向相同，在外电场的作用下 PN 结宽度变宽，内电场被加强，多数载流子在增强的内电场阻力作用下无法进行扩散，电路中没有较大电流，所以灯不亮。由于 PN 结内电场对少数载流子漂移运动起推动作用，加强的内电场使少数载流子漂移形成反向电流，但少数载流子数量很少且是由热激发作用产生，所以反向电流很小，且受温度变化影响敏感。理想状态时，认为反向电流为 0。由此可见，PN 结具有单向导电性。

5.1.2　二极管的结构与特性

1. 二极管的结构和符号

1）结构

在一个 PN 结的 P 区和 N 区各接出一条引线，再封装在管壳内，就制成一只二极管，如图 5-7（a）所示，N 区引出端为阴极（负极），P 区引出端为阳极（正极），其文字符号为 VD，图形符号如图 5-7（b）所示。图 5-8 是几种常见的二极管外形。

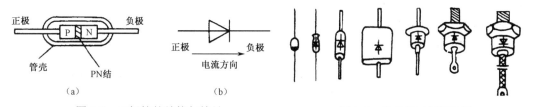

图 5-7　二极管的结构与符号　　　　　　　图 5-8　常见的二极管外形

2）类型

二极管的分类方法很多，根据不同的制造工艺及结构，二极管可分为点接触型、面接触型及平面型二极管；根据材料不同，可分为硅二极管和锗二极管两类；根据用途不同，又可分为普通二极管、整流二极管、稳压二极管等。

3）型号

按国家标准 GB/T 249—1989 规定，二极管的型号由 5 部分组成，如表 5-2 所示。

表 5-2　二极管的型号组成及其意义

第一部分（数字）		第二部分（拼音）		第三部分（拼音）		第四部分（数字）	第五部分（拼音）
电极数		材料和极性		类型			
符号	意义	符号	意义	符号	意义		
2	二极管	A	N 型锗材料	P	普通管	序号	规格号 （表示反向峰值 电压的挡次）
		B	P 型锗材料	Z	整流管		
		C	N 型硅材料	W	稳压管		
		D	P 型硅材料	U	光电管		
				K	开关管		
				C	参量管		
				L	整流堆		
				S	隧道管		

常见的二极管有 2AP7、2DZ54C 等，根据表 5-2 可自行判断它们的意义。

2．二极管的伏安特性

由于二极管的内部结构是一个 PN 结，因此二极管也具有单向导电性。其伏安特性如图 5-9 所示。

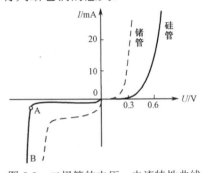

图 5-9　二极管的电压、电流特性曲线

1）正向特性

二极管的正向特性曲线位于图中第一象限。当二极管承受很小的正向电压时，二极管并不能导通，这是因为外电场太弱，不足以克服内电场的阻挡作用，这段区域称为死区，与此相对应的电压称为死区电压，一般硅二极管的死区电压约 0.5 V，锗二极管约 0.1 V。

当正向电压上升到大于死区电压时，二极管开始导通，正向电流随正向电压上升很快。二极管导通后的正向电阻很小，其正向压降很小，一般硅管约 0.7 V，锗管约为 0.2～0.3 V。

2）反向特性

二极管的反向特性曲线位于图中第三象限。当二极管承受反向电压时，二极管中只有很小的反向电流，是由少数载流子漂移形成的，受温度影响敏感，反向电流越小，二极管的温度稳定性越好。因为硅管反向电流比锗管小，所以硅管的温度稳定性好。

当反向电压增大到超过某个值时，反向电流急剧加大，二极管被击穿，可能被损坏，所以一般二极管不允许工作在这个区域。

提示

当忽略二极管的正向压降和反向电流时，二极管称为理想管。理想二极管是一个电子开关，当其承受正向电压时开关闭合；当其承受反向电压时开关断开。

3．二极管的主要参数

二极管的参数是选择和使用二极管的重要依据。

（1）最大正向电流 I_{FM}：在规定的散热条件下，二极管长期安全运行时允许通过的最大正向电流的平均值。如果实际工作时正向电流的平均值超过此值，二极管可能会因过热而损坏。

（2）最高反向工作电压 U_{RM}：二极管允许承受的最高反向电压。一般规定最高反向工作

电压为反向击穿电压的1/2。

【实例5-1】 电路如图5-10所示，U_1=12 V，U_2=4 V，R=4 000 Ω。试确定二极管是导通还是截止，并计算电流 I（二极管作为理想二极管处理）。

解 判断二极管能否导通的方法是把二极管 VD 断开，如图5-10（b）所示。此时若阳极一侧 A 点的电位 V_A 高于阴极一侧 B 点的电位 V_B，则二极管接入后承受正向电压，导通；反之，二极管接入后承受反向电压，截止。

该电路若以 U_1、U_2 公共点（负极）为电位参考点，则因 $U_1>U_2$，使 $V_A>V_B$，所以二极管 VD 导通。作为理想二极管，相当于阳、阴极间短路，等效为开关闭合，如图5-10（c）所示。所以，电流 $I≈(U_1-U_2)/R=(12-4)/4000=2$（mA）。

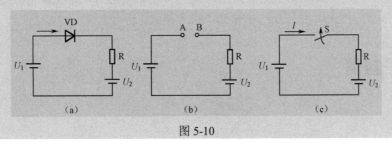

图5-10

4．特殊用途的二极管

除普通二极管外，还有许多具有特殊用途的二极管，表5-3介绍了其中比较常用的3种。

表5-3　常见的一些特殊用途二极管

	稳压二极管	发光二极管（LED）	光电二极管
符号和外形			
作用	稳压	将电能转换成光能的半导体器件	光电二极管又称为光敏二极管，能将光信号转换为电信号
工作电压	反向电压	正向电压	反向电压
特性	正常工作在反向击穿区，由于制造工艺上采取了特殊措施，在一定的反向电流数值内不会损坏，其特点是反向电流在一定范围内变化时其两端的电压几乎不变	在二极管两端加上正向电压，二极管导通，产生热和光，使一层黏附着的磷化物被激励而发出可见光。发光二极管根据所用的发光材料不同，可以发出红、绿、黄、蓝、橙等不同颜色的光	它的管壳上开设有一个玻璃窗口，以便接受光线的照射。在二极管两端加上反向电压，无光线照射时，二极管电流很小；当受到光线照射时，光电二极管电流较大。面积较大的光电二极管可制成光电池
常用型号	2CW、2DW	发光二极管的型号有2EF31、2EF201等	光电二极管的型号通常有2CU、2AU、2DU等系列，光电池的型号有2CR、2DR等系列

应用　光电耦合器和遥控器

1）光电耦合器

将一个红外发光二极管和一个光电二极管封装在一个外壳内，就构成了一个光电耦合器，如图 5-11 所示。当发光二极管中通入电流时，通过光耦合，在光电二极管中就产生反向电流。光电耦合器的最大优点是阻断了输入和输出端电的联系，广泛应用于计算机、数控机床、稳压电源等需要进行电隔离的电子电路中。

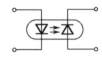

图 5-11　光电耦合器

2）遥控器

家用电器中使用的遥控器就是采用红外发光二极管制成的。遥控器手柄上用红外发光二极管发射信号，接收端用一只红外光电二极管接收。

5.2　三极管

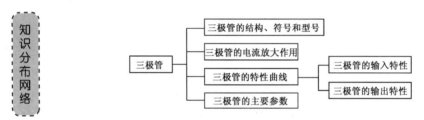

5.2.1　三极管的结构和型号

1. 三极管的结构

图 5-12 是几种常见的三极管的封装和外形。

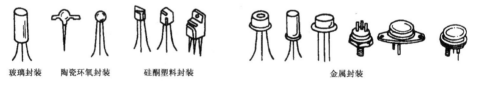

玻璃封装　　陶瓷环氧封装　　硅酮塑料封装　　　　　　金属封装

图 5-12　三极管的外形和封装

在一块极薄的硅或锗基片上通过一定的工艺制作出两个 PN 结就构成了 3 层半导体结构，从 3 层半导体各引出一根引线，即三极管的 3 个极，再封装在管壳里，就构成**晶体三极管**。3 个电极分别叫做发射极 E、基极 B、集电极 C，与之对应的每层半导体分别称为发射区、基区、集电区。发射区与基区之间的 PN 结为发射结，集电区和基区之间的 PN 结为集电结。基区是 P 型半导体的称为 NPN 型三极管，基区是 N 型半导体的称为 PNP 型三极管。三极管的结构和表示符号如图 5-13 所示。

晶体三极管的内部结构特点是：① 发射区的掺杂浓度大于集电区；② 基区非常薄且掺杂很轻；③ 集电结的面积较发射结大，它们并不对称，所以集电极和发射极不能互换。

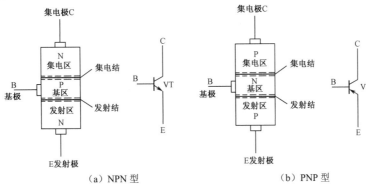

（a）NPN 型   （b）PNP 型

图 5-13 三极管的结构和符号

2. 三极管的型号

按国家标准 GB/T 249—1989 规定，三极管的型号同二极管一样，也由 5 部分组成，如表 5-4 所示。

表 5-4 三极管的型号组成及其意义

第一部分（数字）		第二部分（拼音）		第三部分（拼音）		第四部分（数字）	第五部分（拼音）
电极数		材料和极性		类型			
符号	意义	符号	意义	符号	意义		
3	三极管	A	PNP 型锗材料	X	普通管	序号	规格号
		B	NPN 型锗材料	G	整流管		
		C	PNP 型硅材料	D	稳压管		
		D	NPN 型硅材料	A	光电管		
				K	开关管		

常见的三极管有 3DG130C、3AX52B 等，根据表 5-4 可自行判断它们的意义。

5.2.2 三极管的电流放大作用

当给三极管的发射结加正向电压、集电结加反向电压时，三极管具有电流放大作用，电路形式如图 5-14 所示。

1. 静态电流放大作用

$$\overline{\beta} = \frac{I_C}{I_B}$$

集电极电流一般是基极电流的 $30\sim100$ 倍，$\overline{\beta}$ 称为静态电流放大系数。

2. 动态电流放大作用

$$\beta = \frac{\Delta I_C}{\Delta I_B}$$

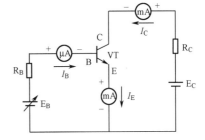

图 5-14 三极管的电流放大电路

β 称为动态电流放大系数，与静态电流放大系数近似相等，一般取为一致。

知识拓展　三极管电流放大作用原理

以 NPN 型三极管为例进行分析，如图 5-15 所示，由于发射结正向偏置，基区和发射区的多数载流子分别向对方扩散，由于基区掺杂很轻，其多数载流子数量很少，为分析方便忽略，从发射区发射到基区的自由电子中很小一部分在外加发射结正向电压作用下流向基极，绝大部分由于基区尺寸很薄集中在集电结边缘，这部分自由电子在基区属于少数载流子身份，在集电结的外加反向电场作用下"漂移"向集电极形成集电极电流，流过 3 个电极的电流关系为 $I_E=I_C+I_B$。从发射区发射到基区的自由电子在基区的分配比例取决于基区的尺寸特征，三极管做好以后保持不变。当发射结正向偏置电压增大时，从发射区发射到基区的自由电子数量增多，基极电流和集

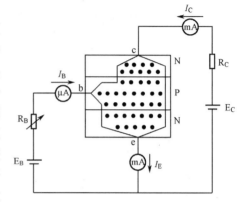

图 5-15　三极管电流放大作用原理

电极电流增加，但其比例不变。三极管的所谓电流放大作用实际上是由内部电流的分配比例决定的。由于集电极电流随基极电流的变化按比例变化，因此又称三极管用较小的基极电流控制较大的集电极电流。

5.2.3　三极管的特性曲线

表示三极管各极电流和极间电压关系的曲线称为晶体管的特性曲线，它是了解三极管外部性能和分析三极管工作状态的重要依据。三极管的特性曲线包括输入特性曲线和输出特性曲线，它们都能够用专门的图示仪直接显示，也可以通过实验电路测试出来。

1．输入特性

输入特性是指当三极管集电极－发射极之间的电压 U_{CE} 为定值时，基极电流 I_B 和基极—发射极之间电压 U_{BE} 的关系。其特性曲线如图 5-16 所示。A 代表 U_{CE} 为 0 时输入特性曲线，B 代表 $U_{CE} \geq 1$ V 时输入特性曲线。从图中可见，三极管的输入特性与二极管的正向特性相似：在死区内，I_B 近似为 0；在导通区，I_B 在较大的范围内变化，而 U_{BE} 变化很小。导通后硅管的 U_{BE} 约为 0.7 V，锗管的 U_{BE} 约为 0.3 V。

2．输出特性

输出特性是指当三极管的基极电流 I_B 为定值时，集电极电流 I_C 与集电极－发射极之间电压 U_{CE} 的关系，其特性曲线如图 5-17 所示。

由图可见，当基极电流不变时集电极电流基本不随集电极－发射极之间的电压 U_{CE} 变化而变化，所以说从三极管的集电极看进去具有恒流源特性。不同的基极电流 I_B 对应不同的输出特性曲线，从而形成一个曲线簇。可把输出特性曲线簇分成 3 个区域，不同的区域对应着不同的工作状态，如表 5-5 所示。

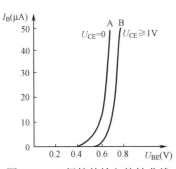

图 5-16　三极管的输入特性曲线

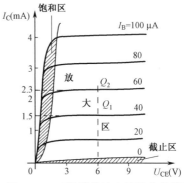

图 5-17　三极管的输出特性曲线簇

表 5-5　三极管输出特性曲线的 3 个区域

名称	截止区	放大区	饱和区
范围	$I_B=0$ 这条曲线以下的区域	输出特性曲线中间近似平行的曲线区域	输出特性曲线簇左侧的阴影部分
条件	发射结、集电结均反偏	发射结正偏，集电结反偏	集电结、发射结均正偏
特点	$I_B=0$，$I_C=I_{CE0}\approx 0$	① 静态电流放大作用 $I_C=\overline{\beta}I_B$；② 动态电流放大作用 $I_C=\beta I_B$	U_{CE} 很低；I_C 不随 I_B 增大而增大，达到饱和状态
工作状态	三极管处于截止状态,集电极与发射极间相当于开关断开,三极管表现出开关作用	三极管处于放大状态	由于 U_{CE} 很低，近似为 0，集电极与发射极相当于开关闭合，三极管表现出开关作用

提示

（1）三极管饱和时的 U_{CE} 值称为饱和管压降，记作 U_{CES}，小功率硅管的 U_{CES} 约为 0.3 V，锗管的 U_{CES} 约为 0.1 V。

（2）三极管有 3 种工作状态，在模拟电子电路中，三极管大多工作在放大状态，作为放大管使用；在数字电子电路中，三极管大多工作在饱和或截止状态，作为开关管使用。

【实例 5-2】已知三极管接在相应的电路中，测得三极管各电极的电位如图 5-18 所示，试判断这些三极管的工作状态。

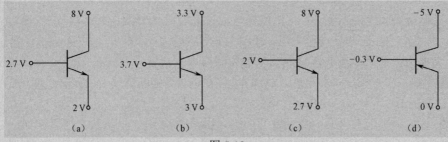

图 5-18

分析：依据表中各种状态所对应的条件可判断三极管的工作状态。

解　在图 5-18（a）中，三极管为 NPN 型管，$U_B= 2.7$ V，$U_C=8$ V，$U_E=2$ V，因为 $U_B>U_E$，发射结正偏，$U_C>U_B$，集电结反偏，所以图 5-18（a）中的三极管工作在放大状态。

在图5-18（b）中，三极管为 NPN 型管，U_B= 3.7 V，U_C=3.3 V，U_E=3 V，因为 $U_B>U_E$，发射结正偏，$U_C<U_B$，集电结正偏，所以在图5-18（b）中的三极管工作在饱和状态。

在图5-18（c）中，三极管为 NPN 型管，U_B= 2 V，U_C=8 V，U_E=2.7 V，因为 $U_B<U_E$，发射结反偏，所以在图5-18（c）中的三极管工作在截止状态。

在图5-18（d）中，三极管为 PNP 型管，U_B=-0.3 V，U_C=-5 V，U_E=0 V，因为 $U_B<U_E$，发射结正偏，$U_C<U_B$，集电结反偏，所以在图5-18（d）中的三极管工作在放大状态。

【实例5-3】若有一只三极管工作在放大状态，测得各电极对参考点的电位分别为 U_1=2.7 V，U_2=4 V，U_3=2 V，试判断三极管的管型、材料及3个管脚对应的电极。

分析：对于 NPN 型管三极管来说，当工作在放大状态时，$U_C>U_B>U_E$；对于 PNP 型三极管，$U_C<U_B<U_E$；且硅管的 $|U_{BE}|$ =0.7 V，锗管的 $|U_{BE}|$ =0.3 V，依据这些特征可做出判断。

解 由放大条件的分析可知，3个管脚中 b 极的电位介于 c 极和 e 极之间，所以要判断管型、材料及电极，可按下面4步进行。第一步找 b 极，且因为 $U_2>U_1>U_3$，所以该三极管为 NPN 型三极管，管脚1为基极。第二步判断材料，U_1-U_3=2.7-2=0.7（V），所以该三极管为硅管。第三步判断发射极和管型，因为 U_1-U_3=0.7V，所以管脚3为发射极。最后确定剩余的管脚为集电极。

5.2.4 三极管的主要参数

晶体管的参数表示其性能优劣和适用范围，是合理选择和正确使用的依据。

1）共发射极电流放大系数 β

β 表示三极管的电流放大能力。不同型号的管子的 β 不同，范围在 20～200 之间，可根据需要选用。

2）集电极－发射极反向饱和电流 I_{CE0}

I_{CE0} 也叫穿透电流，是指基极开路时集电极和发射极间加规定反向电压时的反向电流。该电流越小，三极管温度稳定性越好。

3）极限参数

（1）集电极最大允许电流 I_{CM}：集电极电流过大时三极管的 β 会下降，一般规定 I_{CM} 为当 β 下降到 β 额定值 2/3 时的集电极电流。使用三极管时应使 $I_C<I_{CM}$，如果 $I_C>I_{CM}$，就会降低三极管的放大能力，严重的还会因耗散功率过大而损坏三极管。

（2）集电极－发射极反向击穿电压 $U_{(BR)CE0}$：在基极开路的情况下，$U_{(BR)CE0}$ 为加在集电极和发射极之间的最大允许工作电压。使用三极管时，应使 $U_{CE}<U_{(BR)CE0}$，如果 $U_{CE}>U_{(BR)CE0}$，就会导致集电结反向击穿，使 I_C 急剧增大。另外需要注意的是，三极管在高温环境下 $U_{(BR)CE0}$ 会降低。

（3）集电极最大允许耗散功率 P_{CM}：集电极电流 I_C 在通过集电结时会消耗功率而产生热量，导致三极管温度提高，集电极最大允许耗散功率是指三极管在正常工作时集电极上允许消耗的最大功率，它是根据三极管允许最高工作温度和散热条件来规定的。工作时应满足 $P_{CM} \geqslant I_C \cdot U_{CE}$。

不同规格的 P_{CM} 值可在晶体管手册中查到。

5.3　共射极放大电路

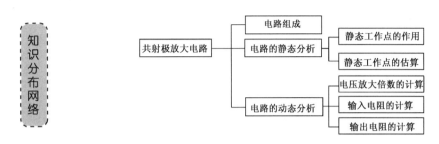

5.3.1　电路组成

共射极单管放大电路如图 5-19 所示。为使电路简化，发射极和集电极共用一个电源，电阻 R_B 将电源引至发射极。为发射极提供正偏电压。由于三极管的发射极为输入和输出端共用，所以称为**共射极放大电路**。电路中各元件的作用如表 5-6 所示。

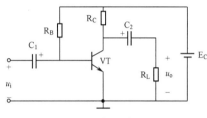

图 5-19　共射极基本放大电路

表 5-6　各元件的作用

元件	名称	作　　用
VT	三极管	放大电路的核心，具有电流放大作用，其集电极电流随基极电流按比例变化
E_C	直流电源	一是为放大器提供能源；二是为三极管提供合适的工作电压
R_B	基极电阻	提供合适的基极偏置电流，使三极管建立合适的静态工作点，R_B 一般在几十千欧到几百千欧之间
R_C	集电极电阻	将三极管的电流放大作用转换为电压放大作用，R_C 一般在几千欧到几十千欧之间
C_1、C_2	耦合电容	隔直流通交流，避免放大电路的直流成分影响到信号源和负载。通常，C_1 和 C_2 选用电解电容，一般为几微法到几十微法

5.3.2　电路分析

1. 放大器中电压、电流符号的规定

由于放大电路既有直流电源作用又有交流信号源作用，因此在放大电路中既有直流分量，又有交流分量。为了清楚地表示不同的物理量，表 5-7 将电路中出现的有关电量的符号列了出来。

表 5-7　电压、电流符号的规定

物理量	表示符号
直流量	用大写字母带大写下标表示，如 I_B、I_C、I_E、U_{BE}、U_{CE}
交流量	用小写字母带小写下标表示，如 i_b、i_c、i_e、u_{be}、u_{ce}、u_i、u_o
交直流叠加量	用小写字母带大写下标表示，如 i_B、i_C、i_E、u_{BE}、u_{CE}
交流分量的有效值	用大写字母带小写下标表示，如 I_b、I_c、I_e、U_{be}、U_{ce}

2. 静态工作点的作用与估算

1）静态工作点的作用

所谓静态，指的是放大器在没有交流信号输入时的工作状态。这时三极管的基极电流 I_B、集电极电流 I_C、基极与发射极间的电压 U_{BE} 和集电极与发射极间的电压 U_{CE} 的值为静态值，又称为**静态工作点**。

？？？思考题

既然负载不需要直流成分，为什么还要设置静态工作点呢？

图 5-20 体现了静态工作点的作用，图中画出了静态值不同时对输出交流信号的影响。

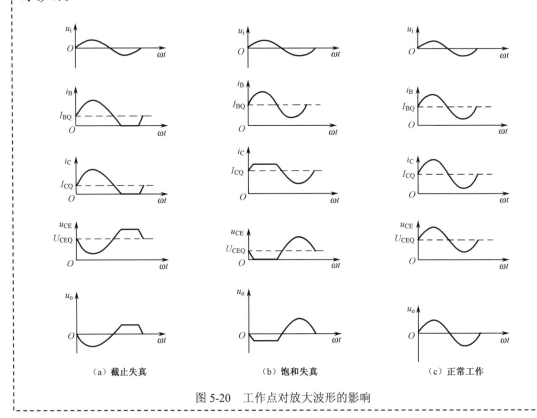

（a）截止失真　　　　（b）饱和失真　　　　（c）正常工作

图 5-20　工作点对放大波形的影响

✎总结

静态工作点的作用是保证输入交流信号得到完整放大，不失真。

静态工作点过低会使输出信号产生截止失真；静态工作点过高会使输出信号产生饱和失真。

2）静态工作点的估算

在放大电路中仅有直流分量作用的等效电路称为直流通路。如图 5-21 所示，在直流通路中可近似估算静态工作点。

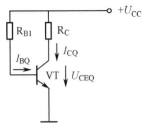

图 5-21　共发射极放大电

$$I_{BQ} = \frac{U_{CC} - U_{BEQ}}{R_B} \approx \frac{U_{CC}}{R_B} \qquad (5\text{-}1)$$

$$I_{CQ} \approx \beta I_{BQ} \qquad (5\text{-}2)$$

$$U_{CEQ} = U_{CC} - I_{CQ} R_C \qquad (5\text{-}3)$$

3．放大电路的电压放大倍数、输入电阻和输出电阻

放大电路的作用是放大交流小信号。电压放大倍数是表示其放大能力的参数，输入电阻和输出电阻是表示放大电路性能的参数。

1）放大电路的电压放大倍数 A_u 的近似估算

输入电阻、输出电阻和电压放大倍数都反映的是交流分量的关系，所以需要通过交流通路来进行分析。

所谓交流通路，是指在有交流信号输入（动态）时，放大电路的交流信号流通的路径。由于电容通交流信号而直流电源的内阻又很小，因此在画交流通路时，把电容和直流电源都视为短路，如图 5-22（a）所示。

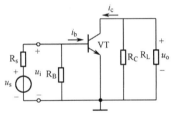
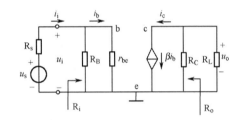

（a）共射极放大电路交流通路　　　　　　　（b）放大电路微变等效电路

图 5-22　放大电路等效电路

当三极管工作在小信号状态时，三极管可用微变等效模型替代，这时的交流通路称为微变等效电路，如图 5-22（b）所示，其输入端可等效成一个电阻。由输入特性曲线可看出，在静态工作点附近的微小变化范围内，输入特性曲线可近似看作直线，其电压变化量与电流变化量之比近似为常数，所以可等效为一个电阻 r_{be}。r_{be} 为三极管发射结动态等效电阻，其值可用下面的经验公式计算：

$$r_{be} = 300 + (1 + \beta) \frac{26(mV)}{I_{EQ}(mA)} \qquad (5\text{-}4)$$

由三极管输出特性曲线可知，在放大区内，集电极电流 I_c 不受集射极电压 U_{ce} 变化的影响，三极管集射极间有恒流源特性，但由于集电极电流受基极电流控制，因此这种恒流源称为受控恒流源。集射极间用受控恒流源等效。

放大器的电压放大倍数等于输出电压与输入电压的比值。

$$A_u = \frac{u_o}{u_i} \qquad (5\text{-}5)$$

式中，u_i 和 u_o 分别是放大电路的输入、输出电压。

$$u_i = i_b r_{be}$$

$$u_o = -i_c R'_L = -\beta i_b R'_L$$

则
$$A_u = \frac{u_o}{u_i} = \frac{-\beta i_b R'_L}{i_b r_{be}} = -\beta \frac{R'_L}{r_{be}} \tag{5-6}$$

式中，$R'_L = R_C \text{//} R_L$，负号说明放大器的输出电压与输入电压反相。

2）放大电路输入电阻的近似估算

对于信号源来说，放大电路就相当于信号源的负载电阻。将其定义为输入电阻 R_i，其值越大，信号源向放大器输入的有效信号越大；输入电流越小，对信号源影响越小，所以希望输入电阻越大越好。

从微变等效电路可以看出，R_i 等于 R_B 与三极管本身的输入电阻 r_{be} 的并联值，即：
$$R_i = R_B \text{//} r_{be} \tag{5-7}$$

因为 $R_B \gg r_{be}$，所以放大器的输入电阻可近似为：
$$R_i \approx r_{be} \tag{5-8}$$

3）放大电路输出电阻的近似估算

对于负载来说，放大器相当于一个具有内阻的信号源，这个内阻就是放大电路的输出电阻 R_o，从图 5-22 可以看出：
$$R_o \approx R_C \tag{5-9}$$

放大器的输出电阻越小，放大器内部消耗越小。当负载变化时，负载电压变化越小，放大器带负载能力越强，所以输出电阻越小越好。

【实例 5-4】在如图 5-19 所示的电路中，若 U_{CC}=12 V，R_B=200 kΩ，R_C=2 kΩ，负载电阻 R_L=2 kΩ，β=50，试用近似估算法求：（1）静态工作点；（2）输入电阻、输出电阻；（3）空载和有载时的电压放大倍数。

解　（1）$I_{BQ} \approx \dfrac{U_{CC}}{R_B} = \dfrac{12}{200 \times 10^3} = 0.06\text{(mA)}$

$I_{CQ} \approx \beta I_{BQ} = 50 \times 0.06 = 3\text{(mA)}$

$U_{CEQ} = U_{CC} - I_{CQ}R_C = 12 - 3 \times 10^{-3} \times 2 \times 10^3 = 6\text{(V)}$

（2）$r_{be} = 300 + (1+\beta)\dfrac{26\text{(mv)}}{I_{EQ}\text{(mA)}} = 300 + (1+50)\dfrac{26}{3} = 742(\Omega) \approx 0.74\text{(k}\Omega\text{)}$

$R_i \approx r_{be} = 0.74 \ \text{k}\Omega$

$R_o \approx R_C = 2 \ \text{k}\Omega$

（3）空载时：$A_u = -\beta \dfrac{R_C}{r_{be}} = -50 \times \dfrac{2}{0.74} \approx -135$

有载时：$R'_L = R_C \text{//} R_L = 1\text{k}\Omega$

$A_u = -\beta \dfrac{R'_L}{r_{be}} - 50 \times \dfrac{1}{0.74} \approx -68$

5.4　分压式偏置放大电路

知识分布网络

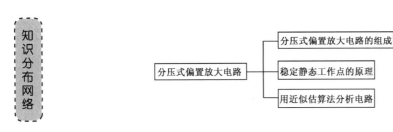

半导体器件对温度非常敏感，当环境温度变化时，集射极间的穿透电流会增大，引起集电极电流增大；另外三极管的电流放大系数变化时，也会引起集电极电流变化，静态工作点就会改变，严重时会使输出波形发生失真，因此需要电路具有稳定静态工作点的作用。分压式偏置放大电路就是具有这种能力的一种常用电路。

1. 分压式偏置放大电路的组成

分压式偏置放大电路如图 5-23 所示，其特点如下。

（1）电阻 R_{B1}、R_{B2} 组成分压电路，电源电压 U_{CC} 经分压后，加至三极管的基极，所以这种放大电路称为分压式偏置放大电路。

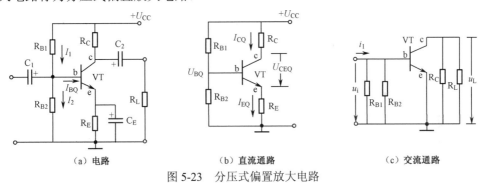

（a）电路　　　　　　（b）直流通路　　　　　　（c）交流通路

图 5-23　分压式偏置放大电路

合理选择 R_{B1}、R_{B2} 的阻值，使电流 $I_1 \gg I_{BQ}$，略去极少的基极电流 I_{BQ} 不计。此时，R_{B1}、R_{B2} 可视为串联连接，基极对地的电位为：

$$U_{BQ} \approx \frac{R_{B2}}{R_{B1} + R_{B2}} U_{CC}$$

只要电源电压 U_{CC} 和 R_{B1}、R_{B2} 保持不变，基极电位 U_{BQ} 就是固定值，不随温度变化。

（2）晶体管的发射极经过电阻 R_E 接地，且与其并联一个旁路电容 C_E。利用电容"隔直通交"的特性，R_E 在静态时起作用，而在动态时被 C_E 短路，对交流信号来说，晶体管发射极相当于接地。

2. 稳定静态工作点的原理

图 5-23（b）所示是分压式偏置放大电路的直流通路，由于 U_{BQ} 与温度参数无关，不受温度影响。另外，$U_{BEQ}=U_{BQ}-U_{EQ}$，发射极电位 $U_{EQ}=I_{EQ}R_E$。其稳定工作点的过程如下：

$$温度 \uparrow \rightarrow I_{CQ} \uparrow \rightarrow I_{EQ} \uparrow \rightarrow U_{EQ} \uparrow \rightarrow U_{BEQ} \downarrow \rightarrow I_{BQ} \downarrow$$

$$I_{CQ} \downarrow \leftarrow$$

上述过程表明，分压式偏置放大电路稳定静态工作点的关键是利用 I_{EQ} 的微小变化，在电阻 R_E 上产生电压降，并反送回输入回路，使 U_{BEQ} 下降，使 I_{BQ}、I_{CQ} 向相反方向变化。这个过程实质上是利用了负反馈作用，达到稳定工作点的目的。

这种负反馈在直流静态条件下起稳定静态工作点的作用，但在交流动态条件下削弱了电压放大倍数。为此，与电阻 R_E 并联了一个容量较大的电容器 C_E，使 R_E 在交流通路中被短路，不起作用，避免了电压放大倍数的损失。图 5-23（c）即为分压式偏置放大电路的交流通路。

3．用近似估算法分析电路

1）估算静态工作点

根据图 5-23（b）所示的直流通路可知：

$$I_{CQ} \approx I_{EQ} = \frac{U_{BQ} - U_{BEQ}}{R_E} \approx U_{BQ} / R_E \tag{5-10}$$

$$I_{BQ} \approx I_{CQ} / \beta \tag{5-11}$$

$$U_{CEQ} \approx U_{CC} - I_{CQ}(R_E + R_C) \tag{5-12}$$

2）估算输入电阻、输出电阻、电压放大倍数

输入电阻为：

$$R_i = R_B // r_{be} \tag{5-13}$$

其中，$R_B = R_{B1} // R_{B2}$。

输出电阻为：

$$R_o \approx R_C \tag{5-14}$$

电压放大倍数为：

$$A_u = -\beta \frac{R_L'}{r_{be}} \tag{5-15}$$

其中，$R_L' = R_C // R_L$。

提示：

分压式偏置电路的静态工作点稳定性好，对交流信号基本无削弱作用。如果放大电路满足 $I_2 \gg I_{BQ}$ 和 $U_{BQ} \gg U_{BEQ}$ 两个条件，那么静态工作点将主要由直流电源和电路参数决定，与三极管的参数几乎无关。在更换三极管时，不必重新调整静态工作点，这给维修工作带来了很大的方便，所以分压式偏置电路在电气设备中得到了非常广泛的应用。

5.5 射极输出器

射极输出器是典型的负反馈放大器，其电路结构如图 5-24 所示。

该电路为电压串联负反馈放大电路。由于输出信号是从发射极输出的，故称为**射极输出**

器。从交流通路可以看出，输入回路和输出回路的公共端为集电极c，因此，射极输出器也称为**共集电极放大电路**。

1．射极输出器的特点

（1）电压放大倍数近似等于1。如图 5-24（c）所示，$u_i=u_{be}+u_f=u_{be}+u_o$，忽略 u_{be} 时，$u_i≈u_o$，故射极输出器的电压放大倍数近似为 1（略小于1），$u_i≈u_o$ 表明它没有电压放大作用，但是射极电流是基极电流的（$1+\beta$）倍，故它有电流放大作用。

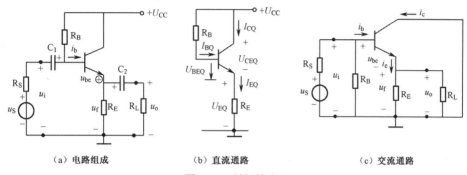

（a）电路组成　　　　（b）直流通路　　　　（c）交流通路

图 5-24　射极输出器

（2）输出电压和输入电压同相。从图 5-24 中可以看出，输出电压 u_o 的瞬时极性和输入电压 u_i 的瞬时极性相同，为此，射极输出器也称为射极跟随器。

（3）输入电阻大，输出电阻小。由前面的讨论可知，电压串联负反馈使放大器的输入电阻增大，输出电阻减小，所以射极输出器的输入电阻比共发射极放大器的输入电阻高几十倍到几百倍。

$$R_i = R_B // \left[r_{be} + (1+\beta) R'_L \right] \qquad (5-16)$$

其中，$R'_L = R_E // R_L$。

输出电阻一般仅为几欧姆到几十欧姆。

$$R_o \approx \frac{r_{be}}{\beta} \qquad (5-17)$$

2．射极输出器的应用

射极输出器具有输入电阻很大、输出电阻很小及电压跟随作用，有一定的电流和功率放大作用，因而它的应用十分广泛。

（1）用作多级放大电路的输入级。输入电阻很大，对信号源的影响很小。

（2）用作多级放大电路的输出级。输出电阻很小，可以提高带负载能力。

（3）用作多级放大电路的中间级。射极输出器具有电压跟随作用，输入电阻很大，对前级的影响小；输出电阻小，对后级的影响也小，所以，用作中间级起缓冲、隔离作用。

【实例 5-5】 在如图 5-24（a）所示的电路中，若 $R_B=120\ kΩ$，$R_E=2\ kΩ$，负载电阻 $R_L=2\ kΩ$，$U_{CC}=12\ V$，$\beta=60$，试用近似估算法求：（1）静态工作点；（2）输入电阻、输出电阻。

解　（1）根据图 5-24（b）所示，静态时的基极电流为：

$$I_{BQ} \approx \frac{U_{CC}}{R_B + (1+\beta)R_E} = \frac{12}{120×10^3 + (1+60)×2×10^3} \approx 0.05(mA)$$

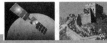

$$I_{CQ} = \beta I_{BQ} = 60 \times 0.05 = 3(\text{mA}) \approx I_{EQ}$$

$$U_{CEQ} = U_{CC} - I_{EQ}R_E = 12 - 3 \times 10^{-3} \times 2 \times 10^3 = 6(\text{V})$$

（2）求输入电阻和输出电阻：

$$r_{be} \approx 300 + (1+\beta)\frac{26(\text{mv})}{I_{EQ}(\text{mA})} = 300 + (1+60)\frac{26}{3} \approx 829(\Omega) \approx 0.83(\text{k}\Omega)$$

$$R_L' = R_E // R_L = 1(\text{k}\Omega)$$

$$R_i = R_B // \left[r_{be} + (1+\beta)R_L'\right] = 120 // \left[0.83 + (1+60) \times 1\right] \approx 40.8(\text{k}\Omega)$$

$$R_o \approx \frac{r_{be}}{\beta} = \frac{0.83}{60} \times 1000 \approx 13.8(\Omega)$$

5.6 多级放大电路

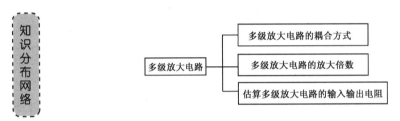

在实际应用中，需要放大的电信号往往是很弱的，一般为毫伏级或微伏级，而单级放大电路的电压放大倍数一般只有几十倍，远不能满足实际需要。为此，实用的电子电路往往把多个单级放大电路组合起来，组成多级放大电路，将微弱的电信号逐级放大，以获得足够高的电压放大倍数。

5.6.1 多级放大电路的耦合方式

多级放大器级与级之间的连接方式称为耦合方式。常见的耦合方式有阻容耦合、变压器耦合、直接耦合和光电耦合4种。

1. 阻容耦合

阻容耦合放大电路如图5-25所示，这种方式的特点是通过电容将前后级的直流隔开，避免静态工作点的相互影响；但对于频率较低的信号电容阻抗较大，所以阻容耦合多级放大器不能用于放大缓慢变化的信号，更不能放大直流信号；另外，由于在集成电路中无法制作大容量的电容而使得这种电路无法集成化。

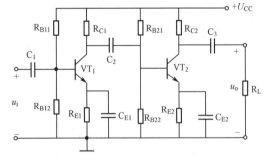

图5-25 阻容耦合放大电路

2. 变压器耦合

变压器耦合放大电路如图5-26所示，也有避免静态工作点相互影响的作用，而且利用变压器的阻抗变换作用可实现阻抗匹配。变压器体积大，不方便集成，同时也不能放大直流信号。

3. 直接耦合

直接耦合放大电路如图 5-27 所示，可放大直流信号，方便集成，目前在集成电路中应用非常广泛。但是直接耦合的各级静态工作点相互影响，不便于调试，且存在零点漂移现象。所谓**零点漂移**，是指当输入信号为零时，在输出端出现的不规则信号。这种现象会使输出信号产生失真。由于零点漂移信号通常是变化缓慢的信号，所以阻容耦合和变压器耦合电路具有抑制零点漂移的作用。

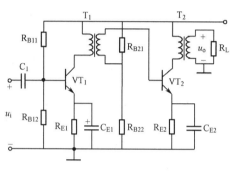

图 5-26　变压器耦合放大电路

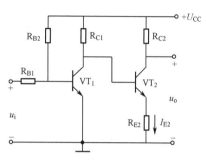

图 5-27　直接耦合放大电路

4. 光电耦合

光电耦合以光电耦合器为媒介来实现电信号的耦合和传输，光电耦合既可传输交流信号又可传输直流信号，而且抗干扰能力强，易于集成化，广泛应用在集成电路中。

5.6.2　多级放大器

对于多级放大器，前一级的输出信号是后一级的输入信号。多级放大器的电压放大倍数为：

$$A_u = \frac{u_o}{u_i} = \frac{u_{o1}}{u_{i1}} \cdot \frac{u_{o2}}{u_{o1}} \cdot \frac{u_{o3}}{u_{o2}} \cdots \frac{u_{on}}{u_{o(n-1)}} = A_{u1} \cdot A_{u2} \cdot A_{u3} \cdots A_{un} \tag{5-18}$$

总放大倍数等于各级放大倍数的乘积，但在计算各级放大倍数时要考虑前后级的相互影响。后级放大器的输入电阻是前一级放大器负载的一部分。

多级放大器的输入电阻 R_i 等于第一级放大器的输入电阻。

多级放大器的输出电阻 R_o 等于最后一级放大器的输出电阻。

知识拓展　放大电路中的负反馈

在三极管放大电路中，由于三极管是非线性器件等各种原因，信号在放大传递的过程中不可避免地会产生失真。为了进一步改善放大器的工作性能，满足实际应用的需要，在放大器中一般都引入负反馈。

所谓**反馈**，就是将放大器的输出信号（电压或电流）的一部分或全部通过一定的电路环节送回放大器的输入端，并与输入信号（电压或电流）相合成的过程。反馈放大电路由基本放大电路和反馈电路组成。如图 5-28 所示为反馈放大电路的方框图。图中，$\dot{X}$ 表示一般信号量；$\dot{X}_o$ 表示输出信号；$\dot{X}_i$ 表示输入信号；$\dot{X}_f$ 表示反馈信号；$\dot{X}_d$ 表示净输入信号。

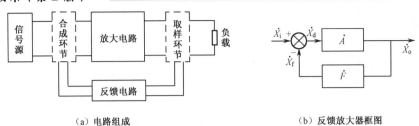

（a）电路组成 （b）反馈放大器框图

图 5-28 反馈放大电路

1. 反馈的类型和判断

1）直流反馈和交流反馈

对直流量起反馈作用的为直流反馈，对交流量起反馈作用的为交流反馈。直、交流反馈的判断一般看反馈环节中有、无电容，根据电容的"隔直通交"作用来进行判断。

2）正反馈和负反馈

如果反馈信号与输入信号极性相同，反馈信号与外加输入信号叠加求和后，使净输入信号增强，叫做正反馈。正反馈使输出信号和输入信号相互促进，不断增强，一般用于振荡电路中。反馈信号与输入信号极性相反，使净输入信号减小，叫做负反馈。负反馈使放大器电压放大倍数降低，但有改善放大电路性能的作用。

正反馈和负反馈的判断一般采用瞬时极性法，具体步骤如下。

（1）先假设输入信号在某一瞬间对地为"+"。

（2）从输入端到输出端依次标出放大器各点的瞬时极性。三极管各电极的相位关系是：发射极信号与基极输入信号瞬时极性相同，集电极瞬时极性与基极瞬时极性相反。

（3）将反馈信号的极性与输入信号进行比较，若反馈信号引在输入端的基极，反馈信号的极性与输入信号极性相同为正反馈，反之，为负反馈。若反馈信号引在输入端的发射极，反馈信号的极性与输入信号极性相同则为负反馈；反之为正反馈。

3）电压反馈和电流反馈

按照反馈电路在输出端对输出信号采样的不同，可以确定是电压反馈还是电流反馈。反馈信号与输出电压成正比的称为电压反馈；反馈信号与输出电流成正比的称为电流反馈。一般反馈电路接在电压输出端为电压反馈，不接在电压输出端为电流反馈。

4）串联反馈和并联反馈

根据反馈信号在放大器输入端与输入信号连接方式的不同，可以确定是串联反馈还是并联反馈。对常用的共发射极放大器，通常可以从反馈信号在输入端是否直接接到三极管基极来区分串、并联反馈。反馈信号直接接到三极管基极的是并联反馈，反馈信号直接接到三极管发射极的是串联反馈。

【实例 5-6】电路如图 5-29 所示，试判断电路的反馈类型。

解 这是一个两级放大电路，通过 R_F、R_{E1} 把第二级和第一级放大电路联系起来，这两级放大电路之间存在反馈。

（1）判断电压反馈或电流反馈——看输出。反馈电路从电压输出端引回，所以是电压反馈。

（2）判断串联反馈或并联反馈——看输入。反馈电路接在输入回路的发射极，所以是串联反馈。

（3）判断交流反馈和直流反馈——看电容。在反馈电路中无电容，所以交、直流均存在反馈。

（4）判断正反馈或负反馈——看极性。若假设第一级基极输入瞬间极性为"+"，则经过第一级放大，集电极输出信号为"-"，再经过第二级放大，集电极输出信号为"+"，经 R_F、R_{E1} 送回第一级放大器发射

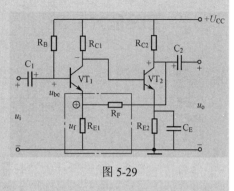

图 5-29

极，反馈电压 u_f 为"+"，使净输入信号（$u_{be}=u_i-u_f$）减小，说明电路引入了负反馈。综上所述，放大电路通过 R_F、R_{E1} 为电路引入了电压串联交、直流负反馈。

2. 负反馈对放大电路性能的影响

负反馈使电压放大倍数降低，但是可以改善放大器的性能。

根据反馈的分类，负反馈可分为 4 种类型：电压串联负反馈、电流串联负反馈、电压并联负反馈、电流并联负反馈。

在引入负反馈后，它对放大器的工作性能主要产生以下几方面的影响。

1）降低放大倍数

由于负反馈使净输入信号减小，输出信号减小，相对于原输入信号的放大倍数（又称闭环放大倍数）降低。

2）提高放大倍数的稳定性

实际电路中由于环境温度的变化、电源电压和负载的波动使电压放大倍数不稳定，而负反馈有稳定输出电压的作用，可以使放大倍数的稳定性提高。

3）减小非线性失真

三极管的非线性特性使输出信号的波形产生失真，负反馈的补偿作用可以有效改善波形失真。

4）影响输入电阻和输出电阻

串联负反馈在输入端使净输入电压减小，输入电流减小，相对于原输入电压，输入电阻增大；并联负反馈在输入端起分流作用，在原输入电压不变的情况下，由于输入电流增大，使输入电阻减小。

电压负反馈有稳定输出电压的作用，如果把放大器看作电压源，输出电阻（电压源内阻）越小，输出电压越稳定，所以电压负反馈有降低输出电阻的作用。

电流负反馈有稳定输出电流的作用，如果把放大器看作电流源，输出电阻（电流源内阻）越大，输出电流越稳定，所以电流负反馈有提高输出电阻的作用。

此外，在放大电路中引入负反馈后，还能提高电路的抗干扰能力，降低噪声，改善电路的频率响应特性等。实际上，放大器多方面性能的改善都是以降低放大倍数为代价的。

5.7 功率放大电路

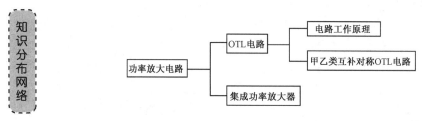

前面介绍的是一种小信号放大电路，其主要任务是放大微弱电信号的电压幅度，所以又称为电压放大器，一般位于多级放大器的前面若干级。功率放大电路又称为功率放大器，位于多级放大电路的末级。因为其输入信号电压已经达到较大数值，所以其主要任务是在此基础上放大输出信号的功率，以推动负载工作。

对功率放大器有下列几点特殊要求。

（1）有足够大的输出功率：以驱动负载工作。

（2）效率要高：降低或消除静态损耗，提高传输效率。

（3）波形失真要小：功放处于最末一级，其工作信号幅值很大，容易引起截顶失真。

5.7.1 单电源互补对称功率放大器（OTL）

1. 电路工作原理

图 5-30（a）所示是一个 NPN 型三极管组成的射极输出器，由于三极管发射结静态电压为 0，其静态基极电流、集电极静态电流均为 0。当输入交流信号处于正半波时，发射结导通，负载得到与输入信号近似相同的正半波信号。当输入交流信号处于负半波时，三极管截止，负载电压为 0。对应于输入信号的一个完整波形，负载只得到正半波。图 5-30（b）所示是一个 PNP 型三极管组成的射极输出器，对应于输入信号的一个完整波形，负载只得到负半波。

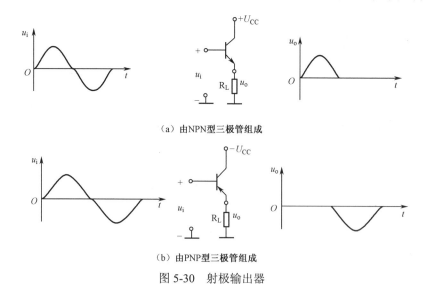

（a）由NPN型三极管组成

（b）由PNP型三极管组成

图 5-30　射极输出器

为使负载得到完整波形，将图 5-30（a）和图 5-30（b）组合成图 5-31 所示电路。

输出端接了耦合电容 C，其作用是当 VT_1 截止、VT_2 导通时给 VT_2 充当电源。这个电容器 C 的容量较大。在静态时，三极管 VT_1、VT_2 中有很小的穿透电流通过，由于两管特性一致，电路结构对称，因此 $U_K = U_{CC}/2$，电容 C 的端电压为 $U_{CC}/2$。

当输入信号 u_i 为正半周时，VT_1 处于正偏而导通，VT_2 处于反偏而截止。输出电流 i_{C1} 如图 5-31 中实线所示。此时电源通过 VT_1 导通，对 C 充电。

当输入信号 u_i 为负半周时，VT_2 处于正偏而

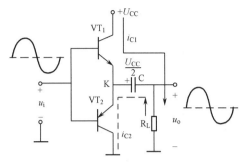

图 5-31　乙类互补对称 OTL 电路

导通，VT_1 处于反偏而截止，输出电流 i_{C2} 如图 5-31 中虚线所示，这时电容器 C 通过导通的 VT_2 放电。因为电容量足够大（大于 200 μF），在正半周充电或负半周放电时，电容两端的电压可基本保持不变，始终维持在 $U_{CC}/2$，充当 VT_2 的供电电源。

在输入信号的一个周期内，两个三极管轮流工作，负载得到完整波形。

提示　功率放大器乙类工作状态

图 5-31 所示电路的静态值设置为 0 是为了提高功率放大器的传输效率。这种工作状态称为乙类工作状态。

放大器的传输效率为：

$$\eta = \frac{放大器输出的交流功率}{电源提供的直流功率} \times 100\% \tag{5-19}$$

$$= \frac{放大器输出的交流功率}{放大器输出的交流功率 + 放大器的静态损耗} \times 100\%$$

当电路静态值设置为 0 时，放大器静态损耗近似为 0，传输效率最高。

---

2. 甲乙类互补对称 OTL 电路

上述电路中设置静态值为 0，由于三极管发射结存在死区状态，当输入交流信号很小时，三极管仍处于截止状态，使输出信号在正、负半波交界处产生失真，称为交越失真，如图 5-32 所示。解决这种失真的办法是给三极管设置很小的静态值。如图 5-33 所示，二极管 VD_1、VD_2 给两三极管提供微导通偏压。

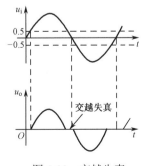

图 5-32　交越失真

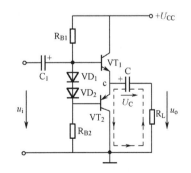

图 5-33　单电源甲乙类互补功放电路

5.7.2　集成功率放大器

随着集成技术的不断发展，集成功率放大器产品越来越多。集成功率放大器具有内部元件参数一致性好、失真小、安装方便、适应大批量生产等特点，因此得到广泛应用。在电视机的伴音、录音机的功放等电路中一般采用集成功率放大器。下面简单介绍应用较多的小功率音频集成功率放大器 LM386。

集成功率放大器 LM386 为 8 脚双列直插塑料封装结构，其外形和引脚如图 5-34 所示。

集成功率放大器 LM386 是一种通用型宽带集成功率放大器，属于 OTL 功放，使用的电源电压为 $4\sim10$ V，常温下功耗在 660 mW 左右。图 5-35 所示是 LM386 的应用接线图。其中，R_1 和 C_1 接在引脚 1 和 8 之间，可将电压增益调为任意值；R_2 和 C_3 串联构成校正网络，用来补偿扬声器音量电感产生的附加相移，防止电路自激；C_2 为旁路电容；C_4 为去耦电容，滤掉电源的高次谐波分量；C_5 为输出耦合电容。

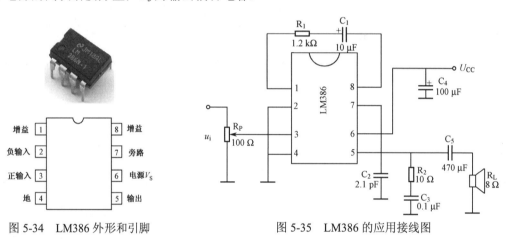

图 5-34　LM386 外形和引脚　　　　图 5-35　LM386 的应用接线图

5.8　绝缘栅型场效应晶体管及其放大电路

场效应晶体管简称场效应管，英文缩写为 FET，与前面介绍的晶体三极管 BJT 一样，也是一种有 3 个电极的半导体器件，对电流有控制作用，可对微弱电信号进行放大。两者的重要区别有两点：

（1）晶体三极管是一种电流控制型器件，通过基极电流 I_B 实现对集电极电流 I_C 的控制；而场效应管是一种电压控制型器件。

（2）在晶体三极管中参与导电的既有电子又有空穴，所以称为双极型晶体管；在场效应管中，参与导电的只有一种载流子（电子或空穴），所以称为单极型晶体管。与晶体三极管相比，场效应管具有输入电阻高、抗辐射能力强、功耗小、温度稳定性好、制造工艺简单等诸多优点，特别适合大规模集成电路。

按照结构和工作原理不同，场效应晶体管分为结型（JFET）和绝缘栅型（MOSFET）两大类。本节只介绍应用最广泛的绝缘栅型场效应管。

1. 分类和符号

绝缘栅场效应管的栅极与源极和漏极之间是完全绝缘的，因此称为绝缘栅型场效应管，目前应用最广泛的是由金属（电极）、氧化物（绝缘层）和半导体组成的金属（M）—氧化物（O）—半导体（S）场效应管，简称 MOS 管。它有 N 沟道和 P 沟道两类，每一类又分为增强型和耗尽型两种。其中，N 沟道的场效应晶体管称为 NMOS 管，P 沟道的场效应晶体管称为 PMOS 管。4 种场效应管的符号如图 5-36 所示。图中除漏极 D、栅极 G 和源极 S 以外还加有衬底，这是因生产工艺需要而设置的；栅极与沟道不相接触，表示绝缘；箭头表示 N 沟道和 P 沟道；沟道为虚线的是增强型，为实线的是耗尽型。

图中符号：
（a）增强型N沟道　　（b）增强型P沟道　　（c）耗尽型P沟道　　（d）耗尽型N沟道

图 5-36 绝缘栅场效应管的种类和符号

2. 结构和工作原理

场效应管与三极管对外电路起到的作用相同，但其内部结构与工作原理不同，表 5-8 中对两者的工作特点作了比较。

表 5-8 绝缘栅场效应管与三极管

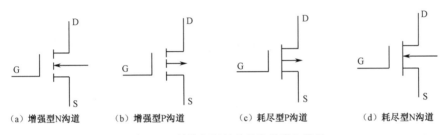

	三极管		绝缘栅场效应管	
表示符号	NPN型	PNP型	增强型N沟道	增强型P沟道
电流放大作用	1. 电流放大作用：$\Delta I_C=\beta\Delta I_B$ 基极电流ΔI_B控制集电极电流ΔI_C，称为电流控制型器件。 2. 基极有电流，输入阻抗低。		1. 电流放大作用：$\Delta I_D=g_m\Delta U_{GS}$ 栅源电压ΔU_{GS}控制漏极电流ΔI_D，称为电压或电场控制型器件。 2. 栅极无电流，输入阻抗高。	
开关作用	1. 当$U_{BE}<0$，发射结、集电结均反偏时，三极管截止，$I_B=0$，$I_C=0$，$I_E=0$，集射极之间相当于开关断开。 2. 当U_{BE}较大，发射结、集电结均正偏时，三极管饱和，$U_{CES}\approx0$，集射极之间相当于开关闭合。		1. 当$U_{GS}<U_T$时（U_T称为开启电压），场效应管截止，$I_D=I_S=0$，漏源极之间相当于开关断开。 2. 当U_{GS}较大，漏极电流很大，达到饱和状态时，$U_{DS}\approx0$，漏源极之间相当于开关闭合。	

3. 放大电路

图 5-37 为共源极场效应管的基本放大电路。图中各元器件的作用与晶体管分压式偏置放大电路相似。

静态时，由于栅极电流为 0，R_{G1} 中的电流为 0，不起作用，相当于短路，电源 U_{DD} 经 R_{G1} 和 R_{G2} 分压后，为栅极提供电压，这和晶体管放大电路在静态时需要有一个合适的偏流类似。在此栅极电压的作用下，场效应管有一定的 I_D 和 U_{DS} 使放大电路有一个合适的静态工作点。

当放大电路有输入信号时，场效应管的栅极电压随输

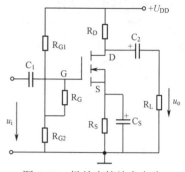

图 5-37 场效应管放大电路

入信号而变化，沟道随之改变，漏源电流 I_D 也随之相应的变化。通过源极电阻将电流变化转变为电压变化，经过耦合电容输出给负载。

R_G 用来提高图 5-37 所示电路的输入电阻，使放大电路的输入电阻为：

$$r_i = r_{ig} // \left[R_G + \left(R_{G1} // R_{G2} \right) \right]$$

其中，r_{ig} 为场效应管的输入电阻；R_G 一般为兆欧数量级电阻。

知识拓展　N 沟道增强型场效应晶体管的结构和工作原理

1）结构

如图 5-38 所示，它是在一块 P 型硅片上扩散两个 N 型区，并分别从两个 N 型区引出两个电极：漏极和源极。在源区和漏区之间的衬底表面覆盖一层很薄的绝缘层，再在绝缘层上覆盖一层金属薄层，形成栅极。因此栅极和其他电极之间是绝缘的，故输入电阻很高。另外，从衬底基片上引出一个电极，称为衬底电极（B）（在分立元件中，常将 B 与源极 S 相连；而在集成电路中，B 与 S 一般不相连）。

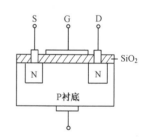

图 5-38 N 沟道 MOS 管的结构

2）工作原理

MOSFET 的基本工作原理是栅极—源极之间电压对漏极电流的控制作用。

如图 5-38 所示，对于 NMOS 场效应晶体管，当 $U_{GS}=0$ 时，在源极—P 衬底—漏极之间存在两个反向连接的 PN 结，不论在漏极和源极之间加入何种极性的电压 U_{DS}，都会使其中一个 PN 结反偏，所以漏极电流 $I_D=0$；当在栅极—源极之间加上正向直流电压 U_{GS}（$U_{GS}>0$）时，由于源极与衬底是短路连接的，从而使栅极经绝缘层至衬底之间形成电场，电场方向垂直指向衬底。由于绝缘层厚度极薄，仅是 0.1 μm 左右，U_{GS} 只需达到几伏即可建立极强的电场，吸引衬底、源极和漏极中的大量电子至绝缘层表面。由于氧化膜的阻挡，使电子聚集在两个 N 沟道之间的 P 型半导体中，从而将源极和漏极连接起来，形成一个 N 型导电沟道。此时，若在漏极—源极之间加入正向电压 U_{DS}，就会产生漏极电流 I_D。定义在 U_{DS} 作用下，开始出现漏极电流 I_D 的栅极—源极电压 U_{GS} 称为开启电压，用 U_T 表示。当 $U_{GS}>U_T$ 时，数值越大，导电沟道越厚，在相同的 U_{DS} 作用下，漏极电流 I_D 就越大，实现了栅极—源极电压

U_{GS} 对漏极电流 I_D 的控制作用，体现了绝缘栅型场效应晶体管作为电压控制型器件的作用。

由于信号源只提供信号电压，而不输入信号电流，因此呈现极高的输入电阻。

这种 MOSFET 在 $U_{GS}=0$ 时，不存在导电沟道，只有 U_{GS} 达到某一确定值之后，才出现导电沟道，称为增强型 MOSFET。

任务操作指导

1．二极管、三极管检测方法

1）晶体二极管的简易测试

由于二极管具有单向导电特性（正向电阻小，反向电阻大），可用万用表的电阻挡大致判断出二极管的极性和好坏，如图 5-39 所示。

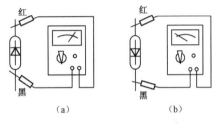

图 5-39　二极管的测试

（1）二极管好坏的判断：将模拟万用表置于电阻的 R×1 k 或 R×100 挡，分别测量二极管的正反向电阻，质量完好的二极管两次测得的阻值应相差很大，并且所测阻值小的为正向电阻，应为几十到几百欧姆，所测阻值大的为反向电阻，应在 200 kΩ 以上。

（2）二极管极性的判断：用模拟万用表测出二极管的阻值较小时，与黑表棒相接的为二极管的正极，与红表棒相接的为二极管的负极，如图 5-39（a）所示。

2）晶体管三极管的简易测试

（1）三极管管脚极性的判断：三极管的管脚除了可根据不同封装形式的三极管管脚排列特点来识别以外，还可以用万用表的电阻挡来测量，测小功率管用 R×1 k 挡或 R×100 挡，测大功率管用 R×10 挡，测试方法如下。

① 基极判断：假设 3 个管脚中的任意一个管脚为基极，然后判断是否为基极。

把一支表笔接在假设的基极上，另一支表笔分别接另外两根管脚，若测得的阻值都很大或都很小，调换表笔重新测试。若原来测得的阻值都很大，调换表笔后测得的阻值都很小；或者原来测得的阻值都很小，调换表笔后测得的阻值都很大，说明假设的基极是正确的。若测得阻值一大一小，说明假设错误，需要重新假设进行测试。

② 判断管型：以测试阻值都很小的那次测量为准，若黑表笔接的是基极，则该管是 NPN 型管，否则该管为 PNP 型管。

③ 集电极和发射极的判断：假设其余待测的两个管脚其中之一为集电极，用手把基极与假设的集电极一起捏住（注意两管脚不能接触，即把人体电阻并联在基极和集电极之间）。若为 NPN 型管，黑表笔接假设的集电极，红表笔接假设的发射极，若指针摆动较大，说明假设是正确的，反之是错误的；若为 PNP 型管，红表笔接假设的集电极，黑表笔接假设的发射极，若指针摆动较大，说明假设正确，否则不正确。集电极判断后，剩下的管脚是发射极。

（2）I_{CEO} 的估测：若为 NPN 型管，黑表笔接集电极，红表笔接发射极，若指针摆动较大，说明 I_{CEO} 大，反之较小；若为 PNP 型管，红表笔接集电极，黑表笔接发射极，若指针摆动较大，说明 I_{CEO} 大，反之较小。

（3）β 值的估测：先按估测 I_{CEO} 的方法测试，记下万用表指针的位置；然后在集电极与基极间连接一只 100 kΩ 的电阻（也可用人体电阻代替），再按判断集电极的方法进行测试，若指针摆幅较大，说明这只管子的 β 值较大；若指针变化不大，说明管子的放大能力很差，β 值较小。

2．认识电路

图 5-40 所示的电子助听器电路，由晶体管 VT$_1$、VT$_2$、VT$_3$、VT$_4$ 组成四级放大电路，各级之间用阻容耦合方式连接。传声器 BM 将接收到的声音转换成电信号，经 4 级放大器放大，再由耳机进行电声转换，耳机中就能听到放大后宏亮的声音了。

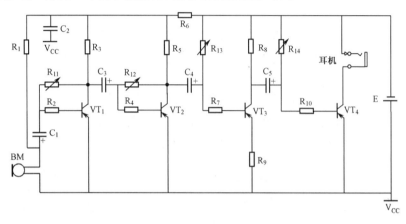

图 5-40　电子助听器电路

3．电路的安装

1）元器件的选择

参照电路原理图核对元器件数目、型号等，若不符合则及时调换。注意，微型驻极体传声器 BM 的引出线需要屏蔽线，以减少干扰噪声；耳机要选用头戴式高阻耳机。

2）元器件检测

（1）晶体管的检测：判断三极管的管脚和好坏。

（2）驻极体传声器的检测方法：将万用表置于 R×100 挡，用黑表笔接触驻极体传声器芯线，红表笔接触传声器引出线金属网。此时，万用表指针应偏转一定的角度，然后对着传声器吹气，如果指针在刚才的基础上继续偏转一定角度，说明传声器完好；如果指针不动，则说明驻极体传声器有问题。如果直接测试传声器引线电阻为无穷大，说明传声器内部可能开路；如果阻值为零，则传声器内部短路。

3）元器件整形与焊接

按要求进行元器件整形，安装并焊接。

4．电路的调试

（1）检查元器件及连线安装正确无误后接通电源，并试听，检查电路工作是否正常。

（2）检查整机电流：用万用表测电源回路中的电流。

（3）各级电流检测：将万用表的电流挡分别串于 VT_4、VT_3、VT_2、VT_1 的集电极，并分别调整对应的偏置电阻 R_{14}、R_{13}、R_{12}、R_{11} 的阻值，使其电流分别为 5 mA、0.5 mA、0.45 mA、0.4 mA，由后向前逐级调整。

（4）检测晶体管的电压，判断其工作状态。

（5）将检测结果记录在表 5-9 中。

表 5-9　检测数据

检测点	偏置电阻的阻值	晶体管各级电压		
I_{C4}=5 mA	R_{14}=	VT_4: U_E=	U_B=	U_C=
I_{C3}=0.5 mA	R_{13}=	VT_3: U_E=	U_B=	U_C=
I_{C2}=0.45 mA	R_{12}=	VT_2: U_E=	U_B=	U_C=
I_{C1}=0.4 mA	R_{11}=	VT_1: U_E=	U_B=	U_C=
整机电流/mA				
故障及排除方法				

考核要求

（1）正确清点、检测及调换元器件。

（2）正确检测表 5-9 中的各项。

（3）元器件按要求整形；正确安装元器件；焊接点美观，走线合理，布局漂亮。

（4）通电试验，电路正常工作。

（5）通电检测，表 5-9 中的数据合理。

（6）严格遵守电工安全操作规程；工作台用具、器件摆放整齐。

（7）会检测二极管、三极管。

知识梳理与总结

1．二极管具有单向导电性，其内部结构就是一个 PN 结。为其加正向电压时导通，为其加反向电压时截止。

2．二极管伏安特性曲线分为正向和反向特性。

在正向特性图中，当所加的正向电压超过死区电压时，二极管才导通。导通后硅管正向压降为 0.6～0.7 V，锗管为 0.3 V。

在反向特性图中，当反向电压很高时，二极管被击穿。

3．二极管的参数主要有最大正向电流 I_{FM}、最高反向工作电压 U_{RM}，它是选择和使用二极管的重要依据。

4．三极管有两种作用。

1）电流放大作用。当给发射结加正向偏压、集电结加反向偏压时，三极管具有电流放大作用。

（1）静态电流放大作用：

$$\overline{\beta} = \frac{I_C}{I_B}$$

集电极电流一般是基极电流的 30～100 倍。

（2）动态电流放大作用：

$$\beta = \frac{\Delta I_C}{\Delta I_B}$$

2）开关作用。

（1）当发射结加反向偏压、集电结加反向偏压时，三极管工作在截止区，集射极间相当于开关断开。

（2）当发射结加正向偏压、集电结加正向偏压时，三极管工作在饱和区，集射极间相当于开关闭合。

5．三极管放大电路是基本放大单元，设置静态工作点是为了保证输入交流信号得到完整放大，不失真。

使用微变等效电路可计算出三极管放大电路的动态参数，包括电压放大倍数、输入电阻、输出电阻。

要求输入电阻越大越好，输出电阻越小越好。

当温度发生变化时，静态工作点会随之变化，分压式偏置电路具有稳定静态工作点的作用。

射极输出器虽然没有电压放大作用，但输入电阻大、输出电阻低，可用于多级放大器的输入级、输出级和中间缓冲级。

6．多级放大器级与级之间的耦合方式有阻容耦合、变压器耦合、直接耦合和光电耦合 4 种。

多级放大器总放大倍数等于各级放大倍数的乘积。

多级放大器的输入电阻等于第一级放大器的输入电阻；多级放大器的输出电阻等于最后一级放大器的输出电阻。

7．将放大器输出信号（电压或电流）的一部分或全部通过一定的电路环节，送回到放大器的输入端，并与输入信号（电压或电流）相合成的过程称为反馈。

正反馈可用于振荡电路，以产生正弦波信号；负反馈一般用于改善放大电路性能，如提高放大倍数的稳定性、减小非线性失真、改变输入电阻和输出电阻、提高电路的抗干扰能力、降低噪声、改善电路的频率相应特性等，但这些改善都是以降低放大倍数为代价的。

8．OTL 功率放大器是由两个射极输出器组成的，利用其输出阻抗低的特点可直接与负载相连。两只 NPN、PNP 功率放大管参数一致，在一周期内交替导通，输出完整交流信号。为了减小交越失真，两管均工作在甲乙类状态。

9．三极管是电流控制型元件，场效应管是电压控制型器件，具有与三极管相似的放大作用和开关作用。

自测题 5

5-1　填空题

1．PN 结（或二极管）正向偏置时＿＿＿＿＿＿＿，反向偏置时＿＿＿＿＿＿＿＿，这种特性称为 PN 结（或二极管）的＿＿＿＿＿＿＿。

2．最常用的半导体材料有＿＿＿＿＿和＿＿＿＿＿。

3．使用二极管时，应考虑的主要参数有_____和_____。

4．稳压二极管的正向特性同普通硅二极管的正向特性_____，反向特性则有很大不同，它可以工作在_____区。

5．晶体三极管有两个 PN 结，即_____结和_____结，在放大电路中_____结必须正偏，_____结必须反偏。

6．三极管各电极电流的分配关系是_____。

7．三极管的输出特性曲线有 3 个区域，即_____区、_____区、_____区，当三极管工作在_____区时，关系式 $I_C=\beta I_B$ 才成立。

8．放大器中的交流通路就是将放大器中的_____和_____视为短路时，交流信号流通的那部分电路。

9．多级交流放大器的级间耦合方式有_____、_____、_____等，在低频电压放大器中常采用_____耦合方式，_____耦合电路存在零点漂移的问题。

10．串联负反馈可以使放大器的输入电阻_____，并联负反馈可以使放大器的输入电阻_____；电压负反馈可以使放大器的输出电阻_____，电流负反馈可以使放大器的输出电阻_____。

5-2　判断题

1．影响放大器工作点稳定的主要因素是温度。 （　　）

2．NPN 型三极管处于放大状态时，电位满足 $V_c>V_b>V_e$。 （　　）

3．交、直流信号均可用直流放大器进行放大。 （　　）

4．晶体三极管饱和状态的外部条件是发射结正偏，集电结反偏。 （　　）

5．放大电路静态工作点过高时，在 U_{CC} 和 R_C 不变的情况下，可增加基极电阻 R_B。 （　　）

6．负反馈可以消除放大器非线性失真。 （　　）

7．射极输出器输入电阻小，输出电阻大，没有电压放大作用。 （　　）

8．多级放大器总的电压放大倍数等于各级放大倍数之和。 （　　）

9．OTL 功率放大器输出电容的作用仅仅是将信号传递到负载。 （　　）

5-3　简答题

1．什么是 PN 结？PN 结最重要的导电特性是什么？

2．三极管有哪几种工作状态？每一种状态的条件、特点是什么？

3．在图 5-41 中，3 个三极管各处于何种工作状态（放大、饱和、截止）？

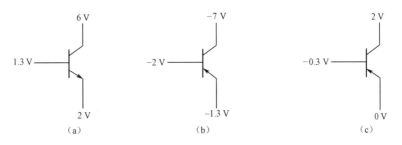

图 5-41　判断三极管的工作状态

4．一个单管共发射极放大电路由哪些基本元件组成？各元件的作用是什么？

5．放大电路为什么要设置静态工作点？合适的静态工作点是什么样的？

5-4　计算题

1．试判断如图 5-42 所示电路中的二极管的工作状态，并求出 ao 和 bo 两端的电压 U_{ao} 和 U_{bo}（设二极管是理想的）。

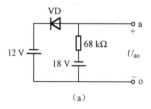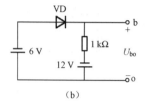

（a）　　　　　　　　　　　　　　　（b）

图 5-42　计算工作电压

2．共射极放大电路如图 5-19 所示，已知 U_{CC}=12 V，R_B=560 kΩ，R_C=4 kΩ，R_L=4 kΩ，晶体管的 $β$=60。计算放大电路的静态工作点、输入电阻 r_i、输出电阻 r_o、空载与有载电压放大倍数 A_u。

3．在图 5-43 所示的分压式偏置电路中，已知 R_{B1}=60 kΩ，R_{B2}=20 kΩ，R_C=3 kΩ，R_E=2 kΩ，R_L=6 kΩ，U_{CC}=16 V，三极管电流放大系数 $β$=60。（1）求静态工作点；（2）求输入电阻 r_i、输出电阻 r_o 和电压放大倍数 A_u；（3）分析电路在环境温度升高时稳定静态工作点的过程；（4）判断电路中 R_E 的反馈类型。

4．说明如图 5-44 所示电路中 R_{f1} 和 R_{f2} 引入反馈的类型，并分别说明这些反馈对放大器性能的影响。

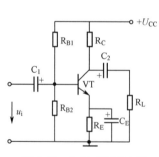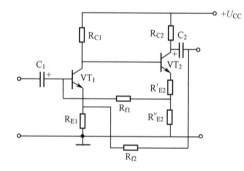

图 5-43　分压式偏置电路　　　　　　　　图 5-44　反馈电路

5．在如图 5-45 所示的电路中，R_B=270 kΩ，R_E=6 kΩ，R_L=6 kΩ，U_{CC}=24 V，$β$=80。试求：（1）静态工作点；（2）电压放大倍数及输入和输出电阻。

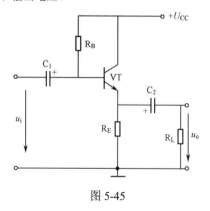

图 5-45

第6章
集成运算放大器及其应用

教	知识重点	1. 集成运算放大器的组成、性能指标和理想运算放大器；
		2. 差动放大电路的作用及分析方法；
		3. 集成放大器线性应用及非线性应用；
		4. RC 桥式正弦波振荡器；
	知识难点	1. 虚短及虚断的概念及分析法；　　2. 反相输入放大电路；
		3. 同相输入放大器；　　　　　　　4. 差分输入放大电路；
		5. 求和运算电路；　　　　　　　　6. 积分和微分电路
	推荐教学方式	在理想集成运放工作特性的基础上，注重锻炼学生分析电路的能力，让学生参与分析集成运放的功能
	建议学时	8 学时
学	推荐学习方法	锻炼运用基本理论分析电路的能力，培养电子电路的分析技能
	必须掌握的理论知识	1. 集成运放的组成、性能指标、符号图形表示法；
		2. 虚短、虚断的真正意义及应用；
		3. 集成运算放大器线性和非线性应用条件和分析法；
		4. 集成运算放大器基本电路的应用
	必须掌握的技能	集成块的焊接，有关集成运算放大器实用电路元器件的参数计算和选用

任务6 汽车蓄电池报警器的制作与调试

实物图

蓄电池是汽车上的常用直流电源，当其电压不正常时会影响到汽车电器的正常工作，如图 6-1 所示。蓄电池报警电路可以检测蓄电池的电压，若电压不正常时则发出警告。当电池电压大于 13 V 时，电压比较器 A_1 工作，发光二极管 LED_1 发光警告；当电池电压低于 10 V 时，电压比较器 A_2 工作，发光二极管 LED_2 发光警告。

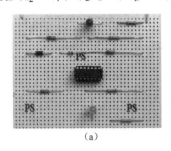
（a）

（b）

图 6-1

器材与元件

蓄电池极警电路需用的器材与元件见表 6-1。

表 6-1

编号	名称	规格与型号	单位	数量	备注
VZ	稳压二极管	2.5 V	只	1	
LED_1	发光二极管（红色）	BT111-X	只	1	
LED_2	发光二极管（绿色）	BT111-X	只	1	
R_{11}	电阻	10 kΩ	只	1	
R_{12}	电阻	42.2 kΩ	只	1	
R_{14}	电阻	910 Ω	只	1	
R_{21}	电阻	10 kΩ	只	1	
R_{22}	电阻	30 kΩ	只	1	
R_{24}	电阻	680 Ω	只	1	
R_3	电阻	10 kΩ	只	1	
（A_1、A_2）	集成电路	LM119	只	1	
	直流电源	10～20 V 可调	台	1	
	万用表		块	1	
	示波器		台	1	
	电工工具		套	1	
	电烙铁	30 W	把	1	
	焊锡			适量	
	松香			适量	
	线路板	105×130	块	1	
	引线			适量	

背景知识

集成运算放大器是采用集成工艺制作成的直接耦合多级放大器，具有输入阻抗高、放大倍数高、性能稳定可靠、体积小、成本低、通用性强等优点。由于早期主要用于计算机的各种运算，故通常称为集成运算放大器，简称集成运放。目前集成运放的应用已不限于数学运算，被广泛应用于自动控制、信号处理、波形的产生与变换等领域。

6.1 集成运算放大器的基础知识

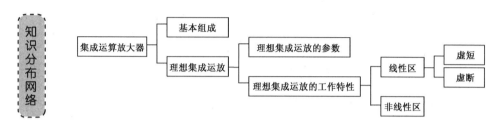

6.1.1 集成运放的基本组成

集成运放由输入级、中间级、输出级和偏置电路组成，如图 6-2 所示。

输入级：一般采用差分放大电路，以抑制零点漂移。零点漂移是指当输入信号为零时，由于静态工作点不稳定等原因，导致输出端出现信号偏离原固定值而上下漂动的现象。

中间级：一般采用共发射极放大电路，提供足够高的电压放大倍数。

输出级：一般采用互补射极输出器组成的对称电路，以改善带负载的能力。

偏置电路：为各级电路提供静态工作点。

集成运放从外形上看有双列直插式、圆壳式、扁平式。图 6-3 是部分集成电路的外形图（管脚的排列为从标志起逆时针数 1、2、3、4、…）。

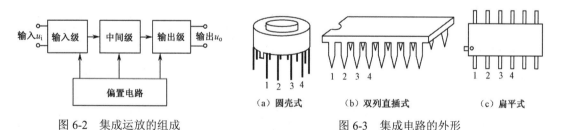

图 6-2　集成运放的组成　　　　　图 6-3　集成电路的外形

集成运算放大器的图形符号如图 6-4 所示。

图中，"＋"表示同相输入端，输出信号与同相输入端的输入信号相位相同；"－"表示反相输入端，输出信号与反相输入端的输入信号相位相反；u_o 表示信号输出端；箭头的指向为放大器的信号传输方向；A_{od} 表示放大器的放大倍数。

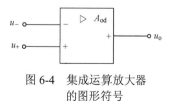

图 6-4　集成运算放大器的图形符号

$$u_o = A_{od}(u_+ - u_-) \qquad (6\text{-}1)$$

 提示

集成运放的引出端不是只有 3 个，还有接电源端、接地端等。由于对分析电路没有影响，故这里省略不画。

6.1.2 理想集成运放

1. 理想集成运放的主要参数

（1）开环差模电压放大倍数：$A_d \to \infty$。

（2）差模输入电阻：$R_{id} \to \infty$。

（3）输出电阻：$R_{od} = 0$。

（4）共模抑制比：$K_{CMR} \to \infty$。共模抑制比表示集成运放抑制零点漂移的能力，其值越大，抑制效果越好。$K_{CMR} = A_d / A_C$，其中 A_C 为共模电压放大倍数。

理想集成运算放大器的图形符号如图 6-5 所示。其中，∞ 代表理想放大器的放大倍数为无穷大。

2. 理想集成运放的工作特性

图 6-6 所示为实际集成运放和理想集成运放的电压传输特性。传输特性分为线性区和非线性区。

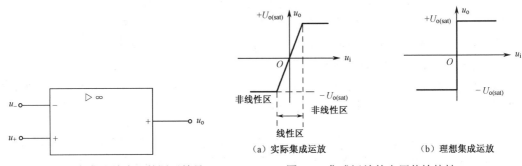

图 6-5　理想集成放大器的图形符号　　　　图 6-6　集成运放的电压传输特性

1）线性区

当集成运放输入信号很微小时，集成运放输出信号随输入信号变化而线性变化，其比值为集成运放的电压放大倍数。集成运放工作在线性状态。集成运放电压放大倍数很高，集成运放在开环状态时，末级三极管已达到饱和状态，输出电压为最大饱和值 $+U_{om}$ 或 $-U_{om}$，U_{om} 比电源电压低 1～2 V，所以一般电路引入负反馈时才可保证集成运放工作在线性区。

集成运放工作在线性区时有以下两个重要特征。

（1）虚短：输入信号很微小时，近似为 0，两输入端电位近似相同，$u_i = u_+ - u_- \approx 0$，$u_+ \approx u_-$，近似为短路。

（2）虚断：集成运放工作在线性区时，由于输入阻抗很高，近似为 ∞，输入电流 $i_+ \approx 0$，$i_- \approx 0$，两输入端相当于断开。

"虚短"与"虚断"是分析运算放大器线性应用的重要依据。

2）非线性区

集成运放在开环状态时工作于非线性区，由于集成运放的电压放大倍数很高，工作于开环状态时，输出级已达到饱和状态，输出电压为最大饱和值$+U_{om}$ 或 $-U_{om}$，不随输入电压变化，即：

$$u_o = +U_{om} \quad （当 u_+ > u_- 时） \tag{6-2}$$
$$u_o = -U_{om} \quad （当 u_+ < u_- 时） \tag{6-3}$$

集成运放工作在非线性区时，输入信号较大，不存在"虚短"特征。由于输入阻抗很高，近似为∞，输入电流仍然很小，还可应用"虚断"特征。

6.2　集成运算放大器的应用

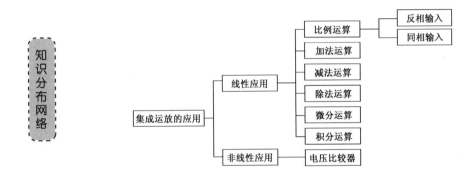

6.2.1　集成运放的线性应用

引入负反馈环节可使集成运放工作在线性区，不同反馈元件可使电路实现不同运算。

1. 比例运算

1）反相输入

反相输入放大电路如图 6-7 所示。

输入信号 u_i 经电阻 R_1 送到反相输入端，同相输入端经 R_P 接地。R_f 为反馈电阻，构成电压并联负反馈。电阻 R_P 为直流平衡电阻，以消除静态时集成运放内输入级基极电流对输出电压产生的影响，进行直流平衡。

$$R_P = R_1 // R_f$$

根据"虚短"、"虚断"的概念有：

$$i_+ = i_- = 0$$
$$u_+ = u_- = 0$$

则　　　　　　　　　　　　　$$i_i = i_f$$

而　　　　　　　　　　　　$$i_i = \frac{u_i - u_-}{R_1} = \frac{u_i}{R_1}$$

$$i_i = \frac{u_- - u_o}{R_f} = -\frac{u_o}{R_f}$$

则

$$\frac{u_i}{R_1} = -\frac{u_o}{R_f}$$

$\therefore$

$$u_o = -\frac{R_f}{R_1} u_i \qquad (6-4)$$

式（6-4）表明输出电压与输入电压相位相反，且成比例关系，因此把这种电路称为反相比例放大器。若取 $R_1 = R_f$，则电路的 u_o 与 u_i 大小相等，相位相反，称此时的电路为反相器。

2）同相输入

如图 6-8 所示，输入信号 u_i 经电阻 R_2 送到同相输入端。

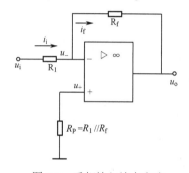

图 6-7 反相输入放大电路

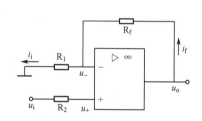

图 6-8 同相输入放大电路

由"虚短"、"虚断"的性质可知：

$$u_- = u_+ = u_i$$

$$i_i = \frac{u_i}{R_1}$$

$$i_f = \frac{u_o - u_i}{R_f}$$

$$i_f = i_i$$

$$\frac{u_i}{R_1} = \frac{u_o - u_i}{R_f}$$

$\therefore$

$$u_o = \left(1 + \frac{R_f}{R_1}\right) u_i \qquad (6-5)$$

输出电压与输入电压同相，且成比例，故称之为同相比例运算。当 $R_f = 0$ 或 $R_1 = \infty$ 时，则有

$$u_o = u_i \qquad (6-6)$$

称为电压跟随器，电路如图 6-9 所示。

2. 其他几种运算

集成运放其他几种运算的应用如表 6-2 所示，由"虚

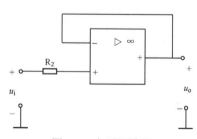

图 6-9 电压跟随器

"短"、"虚断"的概念可以分析得出表中的结论。

表 6-2 集成运放其他几种运算的应用

运算名称	电 路	运 算 关 系
反向加法运算		$u_o = -\left(\dfrac{R_f}{R_1}u_{i1} + \dfrac{R_f}{R_2}u_{i2} + \dfrac{R_f}{R_3}u_{i3}\right)$ 当 $R_1 = R_2 = R_3$ 时，$u_o = -\dfrac{R_f}{R_1}(u_{i1} + u_{i2} + u_{i3})$ 当 $R_1 = R_2 = R_3 = R_f$ 时，$u_o = -(u_{i1} + u_{i2} + u_{i3})$ 平衡电阻 $R = R_1 // R_2 // R_3 // R_f$
减法运算		$u_o = \left(1 + \dfrac{R_f}{R_1}\right)\left(\dfrac{R_3}{R_2 + R_3}\right)u_{i2} - \dfrac{R_f}{R_1}u_{i1}$ 当 $R_1 = R_2$ 且 $R_3 = R_f$ 时，$u_o = \dfrac{R_f}{R_1}(u_{i2} - u_{i1})$ 平衡电阻 $R_1 // R_f = R_2 // R_3$
积分运算		$u_o = -\dfrac{1}{R_1 C_f}\int u_i \mathrm{d}t$ 若输入电压恒定 $u_i = U_i$，则 $u_o = -\dfrac{1}{R_1 C_f}U_i t$ 若电容初始电压为 U_{c0} 时，则 $u_o = -\dfrac{1}{R_1 C_f}\int U_i \mathrm{d}t + U_{c0}$
微分运算		$u_o = -R_f C \dfrac{\mathrm{d}u_i}{\mathrm{d}t}$

【**实例 6-1**】电路如图 6-10 所示，$R_1 = R_2 = R_3 = 10\,\text{k}\Omega$，$R_{f1} = 51\,\text{k}\Omega$，$R_{f2} = 100\,\text{k}\Omega$，$u_{i1} = 0.1\,\text{V}$，$u_{i2} = 0.3\,\text{V}$，求 u_{o1} 和 u_o。

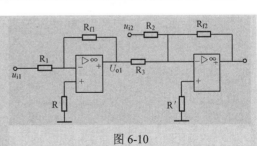

图 6-10

解 （1）第一级放大为反相比例运算，有：

$$u_{o1} = -\frac{R_{f1}}{R_1}u_{i1} = -\frac{51 \times 10^3}{10 \times 10^3} \times 0.1 = -0.51(\text{V})$$

（2）第二级放大为反相加法运算，有：

$$u_o = -\left(\frac{R_{f2}}{R_2}u_{i2} + \frac{R_{f2}}{R_3}u_{o1}\right) = -\left[\frac{100 \times 10^3}{10 \times 10^3} \times 0.3 + \frac{100 \times 10^3}{10 \times 10^3} \times (-0.51)\right] = 2.1(\text{V})$$

【实例6-2】集成运放电路如图 6-11 所示，已知 $R_f = 100\,\text{k}\Omega$、$C = 0.01\,\mu\text{F}$。输入信号是三角波，表示在图 6-12 中，试画出输出电压的波形。

解　由微分运算公式 $u_o = -R_f C \dfrac{\mathrm{d}u_i}{\mathrm{d}t}$ 和输入波形可得出以下数据。

当 t 在 $0 \sim 1\,\text{ms}$ 时，有：

$$u_o = \frac{-100 \times 0.01 \times 5}{1} = -5(\text{V})$$

当 t 在 $1 \sim 3\,\text{ms}$ 时，有：

$$u_o = -\frac{100 \times 0.01 \times (-5-5)}{2} = 5(\text{V})$$

同理：当 t 在 $3 \sim 5\,\text{ms}$ 时，$u_o = -5\,\text{V}$；当 t 在 $5 \sim 6\,\text{ms}$ 时，$u_o = 5\,\text{V}$。

故输出电压 u_o 如图 6-13 所示。

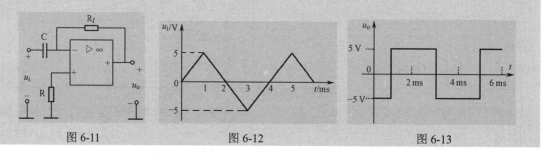

| 图 6-11 | 图 6-12 | 图 6-13 |

集成运放的微分、积分运算电路除用于数学运算以外，还广泛用于波形变换、测量及工业控制。

6.2.2　集成运放的非线性应用

集成运放在开环状态时，一般工作在非线性区，可做电压比较器使用。

图 6-14 为电压比较器电路及电压传输特性曲线，当 $u_i > U_R$ 时，$u_o = -U_{om}$；当 $u_i < U_R$ 时，$u_o = U_{om}$。通过输出电压的正、负可显示两输入端电位的关系，实现电压比较，如图 6-14（b）所示。

当 $U_R = 0$ 时，称为过零比较器，其传输特性曲线如图 6-14（c）所示。

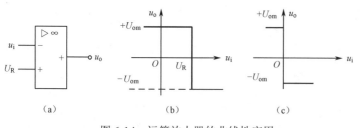

（a）　　　　　　　（b）　　　　　　　（c）

图 6-14　运算放大器的非线性应用

> **提示**
> 电压比较器的输入信号也可以从同相端输入，其输出电压的正、负与反相输入相反。

【实例6-3】两级运放电路如图 6-15 所示，第一级运放 A_1 的输入信号 $u_i = 3\sin\omega t$ V，第二级运放的同相输入端加入参考电压 $U_R = 1$ V。集成运放的饱和输出电压 $\pm U_o = \pm 13$ V，双向稳压管的 $U_Z = 6$ V。试画出输出电压的波形。

解　本电路输出端接有双向稳压管，双向稳压管的电压为 $\pm(U_Z+U_D)$，U_D 为二极管正向导通电压，约 $0.6\sim0.7\,\text{V}$，一般忽略，输出电压 $u_o=\pm U_Z$。选择不同稳压管即可得到不同的电压输出，以满足需要。

第一级运放是电压跟随器，其输出与输入相同：

$$u_{o1}=u_i=3\sin\omega t$$

第二级运放为任意电平比较器，参考电压 $U_R=1\,\text{V}$。

当 $u_{o1}>U_R$ 时，输出电压是低电平，$u_o=-6\,\text{V}$；当 $u_{o1}<U_R$ 时，输出电压是高电平，$u_o=+6\,\text{V}$。输出电压如图 6-15 所示。

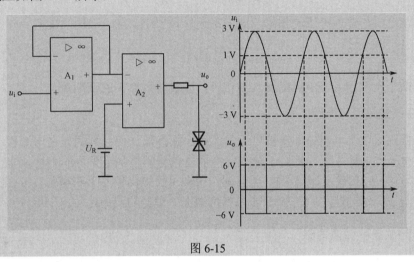

图 6-15

知识拓展　正弦波振荡器

正弦波振荡器是产生正弦波信号的电路，实验室中使用的正弦波信号发生器就属于这种电路。正弦波振荡器能够自发产生信号的工作方式称为自激振荡。

1. 自激振荡的条件

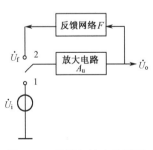

如图 6-16 所示放大电路的输入信号为 $\dot U_i$ 经放大后输出为 $\dot U_o$，采用合适的反馈环节使 $\dot U_f=\dot U_i$，将开关合至 2 位置，反馈信号即可代替原输入信号维持输出信号不变。这时电路没有输入信号，却对外发出信号，实现自激振荡。上述分析说明，自激振荡的条件是反馈信号与原输入信号相同，即

$$\dot U_f=\dot U_i$$

$$\dot U_f=F\cdot\dot U_o=F\cdot A_u\dot U_i=\dot U_i$$

图 6-16　反馈与放大的联系

因此，自激振荡的条件是 $A_uF=1$。

由于 A_u 和 F 都是复数，且可表示为：

$$A_u=\frac{\dot U_o}{\dot U_i}=|A_u|\underline{/\Psi_u}$$

式中，$\varPsi_u$ 是输出电压 $\dot{U}_o$ 与输入电压 $\dot{U}_i$ 之间的相位差角。

$$F = \frac{\dot{U}_f}{\dot{U}_o} = |F| \underline{/\varPsi_f}$$

式中，$\varPsi_f$ 是反馈电压 $\dot{U}_f$ 与输出电压 $\dot{U}_o$ 之间的相位差角。

故上面的式子可改写为 $A_u F = |F||A_u| \underline{/\varPsi_u + \varPsi_f} = 1\underline{/0^o} = 1$。

根据上式可将自激振荡条件分解为以下两部分。

（1）相位平衡条件：

$$\varPsi_u + \varPsi_f = 0^o = 2n\pi$$

表明反馈电压与输入电压同相位，即满足正反馈要求。

（2）幅度平衡条件：

$$|F||A_u| = 1$$

表明反馈电压与输入电压的幅度大小相等，即要有足够大的反馈量。

2．振荡器的起振与稳幅

实际的振荡器是不可能先外接信号源的，那么振荡器如何起振呢？在电源接通的瞬间，有一个冲击电流流入输入端，相当于输入一个冲击信号，再加上外界的干扰信号，在输入端输入一个原始信号，只要使 $|A_u F| > 1$，正反馈作用即可使输出信号不断增强，最后由于三极管的非线性使 $|A_u F|$ 下降至等于1，输出信号不再增大，维持稳幅振荡输出。

3．RC 桥式正弦波振荡器

RC 桥式正弦波振荡器电路图如图 6-17 所示，图中右边方框为同相比例放大器，左边方框为正反馈网络，同时也是选频网络，由 RC 串并联网络组成。经分析可知，反馈信号为频率 $f_0 = \dfrac{1}{2\pi RC}$ 的信号，满足相位平衡条件，此时反馈系数的幅值达到最大值，为 1/3，只要使放大器的放大倍数大于 3

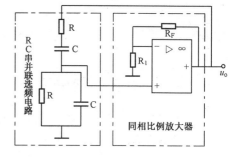

图 6-17　RC 桥式正弦波振荡器

即可使振荡器起振。根据同相比例放大器的 $A_f = 1 + \dfrac{R_f}{R_1}$，只要使 $R_f > 2R_1$ 即可。对于其他偏离 f_0 的信号，由于不符合自激振荡的条件，衰减为 0。振荡器输出单一频率的信号，调整 RC 串并联网络元件参数可改变输出正弦波信号的频率。

正弦波振荡器还有 LC 正弦波振荡器、石英晶体正弦波振荡器。其基本原理与 RC 正弦波振荡器相似，本书不再讲解。

任务操作指导

1．认识电路

1）集成电压比较电路

LM119(319)的管脚图如图 6-18 所示，LM119 为军用，LM319 为民用。KA319 的管脚图

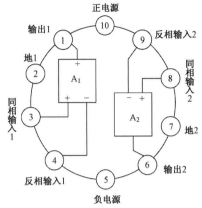

图 6-18　LM119（319）引脚

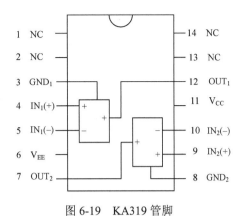

图 6-19　KA319 管脚

如图 6-19 所示。

2）电路的组成

汽车蓄电池报警电路如图 6-20 所示。A_1 及外围元件构成过压检测器；A_2 及外围元件构成欠压检测器；VZ 提供参考电压，即阀门电压；R_3 为 VZ 的限流电阻。VZ 为 2.5 V 的稳压管。

3）元器件的选定及工作原理

当报警电路工作时，如果蓄电池的电压大于 13 V 或小于 10 V，发光二极管 LED_1 或 LED_2 将分别发光警告。

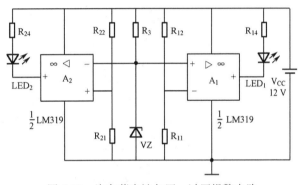

图 6-20　汽车蓄电池欠压、过压报警电路

（1）基准单元：由 R_3 及 VZ 组成。

稳压管选用稳压值为 2.5 V 的稳压管，取工作电流为 $I_{F1}=1$ mA，则：

$$R_3=\frac{V_{CC}-U_z}{I_{F1}}=\frac{(12-2.5)}{1\times10^{-3}}=9.5\times10^3\ \Omega$$

取 $R_3=10$ kΩ。

（2）超压警报单元：A_1 为单值比较器，基准电平为 $U_{T1}=2.5$ V，当电池的电压低于 13 V 时，应有 $U_{R11}<2.5$ V，比较器 A_1 输出高电平，LED_1 截止，不亮；当电池的电压高于 13 V 时，此时 $U_{R11}>2.5$ V，比较器 A_1 输出低电平，LED_1 亮，所以 R_{11}、R_{12} 应由下列分压公式估算：

$$\frac{R_{11}}{R_{11}+R_{12}}\times13=U_{T1}=2.5(V)$$

取 $R_{11}=10.0$ kΩ（E_{96} 系列），则 $R_{12}=42$ kΩ，在 E_{96} 系列取 $R_{12}=42.2$ kΩ；LED_1 选为 BT111-X（红）发光二极管，其最大电流为 $I_{FM}=20$ mA，正向电压为 $U_{FM}=1.9$ V，取工作电流为 $I_{F1}=12$ mA，则：

$$R_{14}=\frac{V_{CC}-U_{F1}}{I_{F1}}=\frac{(13-1.9)}{12\times10^{-3}}=0.95\times10^3\ \Omega$$

取 R_{14}=1 kΩ。

（3）欠压警报单元：A_2 为欠压检查电路，基准电平也为 U_{T1}=2.5 V，当电池电压低于 10 V 时，$U_{R_{21}}$<2.5 V，比较器 A_2 输出低电平，LED_2 发光。当 $U_{R_{21}}$>2.5 V 时，比较器 A_2 输出高电平，LED_2 截止。

LED_2 选为 BT111-X（绿）发光二极管，其最大电流为 I_{FM}=20 mA，正向电压为 U_{FM}=2.3 V，取工作电流为 I_{F2}=12 mA，则：

$$R_{24}=\frac{V_{CC}-U_{F2}}{I_{F2}}=\frac{(13-2.3)}{12\times10^{-3}}=624\ \Omega$$

取 R_{24}=680 Ω。

R_{21}、R_{22} 由下式估算：

$$\frac{R_{21}}{R_{21}+R_{22}}\times10=U_{T1}=2.5(V)$$

取 R_{21}=10.0 kΩ，则 R_{22}=30.0 kΩ。

2. 电路安装

按电路图 6-20 合理设计元件位置，然后再进行安装。

3. 电路调试

安装完毕后经检查无误，可通电测试。

（1）将 12 V 的电池换成直流可调电源，通电后将电压调到 13 V，LED_1 亮，测得 LM119D 的同相输入 1 的电压应为 2.5 V，反相输入 1 的电压应大于 2.5 V，否则调大 R_{12} 的电阻值。调节电源电压，用示波器跟踪输出 1 的波形。

（2）将 12 V 的电池换成直流可调电源，通电后将电压调到 10 V，LED_2 亮，测得 LM119D 的反相输入 2 的电压应为 2.5 V，同相输入 2 的电压应小于 2.5 V，否则调小 R_{21} 的电阻值。调节电源电压，示波器跟踪输出 2 的波形。

考核要求

（1）接线正确。
（2）元件成型规则，排列整齐。
（3）焊点无毛糙，无漏焊、虚焊。
（4）调试成功，LED_1、LED_2 能正常报警。
（5）会使用万用表、示波器进行测量。
（6）按规定进行操作，安全、文明生产。

知识梳理与总结

1．集成运放的基础知识：电路的组成、表示符号、理想参数、工作特性。

工作特性是分析集成运放电路功能的依据，也非常重要，包括线性和非线性两方面。当

集成运放接有负反馈环节时，可工作在线性区、线性区的工作特性如下。

虚短：两输入端之间电压近似为 0；

虚断：两输入端电流近似为 0。

当集成运放在开环状态时，工作在非线性区，其工作特性如下。

$$u_{\mathrm{o}} = +U_{\mathrm{om}} \quad (\text{当 } u_+ > u_- \text{ 时})$$

$$u_{\mathrm{o}} = -U_{\mathrm{om}} \quad (\text{当 } u_+ < u_- \text{ 时})$$

不存在"虚短"特征，仍可近似应用"虚断"特征。

2．集成运放的应用包括下面两方面。

线性应用：比例运算，加法运算，减法运算及微、积分运算。

非线性应用：电压比较器（过零比较器、任意电平比较器）。

3．正弦波振荡器：自激振荡的条件（相位平衡条件、振幅平衡条件），振荡器的起振与稳幅过程，RC 桥式正弦波振荡器工作原理。

自测题6

6-1　选择题

1．关于集成运算放大器，下列说法正确的是____。

　　A．集成运算放大器是一种电压放大倍数很高的直接耦合放大器

　　B．集成放大器只能放大直流信号

　　C．希望集成放大器的输入电阻大，输出电阻小

　　D．集成放大倍数越小越好

2．由于集成工艺制造大电容不容易，因此集成电路通常大都采用____，其低频特性好。

　　A．电阻耦合方式　　　　　　　　　B．阻容耦合方式

　　C．变压器耦合方式　　　　　　　　D．直接耦合方式

3．关于集成运算放大器线性运算的"虚短"、"虚断"理解正确的是_____。

　　A．"虚短"、"虚断"就是真正的短路或断路

　　B．"虚短"是指集成运算放大器在线性应用的条件下，它的两个输入端的信号可以近似认为相等；

　　　　"虚断"是指集成运算放大器的两个输入电流可以近似认为为 0

　　C．"虚短"、"虚断"在分析集成放大器电路时，无论是线性应用还是非线性应用都可以无条件应用

6-2　判断题

1．共模抑制比为开环差模电压增益 A_{od} 与共模电压增益 A_{oc} 之比的绝对值 $K_{\mathrm{CMR}} = |A_{\mathrm{od}}/A_{\mathrm{oc}}|$，它表示集成运放对共模信号的抑制能力，其越大越好。　　　　　　　　　　　　　　　　（　　）

2．差模输入电阻 R_{id} 是指集成运放的两个输入端之间的动态电阻，它反映输入端向信号源索取电压的能力。其值越小越好，一般为几百欧。　　　　　　　　　　　　　　　　　　　　　（　　）

3．产生零点漂移的因素很多，任何元器件参数的变化都会造成电压的漂移，可采用差分放大电路加以解决。　　　　　　　　　　　　　　　　　　　　　　　　　　　　　　　　　　　　（　　）

4．集成运算放大器的线性应用与非线性的应用都可利用"虚短"的概念。　　　　（　　）

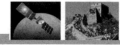

5. 集成运算放大器的线性应用是具有深度正反馈的应用。　　　　　　　　　　（　　）

6. 集成运算放大器的非线性应用是具有深度负反馈或开环的应用。　　　　　　（　　）

6-3　计算题

1. 试用集成运算放大器实现下列运算：

　　（1）$u_o = -4u_{i1}$

　　（2）$u_o = 3u_{i1}$

2. 图 6-21 所示的运算放大器 A_1、A_2 都为理想放大器，试写出 u_o 与 u_{i1}、u_{i2} 之间的关系式。

3. 集成电路如图 6-22 所示，$u_{i1} = 0.5\,\text{V}, u_{i2} = 1\,\text{V}$，计算输出电压 u_{o1} 和 u_o。

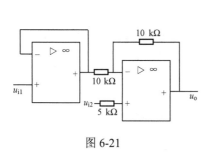

图 6-21

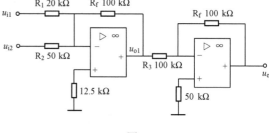

图 6-22

4. 集成电路如图 6-23 所示，写出输出电压 u_o 的表达式。

5. 集成电路如图 6-24 所示，已知 $R_{11} = 10\,\text{k}\Omega$，$R_{12} = 3\,\text{k}\Omega$，$C_f = 0.01\,\mu\text{F}$。电容的初始电压 $u_{C(0)} = 0$，$t = 0$ 时，输入 $u_{i1} = 20\,\text{mV}$，$u_{i2} = 3\,\text{mV}$。计算输出电压为 $u_o = -9\,\text{V}$ 时所用的时间。

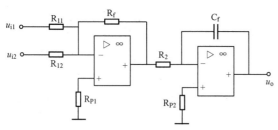

图 6-23

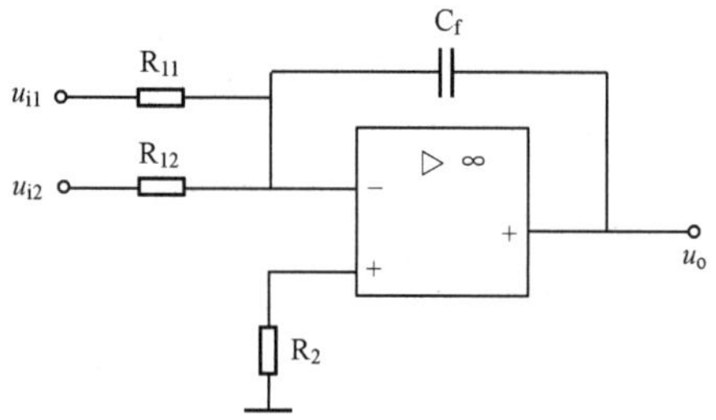

图 6-24

6. 集成电路如图 6-25 所示，已知 $U_R = 2\,\text{V}, u_i = 3\sin(\omega t)\,\text{V}$，集成运算放大器输出电压的饱和值 $\pm U_{o(sat)} = \pm 13\,\text{V}$，稳压管的稳压值 $U_Z = 10\,\text{V}$，画出与 u_i 对应的输出电压 u_o 的波形。

7. 集成电路如图 6-26 所示，其输出电压的饱和值 $\pm U_{o(sat)} = \pm 14.5\,\text{V}$，双向稳压管的稳压值为 $U_Z = 6.6\,\text{V}$，参考电压 U_R 分别是 +2.5V 和 −2.5V。如果输入信号 $u_i = 5\sin(\omega T)\,\text{V}$，画出与 u_i 对应的输出电压 u_o 的波形。

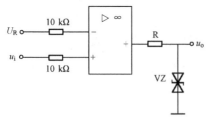

图 6-25

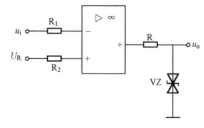

图 6-26

第7章

直流稳压电源

教学导航

教	知识重点	1. 直流稳压电源的组成； 3. 单相全波整流电容滤波电路； 5. 三端集成稳压器的应用	2. 全波桥式整流电路； 4. 晶体管串联型稳压电路；
	知识难点	1. 整流、滤波电路有关电压电流的计算，二极管、电容的选择； 2. 电容滤波对整流电路的影响；　　3. 晶体管串联型稳压电路的工作原理； 4. 三端输出固定电压稳压器的应用电路		
	推荐教学方式	以任务为牵引，促进理论知识的掌握，培养电子产品的制作技能		
	建议学时	8 学时		
学	推荐学习方法	在学习时注重理论和实际的结合，切实体验成功的乐趣，激发学习的内在动力		
	必须掌握的理论知识	1. 直流稳压电源的组成； 2. 单相全波整流电容滤波电路及有关电压电流的计算，二极管、电容的选择； 3. 电容滤波的原理及应用，电容滤波对整流电路的影响； 4. 晶体管串联型稳压电路；　　　　5. 三端集成稳压器的应用		
	必须掌握的技能	晶体管串联型稳压电路的制作，电路的调试及测量		

任务 7 晶体管串联稳压电源的制作

实物图

晶体管串联稳压是常用的一种稳压电路形式。电路由整流滤波电路、基准电压、取样电路、比较放大电路、调整电路等组成。稳压电源的安装元件和外形如图 7-1 所示。

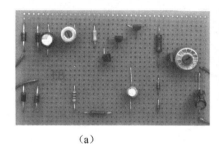
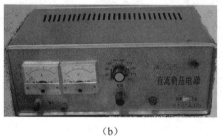

（a） （b）

图 7-1

器材、工具与元件

制作稳压电源需用的器材、工具与元件见表 7-1。

表 7-1

序号	代号	名称	规格与型号	数量
1	电阻	R_1	1.2 kΩ, 0.25 W	1
2	电阻	R_2	2 kΩ, 0.25 W	1
3	可调电阻	R_P	10 Ω, 0.25 W	1
4	电阻	R_3	680 kΩ, 0.25 W	1
5	电阻	R_4	2 kΩ, 0.25 W	1
6	稳压管	VZ	2.2 V	1
7	晶体管	VT_1	9013	1
8	晶体管	VT_2	9011	1
9	二极管	$VD_1 \sim VD_4$	1N4007	4
10	电解电容	C_1	470 μF, 25 V	1
11	电解电容	C_2	100 μF, 25 V	1
12	电解电容	C_3	47 μF, 25 V	1
13	变压器	T	BK-25, 220/9 V	1
14	熔断器	FU_1	0.1 A	1
15	熔断器	FU_2	0.5 A	1
16	万用表			1
17	示波器			1 台
18	电工工具			1 套
19	电烙铁		30 W	1
20	焊锡			适量
21	松香			适量
22	线路板		105×130	1

实际用电时，大多数场合使用的是交流电，但有些场合需要使用直流电，如各种电子仪器、通信设备、电解、电镀等。直流稳压电源是一种将交流电转换成直流电的电子设备，其输出电压较高且可调，可以满足需要直流电的各种电气设备的要求。

7.1　直流稳压电源的组成

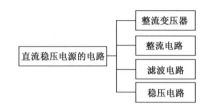

直流稳压电源一般由整流变压器、整流电路、滤波电路和稳压电路组成，如图 7-2 所示。

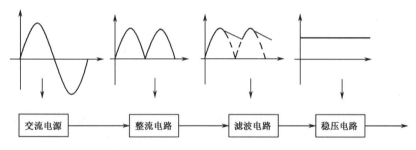

图 7-2　直流稳压电源的组成

（1）整流变压器：一般将输入的交流电压值降低。

（2）整流电路：将交流电变成脉动的直流电。

脉动直流电的特点：大小随时间变化，而方向不变，如图 7-3（a）所示。

理想直流电的特点：大小、方向都不随时间的变化而改变，如图 7-3（b）所示。

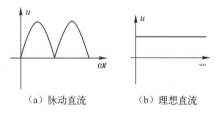

（a）脉动直流　　　　（b）理想直流

图 7-3　脉动直流电与理想直流电的比较

（3）滤波电路：使脉动直流电的变化幅度更小，波形更平滑。

（4）稳压电路：消除电网电压、负载变化对输出电压的影响，稳定输出电压。

由整流电路转换成的脉动直流电，经过滤波和稳压以后非常接近理想直流电。

7.2 整流电路

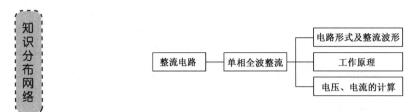

整流是将交流电变成脉动直流电的过程，具有单向导电性的二极管可以实现这个过程。本节只介绍单相全波桥式整流电路。

单相桥式全波整流电路如图 7-4（a）所示，整流部分由 4 个二极管组成并接成电桥形式，故称桥式整流。T 为整流变压器，R_L 为电阻性负载。

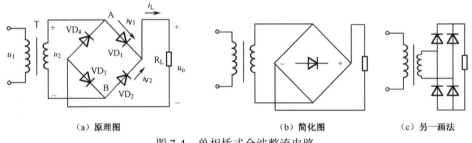

（a）原理图　　　　　　　　　　　（b）简化图　　　　　　（c）另一画法

图 7-4　单相桥式全波整流电路

1. 整流原理

设变压器的二次侧电压为 u_2，波形如图 7-5（a）所示，经整流后输出电压、电流波形如图 7-5（b）、（c）所示。可以看出输出为脉动直流电。其整流原理如下。

在交流电压 u_2 正半周，A 点电位最高，B 点电位最低。二极管 VD_1 阳极电位最高，二极管 VD_3 阴极电位最低，VD_1、VD_3 正偏导通，VD_2 阳极电位最低、VD_4 阴极电位最高，VD_2、VD_4 反偏截止，电流 i_{L1} 通路是从正极流出经 A 点→VD_1→R_L→VD_3→B，将二极管看成理想管，VD_1、VD_3 相当于短路，VD_2、VD_4 相当于开路，这时，负载 R_L 上得到与 u_2 相同的正半波电压，如图 7-5（c）中的 $0\sim t_1$ 段。

在交流电压负半周，B 点电位高于 A 点电位，二极管 VD_4、VD_2 正偏导通，二极管 VD_1、VD_3 反偏截止，电流 i_{L2} 通路是 B→VD_2→R_L→VD_4→A，在负载 R_L 上得到与 u_2 负半波相同的电压，如图 7-5（c）中的 $t_1\sim t_2$ 段。

由此可见，在交流输入电压的正、负半周，都有同一方向的电流流过 R_L，在 4 只二极管中，每两只轮流导通，在负载上得到全波脉动的直流电压和电流，如图 7-5（b）、（c）所示，所以这种整流电路称为**全波整流**。

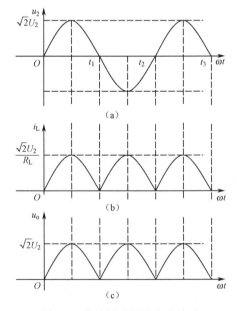

图 7-5　全波桥式整流电路波形

2．主要参数计算

（1）输出电压平均值：

$$U_o \approx 0.9 U_2$$

（2）流过负载的电流平均值：

$$I_L = 0.9 \frac{U_2}{R_L}$$

（3）每只二极管的平均电流：

$$I_V = 0.45 \frac{U_2}{R_L}$$

由于每只二极管在交流电的一周期内只在半个波形导通并有电流流过，所以电流为负载电流的一半。

（4）二极管承受的最大反向电压：

$$U_{RM} = \sqrt{2}\, U_2$$

当 VD_1、VD_3 导通时，将它们看成短路，由电路图 7-4（a）可以看出，VD_4、VD_2 反偏所承受的反向电压为变压器副边电压 u_2 的负半波，其最大值为 $\sqrt{2}\, U_2$。

二极管的平均电流和二极管承受的最大反向电压是选择二极管的依据。

桥式整流电路的特点是：输出电压脉动小，每只整流二极管的通过电流小；每半周内变压器二次绕组都有电流流过，变压器的利用效率高。这些优点使桥式整流电路在仪器仪表、通信、控制装置等设备中应用很广泛。

【实例 7-1】 桥式整流电路中变压器的二次侧电压有效值 $U_2 = 40\ \text{V}$，负载电阻 $R_L = 300\ \Omega$。

（1）计算整流输出电压的平均值 U_o、流过负载 R_L 的电流平均值 I_L。

（2）选择合适的二极管。

解 （1）输出电压的平均值为：

$$U_o \approx 0.9 U_2 = 0.9 \times 40 = 36\ （V）$$

流过负载的电流平均值为：

$$I_L = 0.9 \frac{U_2}{R_L} = 0.9 \times 40 \div 300 = 12\ （mA）$$

（2）二极管所承受的最大反向电压为：

$$U_{RM} = \sqrt{2}\, U_2 = 1.41 \times 40 = 56.4\ （V）$$

根据以上参数，查晶体管手册，可以选用一只额定整流电流为 100 mA、最高反向工作电压为 100 V 的 2CZ82C 型整流二极管。

7.3 滤波

整流电路把交流电转换为脉动直流电，其波形中含有较多的不同频率的交流成分，使波形变化幅度大，一些要求不高的场合可以直接使用，但对一些要求较高的场合需要波形更为平滑的直流电，滤波电路可以起到这个作用。

　　滤波就是保留脉动电压的直流成分，尽可能滤除它的不同频率的交流成分，使波形更为平滑。这样的电路叫做**滤波电路**。电感和电容元件可以起到这个作用。电容有阻碍电压变化的作用，其容抗与交流信号的频率成反比；电感有阻碍电流变化的作用，其感抗与交流信号的频率成正比。下面主要分析电容元件的滤波作用。

　　单相全波整流电容滤波电路如图7-6（a）所示。电容与负载并联，对于引起电流波动幅度大的高频交流成分，电容容抗低，分流作用强；对于变化缓慢的或直流成分，电容容抗高，分流作用弱。这样使负载中电流高频交流成分大大减少，脉动幅度减弱，波形变得平滑。

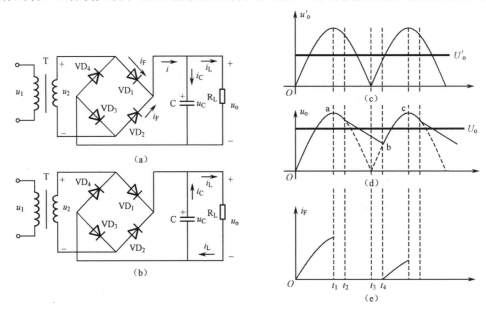

图7-6　单相桥式全波整流电容滤波电路

　　其具体波形形状分析如下。

　　在不接电容器C时，交流电经桥式整流输出电压波形如图7-6（c）所示。

　　当接入电容器C后，在输入电压u_2正半周时间内，二极管VD_1、VD_3在正向电压作用下导通，VD_2、VD_4反向截止。整流电流分为两路，一路经二极管VD_1、VD_3向负载R_L提供电流，另一路向电容器C充电，u_c的图形如图7-6（d）中的Oa段。当电容电压被充电至最大值时，交流电压u_2按正弦规律迅速下降，而电容电压下降较慢，使$u_2<u_C$，VD_1、VD_3受反向电压作用而截止。电源不能给负载提供电流，电容器C向R_L放电，如图7-6（b）所示，负载上电压波形与电容放电波形一致。当电源电压u_2进入负半波时，在刚开始的一段时间内，电源电压u_2的绝对值低于电容电压，VD_4、VD_2仍不能导通，直到电源电压u_2的绝对值高于电容电压时，VD_4、VD_2才导通，电源向负载提供电流且给电容再一次充电，然后重复上一个循环。当电容不断地充、放电时，负载上得到图7-5（d）所示的波形。该波形与整流后的波形相比脉动幅度减小，波形更为平滑。另外，输出电压的平均值也得到了提高。电容容量越大，放电越慢，输出电压的平均值越高。对于桥式整流滤波，输出电压的平均值U_o介于

（0.9～1.4）u_2 之间。一般电容取得较大时，输出电压按下式估算：

$$u_o \approx 1.2u_2$$

🔊**提示　电容的选用**

　　一般滤波电容采用电解电容器，使用时电容器的极性不能接反。电容器的耐压应大于它实际工作时所承受的最大电压。滤波电容器的容量一般根据输出电流的大小选择，具体参考表 7-2 所示数据。

表 7-2　滤波电容容量的选用

输出电流 I_o（A）	0.05 以下	0.05～0.1	0.1～0.5	0.5～1	1	2
电解电容容量 C（μF）	200	200～500	500	1000	2000	3000

【实例 7-2】　在桥式整流电容滤波电路中，若负载电阻 R_L 为 240 Ω，输出直流电压为 24 V，试计算电源变压器二次电压 U_2，并选择整流二极管和滤波电容。

　　解　（1）根据 $U_o \approx 1.2U_2$，电源变压器的二次电压为：

$$U_2 = \frac{24}{1.2} = 20（V）$$

（2）整流二极管的选择。

输出电流的平均值：

$$I_o = \frac{U_o}{R_L} = 24/240 = 0.1（A）$$

通过每个二极管的电流平均值：

$$I_v = \frac{I_o}{2} = 50（mA）$$

每个二极管承受的最大反向电压：

$$U_{RM} = \sqrt{2}\,U_2 = 1.41 \times 20 = 28.2（V）$$

查晶体管手册，可选用额定正向电流为 100 mA、最大反向电压为 100 V 的整流二极管 2CZ82C。

（3）滤波电容的选择。

根据表 7-2 可知，当 $I_o = 0.1$ A 时，可选用 500 μF 电解电容器。

根据电容器的耐压公式可得：

$$U_C > \sqrt{2}\,U_2 = 1.41 \times 20 = 28（V）$$

因此，可选用容量为 500 μF、耐压为 50 V 的电解电容器。

7.4　稳压电路

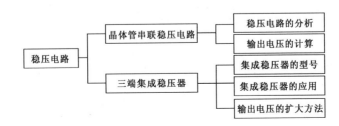

7.4.1 晶体管串联稳压电路

1. 电路的组成

晶体管串联稳压电路，如图 7-7 所示，由取样电路、基准电路、比较放大电路、调整电路 4 部分组成。各部分电路的作用分析如下。

1）基准电路

由稳压管 VZ_1 和电阻 R_2 组成。稳压管具有稳压作用，其端电压基本不变，为三极管 VT_2 的发射极提供基准电压。

2）取样电路

由电阻 R_3、R_4、R_P 组成。其端电压为负载电压，将负载电压的一部分取出送 VT_2 基极。

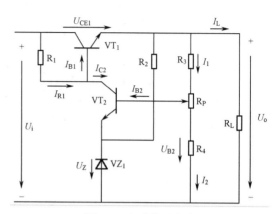

图 7-7　串联稳压电路

3）比较放大电路

由 VT_2 和 R_1 组成。将反映负载电压变化的取样电压与稳压管电压比较后，二者电压差值作为 VT_2 的发射结电压去控制 VT_2 的基极电流、集电极电流，进一步控制 VT_1 的基极电位，以供 VT_1 实现电压调节。

4）调节电路

VT_1 是调节元件，工作在放大状态。通过其集射极电压的变化调节负载电压，保持其稳定。

2. 稳压原理

整个电路的稳压过程如下：

$$U_i \uparrow 或 R_L \uparrow \rightarrow U_o \uparrow \rightarrow U_{B2} \uparrow \rightarrow U_{BE2} \uparrow \rightarrow I_{B2} \uparrow \rightarrow I_{C2} \uparrow \rightarrow U_{CE2} \downarrow \rightarrow U_{B1} \downarrow \rightarrow U_{BE1} \downarrow$$
$$\rightarrow I_{B1} \downarrow \rightarrow I_{C1} \downarrow \rightarrow U_{CE1} \uparrow \rightarrow U_o \downarrow$$

当输出电压变化时，电路能够通过自身的自动调节维持输出电压稳定。

> 🔊 提示
>
> （1）三极管 VT_1 和 VT_2 均工作在放大状态，其集电极电流与集射极电压成反比，参考图 7-7 电路可知：$U_{CE} = U_{CC} - I_C R_C$。
>
> （2）VT_2 的放大作用是使输出电压的微小变化得到放大，电路调节更灵敏。

3. 输出电压计算

在图 7-7 中，设 R_P 的上部与 R_3 的和为 R_3'，R_P 的下部与 R_4 的和为 R_4'，则：

$$U_{BE2} = U_{B2} - U_Z = \frac{R_4'}{R_3' + R_4'} U_o - U_Z$$

故
$$U_{o} = \frac{R_3' + R_4'}{R_4'}(U_{BE2} + U_Z)$$

上式中，U_Z 为稳压管的稳压值，是一个定值，U_{BE2} 也基本不变，所以改变 R_P，即改变 R_3'、R_4'，就能改变输出电压 U_o，但 U_o 不能超过 U_i。

7.4.2　三端集成稳压器

随着集成工艺的发展，如上节所学的晶体管串联稳压电路已有集成系列产品。与外部元件简单配合即可方便使用。本节介绍一种应用非常广泛的稳压集成块：三端集成稳压器。图 7-8 是三端集成稳压器的封装及管脚排列图。

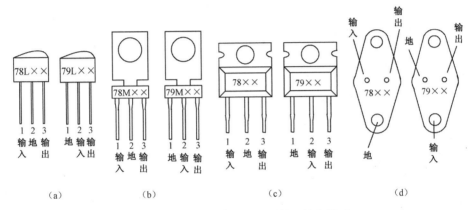

图 7-8　三端集成稳压器的封装及管脚排列

1．CW78 和 CW79 系列集成稳压器

CW78 和 CW79 系列集成稳压器是使用比较广泛的固定输出集成稳压器。其图形符号如图 7-9 所示。

三端分别是电压输入、电压输出和公共接地，两种集成稳压器引出端功能如图 7-9 所示。CW78×× 系列是输出固定正电压的稳压器，CW79×× 系列是输出固定负电压的稳压器。其型号 CW78（79）X×× 的意义如下。

C——符合国家标准。

W——稳压器。

78——输出为固定正电压。

79——输出为固定负电压。

X——输出电流：L 为 0.1 A；M 为 0.5 A；无字母为 1.5 A。

××——用数字表示输出电压值。

例如，CW7812 表示稳压输出+12 V 电压，输出电流为 1.5 A。

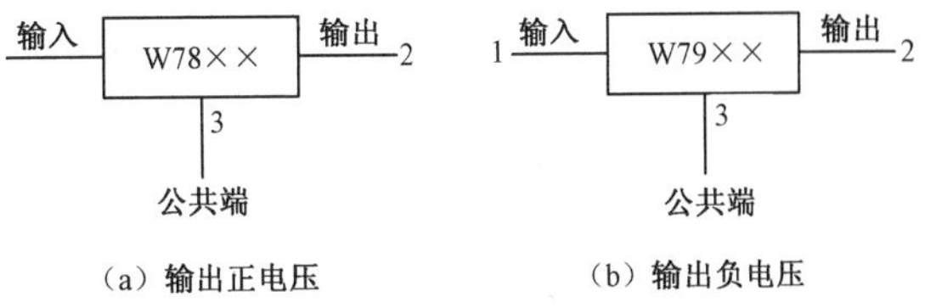

图 7-9　集成稳压器图形符号
（a）输出正电压　　　（b）输出负电压

2．集成稳压器的应用

图 7-10（a）、（b）分别是 CW78 和 CW79 系列集成稳压器的基本应用电路。交流电经过

整流滤波后接入输入端与公共端之间，在输出端与公共端之间输出稳定的直流电压。图7-10（a）是CW78××系列组成的输出固定正电压的稳压电路；图7-10（b）是CW79系列组成的输出固定负电压的稳压电路。电容C_1用作滤波，以减少输入电压U_i中的交流分量，还有抑制输入过电压的作用。C_2用于削弱高频干扰，同时防止自激振荡。

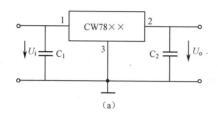 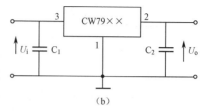

图7-10　固定输出电压的稳压电路

图7-11是提高输出电压的稳压电路。当实际需要的直流电压超过集成稳压器的规定值时，可外接电阻来提高输出电压。CW78××系列最大的输出电压为24 V，当负载所需电压高于此值时，可采用图7-11所示的电路。图中R_1、R_2为外接电路，R_1两端电压为集成稳压器额定输出电压U_{XX}，有：

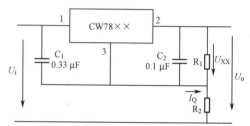

$$U_o = \frac{U_{XX}}{R_1}(R_1 + R_2) = \left(1 + \frac{R_2}{R_1}\right)U_{XX}$$

只要合理地选择R_2和R_1，即可得到高于U_{XX}的输出电压。

图7-11　提高输出电压的稳压电路

任务操作指导

1. 认识电路

晶体管串联稳压电源主要由电源变压器、整流滤波电路、基准电压、取样电路、比较放大电路、调整电路、过电流保护电路等组成，如图7-12所示。

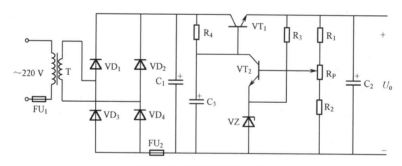

图7-12　串联型稳压电路

（1）整流滤波电路：为稳压电路提供直流输入电压$U_i \approx 1.2 \times 9 \approx 11$ V。

（2）基准电压：由稳压管VZ与R_2串联而成。基准电压为稳压管的稳压值2.2 V。

（3）取样电路：将输出电压的一部分取出，加到比较放大电路与基准电压进行比较、放

大。本电路的取样电压是由可调电阻 R_P 以及电阻 R_1、R_2 来实现的。

（4）比较放大电路：将取样电路送来的取样电压和基准电压（2.2 V）进行相减（比较），在 VT_2 进行放大（影响 VT_2 的导通程度）。

（5）调整电路：这是稳压电路的核心环节，一般采用工作在放大状态的功率三极管 VT_1，其基极电流受比较放大电路输出信号的控制。

2．原理分析

电源变压器 T 二次侧的低压交流电经过整流二极管 VD_1~VD_4 整流和电容器 C_1 滤波，变为直流电，输送到由调整管 VT_1、比较放大管 VT_2 及起稳压作用的硅二极管 VZ 和取样微调电阻 R_P 等组成的稳压电路。调整管上的管压降是可变的，当输出电压有减小的趋势时，调整管压降会自动变小；有增大趋势时则相反，从而维持输出电压不变。调整管的管压降是由比较放大管来控制的，输出电压经过电位器 R_P 分压，加到 VT_2 的基极和地之间。由于 VT_2 的发射极对地电压是通过稳压管 VZ 构成的基准电压，这样 VT_2 基极与集电极电压的变化就反映了输出电压的变化，直接控制调整管的基极，使调整管的管压降发生对应的变化，从而使输出电压保持稳定。

3．安装方法

（1）元器件的筛选与检测。用万用表检测电阻、二极管、三极管、电容的好坏，看是否与明细表相符。对电阻看色环与测量数值是否一致。对二极管、三极管用图示仪测其正向管压降、放大倍数，看是否符合要求。

（2）按装配图正确安装元器件，如图 7-12 所示。

（3）检查元器件，安装正确无误后，进行焊接，焊接完毕后再检查无误，接通电源。

（4）将万用表拨至直流电压挡，测量输出电压，调节电阻 R_P，使电压在 3~6 V 之间变动。

（5）接负载调试：输出 3 V 时接上 30 Ω 负载电阻。负载电阻接入前和接入后输出电压的变化小于 0.5 V 即可。

考核要求

（1）接线正确。

（2）元件成型规则、排列整齐。

（3）焊点无毛糙，无漏焊、虚焊。

（4）调试成功，要求有电压输出且电压可调。

（5）电路参数测量正确。

（6）按规定安全、文明生产。

知识梳理与总结

1．直流稳压电源包括整流变压器、整流电路、滤波电路和稳压电路。

2. 整流是将交流电转变成脉动直流电。利用二极管的单向导电性，可组成各种整流电路，完成整流功能。

单相桥式整流电路输出电压的平均值为：

$$U_o \approx 0.9 U_2$$

输出电流平均值：

$$I_L = 0.9 \frac{U_2}{R_L}$$

二极管平均电流：

$$I_V = 0.45 \frac{U_2}{R_L}$$

二极管反向电压最高值：

$$U_{RM} = \sqrt{2}\, U_2$$

依据上面两个参数可正确选择二极管。

3. 滤波电路能减小整流输出电压的脉动程度，电容、电感可起到滤波作用。电容滤波输出电压平均值 U_o 介于 $(0.9 \sim 1.4)\, U_2$ 之间。一般电容取值较大时，输出电压按下式估算：

$$U_o \approx 1.2 U_2$$

选取电容时耐压值应大于其实际承受电压的最高值，电容容量可根据输出电流大小选择。

4. 串联稳压电路利用三极管作为电压调整器件与负载串联，从输出电压中取出一部分电压，经比较放大后去控制调整管，经过调整管的调节使输出电压稳定。它的稳压精度较高，应用较为广泛。

5. 三端集成稳压器是一种新型稳压器件，使用时要注意它们的管脚功能，同时要注意电压、电流及耗散功率等参数不能超过极限值。固定输出电压（正、负）集成稳压器与外部元件连接可输出其标称电压，也可输出高于标称电压的电压。

6. 开关稳压电源的调整管工作在饱和导通与截止两种状态，通过调整三极管饱和导通的时间可对输出电压起到调节作用，维持输出电压的稳定。

自测题 7

7-1 填空题

1. 选用整流二极管时应着重考虑二极管的_____和_____这两个主要参数。

2. 在单相桥式整流电路中，若变压器的二次侧电压为 10 V，则二极管的最高反向工作电压不小于____；若负载电流为 1000 mA，则每只二极管的平均电流应大于_____A。

3. 带有放大环节的串联稳压电源主要由_____、_____、_____和_____4 部分组成。

7-2 选择题

1. 若某一单相桥式整流电路中有一个二极管被击穿短路，则（   ）。

    A. 输出电压升高   B. 不能正常工作   C. 输出电压不变   D. 仍可照常工作

2. 在某一单相桥式整流电路中，若有一个二极管开路，则（   ）。

A．输出电压升高　　　B．输出电压下降　　C．输出电压不变　　D．仍可照常工作

3．要获得+9 V 的稳定电压，集成稳压器的型号应为（　　　）。

A．CW7812　　　　B．CW7909　　　　C．CW7912　　　　D．CW7809

4．用万用表电压挡测量一只接在稳压电路中的稳压管 2CW15 两端的电压为 0.7 V，这种情况是（　　　）。

A．稳压管接反了　　B．稳压管击穿了　　C．稳压管烧坏了　　D．电压表读数不准

5．晶体管串联型稳压电路中调整管工作在（　　　）状态。

A．放大　　　　　　B．开关　　　　　　C．饱和　　　　　　D．截止

6．晶体管串联型稳压电路中输出电压调整器件为（　　　）。

A．稳压管　　　　　　　　　　　　B．工作在放大状态的晶体管

C．工作在开关状态的晶体管　　　　D．工作在截止状态的晶体管

7-3　判断题

1．整流输出电压加电容滤波后，电压波动小了，输出电压降低了。　　　　　　　（　　）

2．滤波电容的耐压必须大于或等于变压器的二次侧电压的峰值。　　　　　　　　（　　）

3．在单相桥式整流和电容滤波中，接入滤波电容后的输出电压平均值等于变压器的二次侧的有效值。

（　　）

4．除了电容可起到滤波作用以外，电感也可以起到滤波作用。　　　　　　　　　（　　）

7-4　简答题

1．三端固定稳压集成块的型号意义是什么？

7-5　计算题

1．在单相桥式整流电路中，变压器二次侧电压的有效值 U_2=20 V，R_L=1.1 kΩ，计算输出电压、电流的平均值 U_o、I_o 和二极管所承受的最大方向电压 U_{RM}。

2．单相桥式整流和电容滤波电路如图 7-13 所示，已知变压器二次侧电压的有效值 U_2=10 V，电源频率为 50 Hz，负载电阻 R_L=1 kΩ，C=100 μF。

（1）估算输出电压的平均值 U_o。

（2）如果测得 U_o 约为 9 V 和 4.5 V，试判断电路中分别出现了什么故障。

3．提高输出电压的稳压电路，如图 7-14 所示。

（1）分析其工作原理。

（2）若 R_1=3 kΩ，R_2=5.1 kΩ，计算输出电压 U_o。

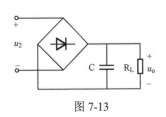

图 7-13

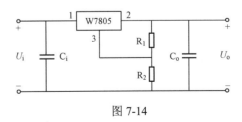

图 7-14

4．提高输出电压的稳压电路，如图 7-15 所示。

（1）分析其工作原理。

（2）若稳压管 VZ 的稳压值 U_Z=3 V，计算输出电压 U_o。

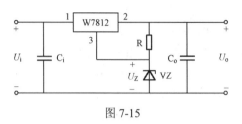

图 7-15

5．提高输出电压的稳压电路，如图 7-16 所示。若 R_1=R_2=2.2 kΩ，R_P=5.1 kΩ，计算输出电压 U_o 的取值范围。

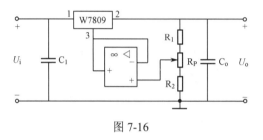

图 7-16

第8章

晶闸管电路

教学导航

教	知识重点	1. 晶闸管的工作特性，晶闸管导通和关断的条件； 2. 单相可控整流的工作原理、输出电压、电流平均值； 3. 单结晶体管的工作特性
	知识难点	1. 晶闸管的工作特性； 2. 单结晶体管的工作特性
	推荐教学方式	以任务为牵引，促进理论知识的掌握，培养电子产品的制作技能
	建议学时	10 学时
学	推荐学习方法	在学习时注重理论和实际的结合，切实体验成功的乐趣，激发学习的内在动力
	必须掌握的理论知识	1. 晶闸管的结构、符号、主要参数； 2. 晶闸管导通和关断的条件； 3. 单相可控整流输出电压、电流的平均值； 4. 单结晶体管触发电路的工作原理
	必须掌握的技能	晶闸管检测；电子电路组装及调试的基本技能

任务8 调光台灯的组装

实物图

调光台灯可以根据需要调整灯光亮度，如图8-1所示。电路主要由晶闸管整流部分和单结晶体管触发电路构成。通过调节触发信号的控制时间，来控制晶闸管整流输出电压的大小，以控制灯的明、暗程度。

器材与元件

调光台灯需用的器材与元件见表8-1。

表 8-1

序号	符号	名称	型号和规格	件数
1	$V_1 \sim V_4$	二极管	2CZ83C	4
2	V_6	二极管	2CP12	1
3	V_8	稳压管	2CW58	1
4	V_7	单结晶体管	BT33B	1
5	V_5	晶闸管	100 V，塑封立式，3CT1	1
6	C	电容	CGZX，63 V，0.1 μF	1
7	R_1	电阻	RJ 150 Ω，1 W	1
8	R_2	电阻	RJ 510 Ω，1/2 W	1
9	R_3	电阻	RJ 150 Ω，1/2 W	1
10	R_4	电阻	RJ 2 kΩ，1/2 W	1
11	R_P	可变电阻	100 kΩ，1/2 W	1
12	EL	指示灯	0.15 A，12 V	1
13	T	电源变压器	BK50，220/12 V	1

图 8-1

背景知识

晶闸管是近几十年发展起来的一种理想的大功率的变流电子器件，它能以较小的电流控制上千安的电流和数千伏的电压，主要用于大功率的交流电能和直流电能的相互转换，它是晶闸管变流技术的重要成员，现已发展成一个大家族。晶闸管包括许多类型的派生器件，如双向晶闸管、光控晶闸管、逆导晶闸管、可关断晶闸管、快速晶闸管等。其中，以普通晶闸管的应用最为广泛。

8.1 晶闸管

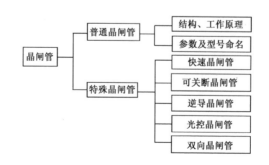

知识分布网络

晶闸管的全称为硅晶体闸流管，原来称为可控硅，常用 SCR（Silicon Controlled Rectifier）表示，国际通用名称为 Thyristor，常简写成 T。晶闸管是一种大功率的变流电子器件，主要用于大功率的交流电能和直流电能的相互转换：将交流电转换成直流电，并使输出电压可调，即**可控整流**；将直流电转换成交流电，即**逆变**。

8.1.1　晶闸管的结构、符号

如图 8-2（a）所示，晶闸管管芯都是由 4 层（PNPN）半导体和三端（A、G、K）引线构成，它有 3 个 PN 结，由外层的 P 层和 N 层分别引出阳极 A 和阴极 K，中间的 P 层引出控制极 G（门极）。晶闸管的文字符号是 V，图形符号如图 8-2（b）所示。晶闸管外形如图 8-2（c）所示。

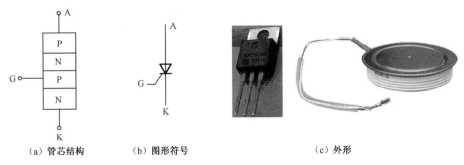

（a）管芯结构　　　　（b）图形符号　　　　　　　（c）外形

图 8-2　晶闸管

8.1.2　晶闸管的工作原理

通过下面的实验来说明晶闸管的工作原理。

■ 实验　晶闸管的导通与关断

按图 8-3（a）所示连接电路，观察实验现象。

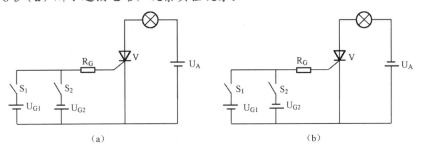

（a）　　　　　　　　　　　　　　（b）

图 8-3　晶闸管导通与关断实验

（1）S_1、S_2 均断开时，灯不亮，晶闸管阻断。

（2）S_1 闭合，S_2 断开，灯亮，晶闸管导通，且导通后 S_1 断开，灯继续亮，晶闸管继续保持导通状态。

（3）S_1 断开，S_2 闭合，灯不亮，晶闸管阻断。

按图 8-3（b）连接电路，观察实验现象。

无论 S_1、S_2 闭合还是断开，灯均不亮，晶闸管均阻断。

1．晶闸管的工作特性

由实验可以总结出晶闸管的工作特性，具体如下。

（1）晶闸管具有反向阻断特性：当阳极、阴极间加反向电压时，晶闸管为阻断状态。

（2）晶闸管具有正向阻断特性：当阳极、阴极间加正向电压，但控制极不加电压或加反向电压时，晶闸管阻断。

（3）晶闸管正向导通特性：当晶闸管加正向电压且控制极加正向电压时，晶闸管导通，导通后，控制极电源断开，晶闸管依然导通，晶闸管一旦导通后控制极电压失去作用。

> **提示　晶闸管的可控单向导电性**
>
> 　　晶闸管和二极管都具有单向导电性，但晶闸管除了阳极与阴极间加正向电压以外，门极还需加正向电压才能导通，门极电压加入的时刻不同，晶闸管导通的时刻也不同，所以说晶闸管具有可控单向导电性。

2．晶闸管关断的条件

晶闸管一旦导通后，门极失去控制作用，要想关断晶闸管需要具备如下条件。

（1）减小晶闸管正向电流。当正向电流减小至某一很小值时，晶闸管会突然关断，该电流称为晶闸管的维持电流 I_H。

（2）减小阳极与阴极间正向电压至 0 或加反向电压。

8.1.3　晶闸管的参数

晶闸管的参数很多，这里只介绍几个主要参数，分别为电压定额参数和电流定额参数，如表 8-2 所示。

表 8-2　晶闸管参数

	名　　称	定　　义
电压定额	正向断态重复峰值电压 U_{DRM}	在额定结温下，门极断开和晶闸管正常阻断的情况下，允许重复加在晶闸管上的最大正向峰值电压
	反向重复峰值电压 U_{RRM}	在额定结温下，门极断开，允许重复加在晶闸管上的反向峰值电压
	通态平均电压 $U_{T(AV)}$	晶闸管正向通过正弦半波额定平均电流、结温稳定时的阳极和阴极间电压的平均值，也叫导通时的管压降，一般为 1 V 左右，此值越小越好
电流定额	通态平均电流 $I_{T(AV)}$	在规定的环境温度和散热条件下，结温为额定值，允许通过的工频正弦半波电流的平均值
	维持电流 I_H	在规定环境温度和门极断开情况下，维持晶闸管导通所需的最小阳极电流，一般为几十到几百 mA，是晶闸管由通到断的临界电流，当电流小于维持电流时，晶闸管关断

8.1.4　特殊晶闸管

晶闸管的家族除了普通晶闸管外，还有几种特殊晶闸管，它们的作用与用途如表 8-3 所示。

表 8-3　几种特殊晶闸管的比较

名称	型号	符号	工作特点	主要用途
快速晶闸管	KK		反向阻断，由门极信号控制导通，关断时间短，导通速度快	用于中频电源、超声波电源等
可关断晶闸管	KG		由门极正信号控制导通，负信号控制关断	用于步进电机电源、彩色电视扫描电路、汽车点火系统、直流开关等
逆导晶闸管	KN		反向导通，由门极信号控制导通（相当于普通晶闸管与整流二极管反向并联）	用于逆变器、斩波器
双向晶闸管	KS		双向均可由门极控制导通（相当于两只普通晶闸管反向并联）	用于电子开关、调光器、调温器等
光控晶闸管			由光信号代替电信号触发管子	用于电子开关、直流电源、自动化生产监控等

8.2　晶闸管整流电路

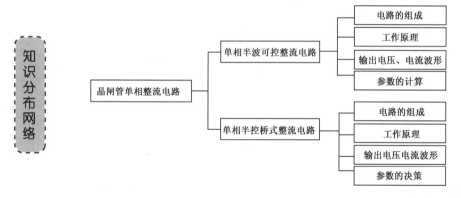

由于晶闸管具有可控单向导电性，晶闸管整流可以使输出的直流电压可调，这是晶闸管整流的优点。晶闸管目前已广泛应用于电解、电镀、励磁、机床等领域。晶闸管整流分单相整流和三相整流。本书只介绍单相整流。

8.2.1　单相半波可控整流电路

1. 电路组成及工作原理

由图 8-4（a）可以看出，当变压器副边电压 u_2 为正半波时，晶闸管承受正向电压。如果门极不加触发电压，晶闸管仍处于阻断状态。当门极加触发电压后，晶闸管导通，忽略晶闸管正向压降，负载上得到与电源电压波形相同的电压，晶闸管导通后，门极触发电压不起作用，所以通常只给门极加一个触发脉冲电压。

当变压器副边电压为负半波时，晶闸管承受反向电压，无论门极有无触发电压，晶闸管均处于阻断状态，负载上电压为零。

图8-4（b）表示了负载电压与晶闸管电压的波形情况。

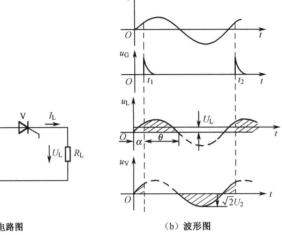

（a）电路图　　　　　　　　　　（b）波形图

图 8-4　单相半波可控整流电路及波形

> **提示**
>
> 改变控制角 α，可改变负载电压的波形，改变负载电压的平均值，所以称为可控整流。

2. 常用术语

（1）控制角 α：门极触发电压加入时刻所对应的电角度。

（2）导通角 θ：晶闸管正向导通时间段所对应的电角度，在本电路中 $\theta = 180° - \alpha$。

（3）移相范围：控制角的变化范围。在本电路中，α 的移相范围为 $0° \sim 180°$。

3. 主要参数的计算

（1）输出电压的平均值：

$$U_L = 0.45 U_2 \frac{1 + \cos\alpha}{2} \qquad (8\text{-}1)$$

当 $\alpha = 0°$、$\theta = 180°$ 时，输出电压最大为 $0.45 U_2$。

当 $\alpha = 180°$、$\theta = 0°$ 时，输出电压为零。

（2）输出电流平均值：

$$I_L = \frac{U_L}{R_L} = 0.45 U_2 \frac{1 + \cos\alpha}{2 R_L} \qquad (8\text{-}2)$$

（3）晶闸管可承受的最高正、反向电压：

$$U_{FM} = U_{RM} = \sqrt{2} U_2 \qquad (8\text{-}3)$$

（4）晶闸管的平均电流：

$$I_V = I_L \qquad (8\text{-}4)$$

> **提示**
>
> 式（8-3）和式（8-4）是选择晶闸管的依据。

【实例 8-1】　在如图 8-4（a）所示的电路中，变压器二次侧的电压 $U_2=120$ V，当控制角 α 分别为 0°和 120°时，负载上的平均电压分别是多少？

解　$\alpha=0°$ 时，$U_L = 0.45U_2 \dfrac{1+\cos\alpha}{2} = 0.45 \times 120 \times \dfrac{1+\cos 0°}{2} = 54(V)$

$\alpha=120°$ 时，$U_L = 0.45U_2 \dfrac{1+\cos\alpha}{2} = 0.45 \times 120 \times \dfrac{1+\cos 120°}{2} = 13.5(V)$

单相半波可控整流电路的线路简单，调整方便，但输出脉动程度大，设备利用率低，一般只适用于对直流电压要求不高的小功率可控整流设备。

8.2.2　单相半控桥式整流电路

为了更好地满足负载的要求，小容量晶闸管整流多采用单相桥式可控整流电路，一般采用单相半控桥式整流电路。

1．电路组成及工作原理

电路如图 8-5（a）所示，变压器副边电压为正半波时，晶闸管 V_1 和 V_4 承受正向电压，当 V_1 管门极触发电压加入时，V_1、V_4 导通。

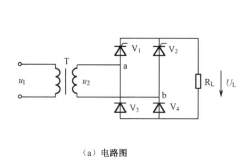

（a）电路图　　　　　　　　　　　（b）波形图

图 8-5　单相半控桥式整流电路

变压器副边电压为负半波时，晶闸管 V_2、V_3 承受正向电压，当 V_2 门极触发电压加入时，V_2、V_3 导通。

负载上的电压波形，如图 8-5（b）所示。

2．主要参数计算

（1）输出电压的平均值：

$$U_L = 0.9U_2 \frac{1+\cos\alpha}{2} \tag{8-5}$$

（2）输出电流的平均值：

$$I_L = \frac{U_L}{R_L} = 0.9U_2 \frac{1+\cos\alpha}{2R_L} \tag{8-6}$$

（3）晶闸管可承受的最高正、反向电压：

$$U_{FM} = U_{RM} = \sqrt{2}U_2 \tag{8-7}$$

（4）每只整流管的电流平均值：

$$I_F = \frac{1}{2}I_L \tag{8-8}$$

【实例8-2】 一个单相半控桥式整流电路，输入电压 U_2=220 V，$R_L = 5\,\Omega$，要求输出电压的范围为 0～150 V，试求输出最大电流 I_{LM} 和晶闸管的导通角范围。

解 输出最大平均电流为：

$$I_{LM} = \frac{U_{LM}}{R_L} = \frac{150}{5} = 30(A)$$

当输出电压为 150 V 时有：

$$\cos\alpha = \frac{2U_{LM}}{0.90U_2} - 1 = \frac{2 \times 150}{0.9 \times 220} - 1 \approx 0.51$$

查表得 α=60°，则：

$$\theta = 180° - 60° = 120°$$

显然 $\alpha = 180°$ 时输出电压为零，导通角为零，所以晶闸管导通角的范围是 0°～120°。

8.3 晶闸管触发电路

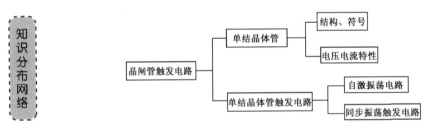

在晶闸管正向导通时，除了要在阳极与阴极间加正向电压外，还要在门极加触发信号。晶闸管的触发电路是指能对晶闸管提供触发信号的电路。对触发信号的要求是：触发脉冲必须和晶闸管主电路的阳极电压同步；有一定的移相范围；有一定的幅度、宽度和功率。

触发电路有单结晶体管触发电路、专用集成触发电路和微机控制触发电路。这里我们主要介绍简单的单结晶体管触发电路。

8.3.1 单结晶体管

1. 单结晶体管的结构、符号

单结晶体管在 N 型硅基片一侧引出两个电极，称为第一基极 B_1、第二基极 B_2，在 N 型硅基片另一侧靠近 B_2 处掺入 P 型杂质，形成一个 PN 结。从 P 型杂质处引出一个电极称为发射极 E。单结晶体管的结构、符号如图 8-6（a）、（b）所示，等效电路如图 8-6（c）所示。R_{B1}、R_{B2} 是两个基极之间的等效电阻，R_{B1} 是第一基极 B_1 与 PN 结之间的电阻，其数值随发射极电流 I_E 而变化；R_{B2} 是第二基极 B_2 与 PN 结之间的电阻，其数值与发射极电流无关。发射极与两个基极之间的 PN 结可用一个等效二极管 VD 表示。单结晶体管的外形如图 8-6（d）所示。

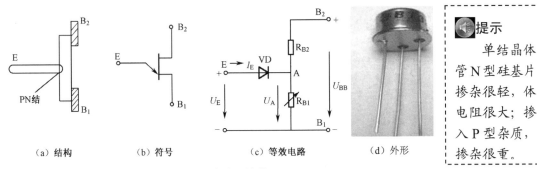

（a）结构　　　　（b）符号　　　　（c）等效电路　　　　（d）外形

图 8-6　单结晶体管

2. 单结晶体管的电压、电流特性

按照如图 8-7 所示的电路，进行单结晶体管特性的试验，再分析其电压、电流特性。

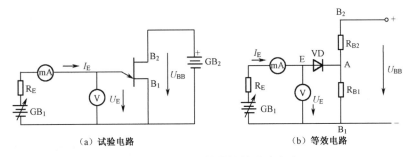

（a）试验电路　　　　　　　　　　（b）等效电路

图 8-7　单结晶体管特性的试验电路

当发射极电流为零时，两基极之间的电压 U_{BB} 由 R_{B1} 和 R_{B2} 按一定的比例分压，管子内部 A 点对 B_1 点的电位为：

$$U_A = \frac{R_{B1}}{R_{B1} + R_{B2}} U_{BB} = \eta U_{BB}$$

式中，η 为单结晶体管的分压比，它是一个与管子内部结构有关的参数，通常在 0.3～0.9 之间。

发射极接通后，当 $U_E <(\eta U_{BB} + U_{VD})$ 时（$U_P = \eta U_{BB} + U_{VD}$，称为**峰点电压**），PN 结不导通（等效二极管 VD 截止），只有很小的漏电流流过。

当 $U_E = (\eta U_{BB} + U_{VD})$ 时，单结晶体管的 PN 结导通，I_E 迅速增大，同时发射极 P 区中的大量空穴注入到 N 区，N 区中可导电粒子数增加，使 N 区中 R_{B1} 段的导电能力增强，R_{B1} 减小，即动态电阻为负值，称为负阻特性。R_{B1} 减小使分压比 η 下降，致使 U_A 降低，U_E 降低，随着 I_E 的增大，注入到 N 区的空穴达到极限值，R_{B1} 不再随之减小，U_A 不再减小，当 U_E 再降低时，PN 结反向截止。此时发射极的电压称为**谷点电压**，用 U_V 表示。

在此期间，由于第二基极电位高于发射极电位，从 P 区注入到 N 区的空穴不会流向第二基极，所以 R_{B2} 基本不变。

总结

　　单结晶体管相当于一个开关，当发射极电压 U_E 达到峰点电压 U_P 时，单结晶体管由截止变为导通；当 U_E 下降到谷点电压 U_V 时，单结晶体管由导通变为截止。不同单结晶体管的 U_P、U_V 值不同；同一单结晶体管当 U_{BB} 不同时 U_P、U_V 值也不同。

8.3.2 单结晶体管自激振荡电路

单结晶体管自激振荡电路，如图 8-8（a）所示，该电路由单结晶体管和 RC 充放电电路组成，它能产生频率可变的一系列脉冲电压，用来触发晶闸管，所以又称为单结晶体管脉冲发生器。

电源电压经 R_2、R_1 加在单结晶体管两个基极上，同时通过电位器 R_e 向电容 C 充电，随着充电的进行，电容 C 两端的电压 u_c 按指数规律渐渐上升（$u_c = u_e$），当 u_c 小于 U_P 时，管子处于截止状态，输出电压近似为 0。当 u_c 增大到峰点电压 U_P

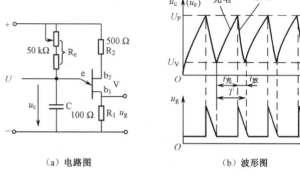

(a) 电路图   (b) 波形图

图 8-8 单结晶体管自激振荡电路

时，管子导通，基区电阻 R_{B1} 急剧减小，电容器 C 通过 PN 结向电阻 R_1 迅速放电，放电电流在 R_1 上形成陡峭的脉冲电压前沿。由于放电回路电阻很小，放电时间很短，所以尖脉冲很窄。

随着电容 C 的放电，u_c 按指数规律下降，当 u_c 低于谷点电压 U_V 时，单结晶体管又从导通变为截止，在电源电压的作用下，电容又开始充电，进入第二个充放电过程。这样周而复始，在电阻 R_1 上形成周期性的脉冲电压。

改变 R_e 的大小，就能改变电容的充电速度，从而改变第一个输出脉冲出现的时刻。

8.3.3 单结晶体管同步振荡触发电路

单结晶体管同步振荡触发电路，如图 8-9（a）所示，右下方为主电路，上面为触发电路。

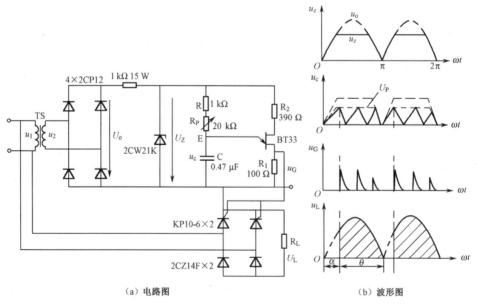

(a) 电路图   (b) 波形图

图 8-9 单结晶体管同步振荡触发电路

触发电路和主电路接在同一个电源上，变压器二次侧电压经单相桥式整流后得到脉动直

流电压，又经稳压管削波后变成梯形波电压 u_Z，该梯形波电压就是触发电路的电源电压 U_{BB}。当梯形电压由 0 开始上升时，梯形电压经 R 和 R_P 给电容充电，电容电压按指数规律上升，当达到单结晶体管峰点电压 U_P 时，单结晶体管导通，电容经 R_1 迅速放电，在 R_1 上产生脉冲信号。当 u_c 下降到谷点电压时单结晶体管关断，电容又被充电，在一个梯形波电压内产生一系列的脉冲信号。当晶闸管被第一个脉冲触发导通后，后面的触发脉冲便不起作用，所以后面的触发脉冲为无效脉冲。

由于梯形波电压与电源电压同步，使梯形波电压内的第一个脉冲总与电源电压同步，保证了触发电压和交流电源电压同步。

改变 R_P 的阻值可以改变电容充电的快慢，即改变第一个触发脉冲到来的时刻，也即改变控制角的大小，从而改变主电路输出电压的大小。当电位器电阻 R_P 增大时，电容 C 充电时间延长，第一个脉冲出现时刻后移，α 增大，整流输出电压减小；反之，当 R_P 减小时，α 减小，输出电压增大。

任务操作指导

1. 认识电路

晶闸管台灯调光电路如图 8-10 所示，电路由晶闸管整流电路和单结晶体管触发电路构成。

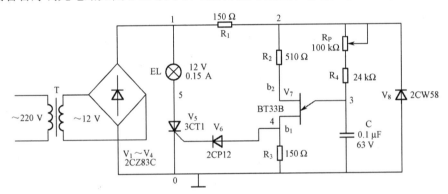

图 8-10　晶闸管台灯调光电路

改变电阻 R_P 的阻值可以改变触发脉冲的控制角，从而改变晶闸管的导通时刻，改变台灯的亮度。

2. 电路安装

（1）根据表 8-1 中列出的元件明细表配齐元器件，并用万用表检测元器件。

（2）在 130×105 的万能线路板上试放元器件，确定元器件的大概位置。

（3）根据元器件的造型工艺，将元器件的连接管脚造型、去氧化层、搪锡（已搪锡的不用），并插在万能线路板上，逐个元器件分别进行。

（4）检查元器件的安装位置是否正确，否则将差错的元器件插对。

（5）按焊接工艺将所有元器件从左到右、从上到下的顺序焊好。

（6）按工艺尺寸将所有多余的元器件管脚剪去。

（7）按电气原理图连接导线。

（8）检查安装、焊接、连线的质量，看是否有差错、虚焊、漏焊、错焊、错连的地方。

3. 电路调试

电路装接完毕，经检查无误后，可接通电源进行调试。改变 R_P 的阻值观察灯的亮度变化是否正常，若不正常则进行调试。

调试的原则是先调试控制回路（触发电路），再调试主回路；先调试弱电部分，再调试强电部分。

调试方法是采用示波器观察电路中各点的波形，从而判断电路的工作是否正常。

考核要求

（1）接线正确。

（2）元件成型规则，排列整齐。

（3）焊点无毛糙、漏焊、虚焊。

（4）通电灯亮且能正常调光。

（5）会使用万用表、示波器测量各种参数。

（6）按规定安全、文明生产。

知识梳理与总结

1. 晶闸管由4层（PNPN）半导体和3端（A、G、K）引线构成。它有3个 PN 结，由外层的 P 层和 N 层分别引出阳极 A 和阴极 K，由中间的 P 层引出门极 G。

2. 晶闸管不仅有反向阻断能力，还有正向阻断能力。晶闸管正向导通的条件是：阳极加正向偏置电压，同时门极加正向触发电压。晶闸管一旦导通，门极就失去控制作用，要使晶闸管重新关断必须设法使阳极电流减小到小于维持晶闸管持续导通的电流（维持电流），方法是降低阳极电压或给阳极加反向电压。

3. 由晶闸管组成的相控整流电路通过改变控制角的大小，可以改变输出电压的大小，实现调压输出。单相半控桥式相控整流电路输出电压、电流分别为：

$$U_L = 0.9 U_2 \frac{1 + \cos\alpha}{2}$$

$$I_L = \frac{U_L}{R_L} = 0.9 U_2 \frac{1 + \cos\alpha}{2 R_L}$$

α 为控制角，可控移相范围为 $\alpha = 0° \sim 180°$，导通角范围为 $\theta = 180° \sim 0°$。

4. 单结晶体管的工作特性是当单结晶体管发射极电压 U_E 低于峰点电压 U_P 时，单结晶体管截止；当发射极电压 U_E 等于峰点电压 U_P 时单结晶体管导通，导通后当 $U_E < U_V$ 时，管子由导通重新变为截止。

5. 晶闸管的触发电路是指能对晶闸管提供触发信号的电路，用单结晶体管可以组成晶闸管触发电路。

自测题 8

8-1 填空题

1. 普通晶闸管内部有____个 PN 结，外部有3个电极，分别是_____极、_____极和_____极。

2．晶闸管在阳极与阴极之间加上_____电压的同时，门极上加上_____电压，晶闸管即可导通。

3．晶闸管的工作状态有正向_____状态、正向_____状态和反向_____状态。

4．某半导体器件的型号为 KP50-7。其中，KP 表示该器件的名称为_____，50 表示_____，7 表示_____。

5．当阳极电流小于_____电流时，晶闸管会由导通转为截止。

6．当增大晶闸管可控整流的控制角 α 时，负载上得到的直流电压平均值会_____。

7．单结晶体管的内部一共有_____个 PN 结，外部一共有 3 个电极，分别是_____极、_____极和_____极。

8．当单结晶体管的发射极电压高于_____电压时就导通；低于_____电压时就截止。

9．触发电路送出的触发脉冲信号必须与晶闸管阳极电压_____，保证在管子阳极电压每个正半周内以相同的_____被触发，才能得到稳定的直流电压。

8-2　判断题

1．普通晶闸管外部有 3 个电极，分别是基极、发射极和集电极。　　　　　　　（　　）

2．只要让加在晶闸管两端的电压减小为零，晶闸管就会关断。　　　　　　　（　　）

3．只要给门极加上触发电压，晶闸管就导通。　　　　　　　　　　　　　　（　　）

4．晶闸管加上阳极电压后，不给门极加触发电压，晶闸管也会导通。　　　　（　　）

5．增大晶闸管整流装置的控制角 α，输出直流电压的平均值会增大。　　　　（　　）

8-3　选择题

1．允许重复加在晶闸管阳极和阴极之间的电压是（　　　）。

　　A．正反向转折电压的有效值

　　B．正反向转折电压减去 100V

　　C．正反向转折电压的峰值

2．单相桥式可控整流电路输出直流电压的平均值，等于整流前交流电压的（　　　）倍（假设控制角 $\alpha=0°$）。

　　A．1　　　　　　B．0.5　　　　　　C．0.45　　　　　　D．0.9

3．当晶闸管承受反向阳极电压时，不论门极加何种极性触发电压，管子都将工作在（　　　）。

　　A．导通状态　　　B．关断状态　　　C．饱和状态　　　　D．不定

4．单相桥式可控整流电阻性负载电路中，控制角 α 的最大移相角是（　　　）。

　　A．90°　　　　　　B．120°　　　　　C．150°　　　　　　D．180°

8-4　简答题

1．晶闸管的正常导通条件是什么？晶闸管的关断条件是什么？

2．对晶闸管的触发电路有哪些要求？

8-5　计算题

1．单相半波可控整流电路，电阻性负载。要求输出的直流平均电压为 50～92 V 之间连续可调，由交流 220 V 供电，求晶闸管控制角应有的调整范围为多少？

2．电阻负载单相半控桥式整流电路的最大输出电压是 110 V，负载电阻为 15 Ω。

（1）计算交流电源电压的有效值 U_2。

（2）计算当 $\alpha=90°$ 时输出电压平均值与负载中的平均电流。

第9章

组合逻辑电路

教学导航

教	知识重点	1. 与门、非门、或门、与非门的逻辑关系；　　2. 逻辑代数基本公式； 3. 组合逻辑电路分析与设计方法； 4. 编码器、译码器的逻辑功能
	知识难点	1. 逻辑函数的化简；　　　　　　2. 组合逻辑电路的设计； 3. 编码器、译码器应用
	推荐教学方式	注重数字电路基本逻辑门有关知识的讲授，培养学生分析组合逻辑电路与 设计电路的能力
	建议学时	18 学时
学	推荐学习方法	扎实掌握各种基本逻辑门电路和基本逻辑单元的功能，锻炼数字集成单元 的使用和数字电路的分析、设计能力
	必须掌握的理论知识	1. 与门、非门、或门、与非门的表示符号；逻辑关系；逻辑函数表示式； 真值表；其他基本逻辑门的表示符号和逻辑关系；常用集成逻辑单元使用 知识； 2. 二进制计数制；逻辑代数基本公式及基本化简方法； 3. 组合逻辑电路分析与设计方法； 4. 编码器、译码器逻辑功能；数码显示器工作原理；集成编码器、译码器、 显示译码器使用知识； 5. 加法器逻辑功能
	必须掌握的技能	数字集成单元的使用及电路组装的基本操作知识

任务 9　病房呼叫器的组装

实物图

病房呼叫器主要由按钮、优先编码器和译码显示器组成，如图 9-1 所示。在病房按动按钮时，在护士办公室可显示呼叫床位号码。使用优先编码器可使最危重病人的呼叫信息优先显示。

图 9-1

器材与元件

病房呼叫器需用的器材与元件见表 9-1。

表 9-1

序号	名称	型号规格	数量
1	优先编码器	74LS147	1
2	显示译码器	CT74LS247	1
3	反相器	T1004	1
4	$R_0 \sim R_9$	400 Ω	10
5	$R_{10} \sim R_{16}$	400 Ω	7
6	按钮		10
7	显示器	546R 数码管	1
8	其他	万能电路板、连接导线、5 V 直流电源	

背景知识

电子电路分为两大类：模拟电子电路和数字电子电路。我们在前面几个项目中着重学习了有关模拟电子电路方面的内容，从本项目开始讨论数字电子电路。

数字电路具有抗干扰能力强、工作可靠性高、精度高、数字信息便于长期保存和读数等优点，特别是数字电路更易于实现集成化，使数字集成电路在数字电子计算机、数字通信、数控技术、数字仪表等众多技术领域得到了广泛的应用。

9.1　基本逻辑关系和基本逻辑门电路

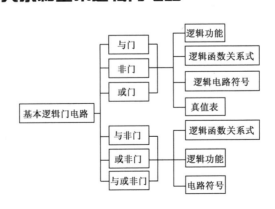

模拟电子电路与数字电子电路的主要构成元件都是三极管，但是三极管的工作状态不同，处理的电信号也不同，如表9-2所示。

表9-2

	模拟电子电路	数字电子电路
处理信号	模拟信号：随时间连续变化的信号，如正弦波信号	数字信号：随时间不连续变化的信号
功能	主要为放大作用：输入小信号，输出放大的信号，但变化方式不变	对输入信号之间的关系进行判断，符合条件时输出一个信号，不符合条件时输出另一个相反信号
三极管的工作状态	主要为放大状态	开关状态：饱和时集射极开关闭合，截止时集射极开关断开

> **提示　数字信号与数字电路**
>
> （1）数字信号只有两种输出状态：高电平、低电平，通常用"1"和"0"来表示，这种表示方式称为正逻辑。若用"0"表示高电平，"1"表示低电平，则称为负逻辑。一般经常采用正逻辑。
>
> （2）"1"和"0"只表示两种相反的状态，并没有实际数值意义。
>
> （3）由于数字电路的输入、输出信号均只有两种状态，因此数字电路采用二进制计数方式。

数字电路功能是判断其输入信号是否符合条件，然后在输出端通过高、低电平显示出来，那么数字电路的输入与输出的关系为"条件"与"结果"之间的关系，这在哲学意义上就是逻辑，所以数字电路又称**逻辑门电路**。根据数字电路实际功能的不同，数字电路可分为很多种，但基本上都是由一些最基本逻辑门电路组合而成的。

9.1.1　与门电路、或门电路、非门电路

基本逻辑单元，如表9-3所示。

表9-3　基本逻辑单元

电路 比较	与门电路			或门电路			非门电路	
逻辑功能	当所有输入全为高电平时，输出才为高电平；输入中只要有一个低电平，输出为低电平			输入中只要有一个高电平，输出就为高电平；只有输入全为低电平时，输出才为低电平			输出总与输入相反	
逻辑函数关系式	$Y = A \cdot B$			$Y = A + B$			$Y = \overline{A}$	
电路表示符号	A B & Y			A B ≥1 Y			A 1 Y	
真值表	A	B	Y	A	B	Y	A	Y
	0	0	0	0	0	0	0	1
	0	1	0	0	1	1		
	1	0	0	1	0	1	1	0
	1	1	1	1	1	1		

提示　真值表与逻辑关系式

（1）真值表是所有输入信号取值状态与输出状态的对应关系表。

（2）与逻辑关系式 $Y=A \cdot B$，读为 A "与" B，其逻辑运算方法基本与代数乘法相同，但 $Y=A \cdot A=A$，而不是 A^2；或逻辑关系式 $Y=A+B$，读为 A "或" B，其逻辑运算方法基本与代数加法相同，但 $Y=A+A=A$，而不是 $2A$。

9.1.2　与非门、或非门、与或非门

以上讨论了与、或、非 3 种最基本的逻辑关系及对应的门电路。另外，我们还经常使用 3 种复合门：与非门、或非门、与或非门，如表 9-4 所示。

表 9-4　与非门、或非门、与或非门电路

逻辑门 比较	与非门	或非门	与或非门
电路表示符号	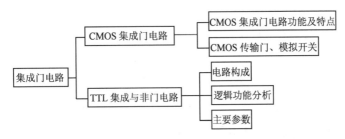		
逻辑函数关系式	$Y=\overline{A \cdot B}$	$Y=\overline{A+B}$	$Y=\overline{A \cdot B+C \cdot D}$

思考题

上面所学的几种基本逻辑门的逻辑功能也可用下面的说法描述，它们分别对应哪种逻辑门？

（1）全 1 出 1，有 0 出 0。

（2）全 0 出 0，有 1 出 1。

（3）全 1 出 0，有 0 出 1。

（4）全 0 出 1，有 1 出 0。

9.2　集成门电路

上节所学的基本逻辑关系既可用分立元件实现，也可由集成电路实现。由于现在集成电路应用已十分普遍，因此我们只学习集成电路。

常用小规模集成电路有 CMOS 集成门（由 MOS 管或单极型三极管组成）和 TTL 集成"与非"门（由晶体管或双极型三极管来组成）。

MOS 门电路以绝缘栅场效应管为基本元件组成，MOS 场效应管有 PMOS 和 NMOS 两类。

CMOS 集成门电路是由 PMOS 和 NMOS 组成的互补对称型逻辑门电路。它具有集成度更高、功耗更低、抗干扰能力更强、扇出系数更大等优点，从而在中大规模集成电路中得到广泛的应用。

1. CMOS 集成门电路的功能及特点

常见的有 CMOS 非门、CMOS 与非门和 CMOS 或非门，它们的逻辑功能与 TTL 集成门电路相同，因此，其逻辑符号也一样。

目前，国产 CMOS 数字集成电路的主要系列有：CC4000 系列和高速 CMOS（HCMOS）系列。CC4000 系列的工作电压为 3～18 V，能和 TTL 数字集成电路共用电源，并且连接比较方便，是当前普遍使用的一种 CMOS 数字集成电路。高速 CMOS 系列的突出优点是平均传输延迟时间 t_{pd} 较小，约为普通 CMOS 门电路的 1/10，是一种具有发展前途的新型器件。

CMOS 集成门电路的逻辑功能、图形符号与 TTL 集成门电路相同。

CMOS 集成门电路的结构特殊，在使用 CMOS 集成门电路时应该注意以下几点。

（1）CC4000 系列需用的电源电压可在大约 3～15V 的范围内选择，但是不能超过极限值 18 V。

（2）电源电压极性不能接反，否则将损坏 CMOS 集成门电路。

（3）多余不用的输入端不可悬空。正确的处理方法是：与门和与非门的多余输入端接电源正极；或门和或非门的多余输入端直接接地。但是，多余的输入端最好不要并联，以免增加输入端电容，降低工作速度。

（4）在同一数字系统中既有 CMOS 又有 TTL 集成电路时，应注意这两种不同类型电路之间逻辑电平的配合问题。

2. CMOS 传输门和模拟开关

CMOS 传输门是一种控制信号能否通过的电子开关，具有对要传送的信号电平允许通过和禁止通过的功能，其逻辑符号如图 9-2 所示。

当控制信号 $C=0$（$\overline{C}=1$）时，传输门关闭，相当于开关断开；当控制信号 $C=1$（$\overline{C}=0$）时，传输门开通，相当于开关闭合。$U_o=U_i$，这种传输是双向的，所以 CMOS 门电路又称为双向开关。

如果将 CMOS 传输门和反相器按如图 9-3 所示电路相连，则构成了一个双向模拟开关。显然当 $C=1$ 时，传输门导通，开关接通，$U_o=U_i$；$C=0$ 时，传输门截止，开关断开，输出与输入之间关断，输入信号不能传送到输出端。

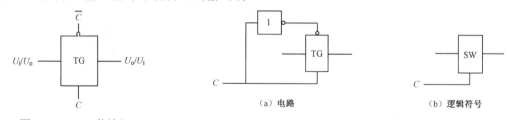

图 9-2　CMOS 传输门　　　　（a）电路　　　（b）逻辑符号
　　　　　　　　　　　　　　　图 9-3　CMOS 模拟开关

知识拓展　TTL 集成"与非"门电路

1. 结构组成

如图 9-4 所示为 TTL 集成与非门的典型组成电路，由输入级、中间级和输出级 3 部分组成。

（1）输入级以多发射极晶体管 VT_1（多发射极晶体管的等效电路如图 9-5 所示）为主，它和电阻 R_1 一起组成输入级，完成"与"逻辑功能，每一个发射结都相当于一只二极管的功能。

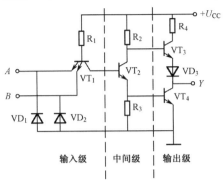

图 9-4　TTL 集成与非门的典型电路

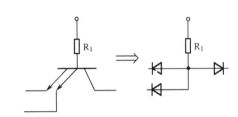

图 9-5　多发射极晶体管的等效电路

（2）中间级以普通晶体管 VT_2 为主，它和电阻 R_2、R_3 一起组成中间级，完成"倒相"功能，即从它的集电极和发射极分别输出两个信号，去驱动输出级的 VT_3 和 VT_4 工作。

（3）输出级以 VT_3 和 VT_4 为主，它们和 VD_3、R_4 一起组成输出级，当 VT_3 饱和导通时，VT_4 截止，反之，当 VT_3 截止时，VT_4 饱和导通。

通常，TTL 集成门的高电平为 3.6 V 左右，低电平为 0.3 V 左右。其输入端接二极管 VD_1 和 VD_2 的作用是限制输入端出现负极性干扰脉冲，保护多发射极晶体管。

2．逻辑功能分析

当输入端 A、B 全为"1"（接近电源 U_{CC} 电压）时，VT_1 的几个发射结都截止，集电结导通，使 VT_2 饱和导通，VT_2 集射极间饱和压降很小，使 VT_3 处于截止状态。另外，VT_2 饱和导通的发射极电流足以使 VT_4 饱和导通，输出端 Y 近似为 0.3 V 的低电平；当输入端 A、B 中有"0"时，VT_1 发射结至少有一个导通，则 VT_1 的基极电位为 0.7 V，该电压使 VT_1 集电结、VT_2 均截止，VT_4 也截止，VT_3 饱和导通，输出端 Y 近似为 3.6 V 高电平。

由此可见，该电路实现了"与非"逻辑功能。

3．主要参数

TTL 集成与非门的主要参数反映了电路的工作速度、抗干扰能力和驱动能力等，如表 9-5 所示。所以，了解这些参数的含义对合理安全地应用器件是很重要的。

表 9-5　TTL 集成与非门的主要参数

参数名称	符号	典型值	参数含义
输出高电平	U_{OH}	≥3.2 V	当输入端有"0"时，在输出端得到的输出电平
输出低电平	U_{OL}	≤0.35 V	当输入端全为"1"时，在输出端得到的输出电平
开门电平	U_{ON}	≤1.8 V	在额定负载条件下，使输出为"0"（VT_4 管饱和导通，即开门）所需的最小输入高电平值
关门电平	U_{OFF}	≥0.8 V	在额定负载条件下，使输出为"1"（VT_4 管截止，即关门）所需的最大输入低电平值
扇出系数	N_O	≥8	正常工作时能驱动的同类门的数目，也称负载能力
平均延迟时间	t_{pd}	≤40 ns	$$t_{pd} = \frac{t_{PHL} + t_{PLH}}{2}$$ 其中，t_{PHL} 表示输出电压由 0 跳变到 1 时的传输延迟时间；t_{PLH} 表示输出电压由 1 跳变到 0 时的传输延迟时间，反映了电路的工作速度

TTL 集成与非门具有广泛的用途，利用它可以组成很多不同逻辑功能的门电路，其外形图和引脚图如图 9-6 所示。例如，TTL"异或"门就是在 TTL"与非"门的基础上适当改动和组合而成的。此外，后面讨论的编码器、译码器、触发器、计数器等逻辑电路也都可以由它来组成。

（a）外形

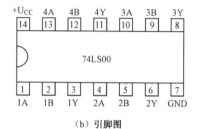

（b）引脚图

图 9-6　TTL 集成与非门

提示　TTI 集成与非门的输入端

TTL 集成与非门可能有多个输入端。使用时可按照实际需要选用。例如，在使用中有多余的输入端不用，一般不应为"空"，因为这样容易从该输入端引入干扰信号，这时可以采用两种方法：一是将多余输入端与电源正极（+5 V）连接，如图 9-7（a）所示；二是将多余输入端与已被使用的一个输入端并联，如图 9-7（b）所示。

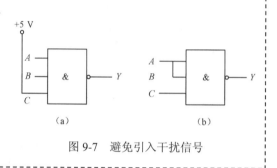

图 9-7　避免引入干扰信号

知识拓展　其他几种逻辑门电路

1. 三态输出与非门

三态输出与非门可以输出 3 种状态：高电平 1、低电平 0、高阻状态。其表示符号如图 9-8 所示。图中 EN 为控制端，A、B 为输入端，当 EN 有效时，三态门相当于与非门，输出高、低电平；当 EN 无效时，将使门电路输出级的晶体管 VT_3、VT_4 全部截止，输出端被悬空，相当于输出端与电源、地之间都是断开的，输出端呈现高阻状态。

三态与非门常用于总线结构。总线结构是在同一条线上分时段传递多个逻辑门的输出信号，从而减少连线数量。如图 9-9 所示，每次只有一个三态与非门控制端为 1，其输出信号通过总线传送，其余三态与非门控制端为低电平，为高阻状态，相当于与总线脱开，从而避免各个门之间的相互干扰。

2. 异或门

异或门的逻辑功能为当两输入信号相异时输出为高电平；当两输入信号相同时输出为低

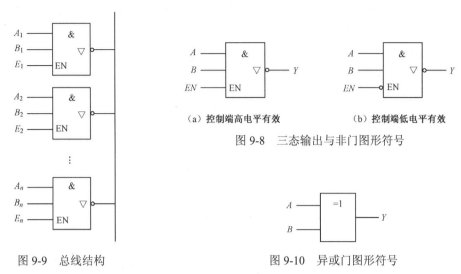

（a）控制端高电平有效　　　　　　　（b）控制端低电平有效

图 9-8　三态输出与非门图形符号

图 9-9　总线结构　　　　　　　　　图 9-10　异或门图形符号

电平。其表示符号如图 9-10 所示。逻辑关系式是 $Y = A\overline{B} + \overline{A}B = A \oplus B$。

9.3　逻辑代数

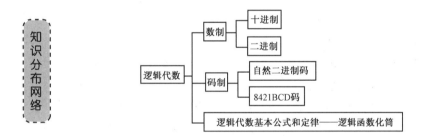

9.3.1　数制与码制

1．数制及其相互转换

数制是进位计数的方法。在人们的日常生活中，有多种进制的计数方式，如平时计数使用最多的十进制、时钟计时用到的十二进制（或二十四进制）和六十进制、在计算机电路中使用的二进制等。那么各种进制有什么特点，同一个数又如何用不同进制来表示呢？

1）十进制

（1）十进制数有 0、1、2、3、4、5、6、7、8、9 共 10 个数字符号，十进制数用它们中的若干个来表示，通常将计数数码的个数称为基数，十进制的基数是 10。例如，十进制数 369 用了一个 3、一个 6 和一个 9 来表示，为与其他进制的数区分开，通常记为$(369)_{10}$ 或$(369)_D$。

（2）处于不同位置的同一个数字代表数的大小不同，称之为该位的权，十进制数的权是以 10 为底的幂，幂的大小由所在的位数决定。例如，十进制数 369 中个位（第 0 位）上的 9 大小为 $9 \times 10^0 = 9$，其中 10^0 为该位的权；百位（第 2 位）上的 3 大小为 $3 \times 10^2 = 300$，10^2 为该位的权；同样十位（第 1 位）上的 6 实际大小为 $6 \times 10^1 = 60$，10^1 为该位的权。

213

（3）按"逢十进一"的规律计数，即低位计数到 9 时再加 1 就满 10 了，这时应向高位进 1。例如，个位计数满 10 后应向十位进 1，同时本位归 0。

十进制数可以有许多位，其意义和计数方法同上。

2）二进制

由于人们长期以来养成的习惯，生活中用十进制数计数给我们带来了方便，但在数字电路中要表示十进制数却十分烦琐。为了方便，在数字电路中常用二进制数来计数或用二进制编码来表示电路的工作状态。

（1）任意一个二进制数都可用 0 和 1 两个数字符号来表示，所以计数的基数为 2。例如，二进制数 1000110 用了 3 个 1 和 4 个 0 共 7 位来表示，常记为 $(1000110)_2$ 或 $(1000110)_B$。

（2）同样，二进制数的权也是由所处位置的不同而不同的，二进制数的权是以 2 为底的幂，幂的大小也由所在的位数决定。例如，二进制数 1000110 中的第 1 位（从右至左，注意不是第 0 位）上的 1 大小为 $1 \times 2^1 = 2$，第 2 位上的 1 大小为 $1 \times 2^2 = 4$，而第 6 位（最高位）的 1 大小为 $1 \times 2^6 = 64$，此外，含 0 的各位乘以它相应的幂后均为 0。

（3）按"逢二进一"的规律计数，即低位计数到 1 时再加 1 就满 2 了，这时应向高位进 1，同时本位归 0。

与十进制数一样，二进制数也可以有许多位。那么如何用二进制数来表示一个十进制数或者用十进制数来表示一个二进制数呢？

3）两种数制之间的相互转换

（1）二进制数转换成十进制数：采用乘权相加法，即将二进制数按权展开，然后各项相加，其结果就是对应的十进制数。例如，$(1000110)_2 = 1 \times 2^6 + 1 \times 2^2 + 1 \times 2^1 = (70)_{10}$。

（2）十进制数转换成二进制数：采用除 2 取余倒排法，即将十进制数除 2 取余，并倒排列。

具体方法就是不断地用 2 去除某个十进制数，并依次记下余数，直到商为 0 为止，将每次整除得到的余数进行倒排列，即最先得到的余数为最低位，最后得到的余数为最高位，这样就得到与该十进制数等值的二进制数了。例如，将 $(396)_{10}$ 转换为二进制数的过程如下。

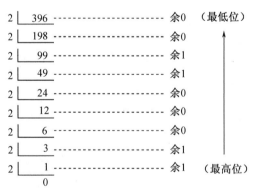

所以，$(396)_{10} = (110001100)_2$。

2．码制

在数字电子计算机等数字系统中，各种数据都要转换为二进制代码才能进行处理，人们

在日常生活中却习惯于使用十进制数，因此就产生了用 4 位二进制代码来表示一位十进制数的方法，这样得到的 4 位二进制代码称为二—十进制代码，简称为 BCD 码。

1）自然二进制码

自然二进制码就是用一定位的二进制数来表示十进制数，表 9-6 为 20 以内的十进制数与二进制数之间的关系。

表 9-6　20 以内的十进制数与二进制数之间的关系

十进制数	二进制数	十进制数	二进制数	十进制数	二进制数	十进制数	二进制数	十进制数	二进制数
0	0	4	100	8	1000	12	1100	16	10000
1	1	5	101	9	1001	13	1101	17	10001
2	10	6	110	10	1010	14	1110	18	10010
3	11	7	111	11	1011	15	1111	19	10011

由表 9-6 可以看出，根据十进制数的大小不同，我们可以用不同位数的二进制数来表示十进制数。十进制数越大，所需的二进制数的位数就越多。反之，二进制数的位数就决定了能表示出的代码个数，如 3 位二进制代码最多可表示 2^3=8 个代码（或目标、对象）。

2）8421 BCD 码

由于 0～9 这 10 个十进制数码至少需要 4 位二进制数表示，在表示一个十进制数时，把每一位十进制数用 4 位二进制数表示，这种表示方法称为 8421 BCD 码。十进制数中 10 个代码的 BCD 码如表 9-7 所示。

表 9-7　8421BCD 码及其代表的十进制数

十进制数	8421 BCD 码	十进制数	8421 BCD 码
0	0000	5	0101
1	0001	6	0110
2	0010	7	0111
3	0011	8	1000
4	0100	9	1001

例如，十进制数 396 用 8421 BCD 码表示出来就是 0011 1001 0110，即

$$(396)_{10} = (0011\ 1001\ 0110)_{8421BCD}$$

这与前面所述的十进制数 396 转换成的二进制代码不同，更便于数字系统处理，因此使用范围较广。

9.3.2　逻辑代数及逻辑函数化简

1. 逻辑代数

逻辑代数是研究逻辑电路的数学工具。它与普通代数类似，只不过逻辑代数的变量只有两种取值："0" 和 "1"。这里的 "0" 和 "1" 仅代表两种相反的逻辑状态，并没有数量大小的含义，因而逻辑代数的运算规律也与普通代数有差别。

逻辑代数的基本公式和基本定律如表9-8所示。

表9-8 逻辑代数的基本公式和基本定律

公式或定律		或运算	与运算
基本公式		$A+0=A$	$A \cdot 0=0$
		$A+1=1$	$A \cdot 1=A$
		$A+A=A$(重叠律)	$A \cdot A=A$(重叠律)
		$A+\overline{A}=1$(互补律)	$A \cdot \overline{A}=0$(互补律)
		$\overline{\overline{A}}=A$(非非律)	
基本定律	交换律	$A+B=B+A$	$A \cdot B=B \cdot A$
	结合律	$A+B+C=(A+B)+C$ $=A+(B+C)$	$A \cdot B \cdot C=(A \cdot B) \cdot C$ $=A \cdot(B \cdot C)$
	分配律	$A+BC=(A+B)(A+C)$	$A \cdot(B+C)=A \cdot B+A \cdot C$
	反演律（摩根定律）	$\overline{A+B}=\overline{A} \cdot \overline{B}$	$\overline{A \cdot B}=\overline{A}+\overline{B}$
	吸收律	$A+A \cdot B=A$	
		$A+\overline{A}B=A+B$	
	冗余律	$AB+\overline{A}C+BC=AB+\overline{A}C$	

利用以上所列的基本公式和基本定律，可以将逻辑函数表达式化简，从而使逻辑电路中的门电路个数减少，降低成本，提高电路工作的可靠性。

2. 逻辑函数的化简

进行逻辑函数的化简，就是要求得出某个逻辑函数的最简"与—或"表达式，即符合"**乘积项的项数最少；每个乘积项中包含的变量个数最少**"这两个条件。

逻辑函数的化简是分析和设计数字电路时不可缺少的步骤。常用的化简方法有公式化简法（代数法）和卡诺图化简法，本书只介绍公式化简法。

公式化简法是利用基本公式和定律化简逻辑函数的方法。利用公式化简时，常采用以下几种方法。

（1）并项法。利用$A+\overline{A}=1$的关系，将两项合并为一项，并消去一个变量。例如：

$$Y=ABC+AB\overline{C}+A\overline{B}=AB(C+\overline{C})+A\overline{B}$$

$$=AB+A\overline{B}=A(B+\overline{B})=A$$

（2）吸收法。利用$A+AB=A$消去多余项。例如：

$$Y=\overline{A}B+\overline{A}BCD=\overline{A}B$$

（3）消去法。利用$A+\overline{A}B=A+B$消去多余的因子。例如：

$$Y=AB+\overline{A}C+\overline{B}C=AB+(\overline{A}+\overline{B})C$$

$$=AB+\overline{AB}C=AB+C$$

（4）配项法。利用$A+\overline{A}=1$可在函数某一项中乘以$(A+\overline{A})$，展开后消去更多的项。也可利用公式$A+A=A$，在函数上加上多余的项，以便获得更简化的函数式。

化简逻辑函数时，往往是上述方法的综合应用。

【**实例 9-1**】化简逻辑函数式 $Y = A\overline{B}C + A\overline{\overline{B}C}$。

解　把上式中的 $\overline{B}C$ 作为一个逻辑变量处理，并取 $Z = \overline{B}C$，则上式可改写为：

$$Y = AZ + A\overline{Z} = A$$

这个实例表明可以将任一逻辑项当做一个逻辑变量处理，并且用相应公式进行化简。

【**实例 9-2**】化简逻辑函数式 $Y = \overline{AB} + \overline{A}\,\overline{B}C$。

解　$Y = \overline{AB} + \overline{A}\,\overline{B}C = \overline{A} + \overline{B} + \overline{A}\,\overline{B}C = \overline{A}(1 + \overline{B}C) + \overline{B} = \overline{A} + \overline{B}$

【**实例 9-3**】化简逻辑函数式 $Y = ABC + A\overline{B}\,\overline{\overline{A}\,\overline{C}}$。

解　$Y = ABC + A\overline{B}\,\overline{\overline{A}\,\overline{C}} = ABC + A\overline{B}(\overline{\overline{A}} + \overline{\overline{C}})$

$= ABC + A\overline{B}(A + C) = ABC + A\overline{B} + A\overline{B}C$

$= AC(B + \overline{B}) + A\overline{B} = AC + A\overline{B}$

??? 思考题

以下两式也可作为公式使用，你能用所学基本公式证明吗？

（1）$ABC + \overline{A} + \overline{B} + \overline{C} = 1$；

（2）$AB + \overline{A}C + \overline{B}C = AB + C$。

知识拓展　组合逻辑电路的分析与设计

组合逻辑电路包括两方面问题：一是组合逻辑电路的分析，二是组合逻辑电路的设计。

1. 组合逻辑电路的分析

这类问题是指给出逻辑电路图，分析该电路图完成的逻辑功能。通过实例对其分析步骤介绍如下。

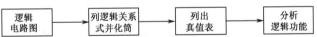

【**实例 9-4**】分析图 9-11 所示组合逻辑电路的逻辑功能。

解　首先写出输出 C 和 S 的逻辑表达式：

$$C = AB$$

$$S = A \oplus B$$

然后根据表达式列出真值表，如表 9-9 所示。

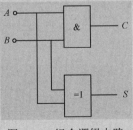

图 9-11　组合逻辑电路

表 9-9　真值表

输入变量		输出函数	
A	B	S	C
0	0	0	0
0	1	1	0
1	0	1	0
1	1	0	1

电工电子技术（第2版）

由真值表可以看出：该电路实现了两个一位二进制数的加法运算，S 为本位和，C 为进位，称为半加运算。

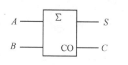

> 💡 **提示　半加器**
>
> 半加器也是一种专用集成电路，其图形符号如图 9-12 所示。其功能是进行算数加法运算，该电路只能进行两个二进制数的本位相加运算，没有考虑从低位来的进位。
>
> 图 9-12　半加器逻辑符号

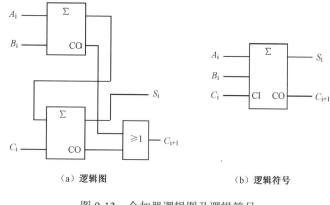

> ❓❓**思考题**
>
> 图 9-13 所示的加法器既可进行本位求和，又考虑低位进位，是一个全加器。你能分析其逻辑功能是什么？
>
> （a）逻辑图　　　　（b）逻辑符号
>
> 图 9-13　全加器逻辑图及逻辑符号

2. 组合逻辑电路的设计

给出需要完成的逻辑功能，设计出逻辑电路。其步骤与上述的分析正好相反，通过实例介绍步骤如下。

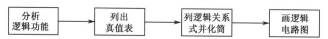

【实例 9-5】要求设计一个交通信号灯故障检测电路。

交通信号灯有红、黄、绿 3 盏灯，分别用字母 R、Y、G 表示。正常工作状态有 3 种组合，即绿灯亮，红、黄灯暗；绿、黄灯亮，红灯暗；红灯亮，绿、黄灯暗。

当 3 盏灯出现其他组合情况时，就表明控制电路出现了故障。这时故障检测电路应及时发出信号，通知管理维修人员及时排除故障。

解　第一步，根据设计要求，对输入、输出逻辑变量进行分析。这个电路的输入逻辑变量是 3 盏灯 R、Y、G 的亮、暗状态，规定灯亮用 1 表示、灯暗用 0 表示。电路输出是故障信号 F，发生故障时 F 是 1、正常工作时 F 是 0。

3 个输入信号（3 盏信号灯）共有 8 种可能的状态组合，其中 3 种是正常工作状态，用 0 表示。除此之外的 5 种组合就是故障状态，用 1 表示。

第二步，根据以上分析，列出该逻辑问题的真值表，如表 9-10 所示。

表 9-10　例 9-5 的真值表

R	Y	G	F
0	0	0	1
0	0	1	0
0	1	0	1
0	1	1	0
1	0	0	0
1	0	1	1
1	1	0	1
1	1	1	1

第三步，根据真值表，写出输出 F 的表达式。

在表 9-10 第 1、3、6、7、8 行所示的变量组合中，只要有一种情况出现，就使输出 $F=1$，这是一种或逻辑关系。在每一行的输入变量之间则是与逻辑关系。例如，第 1 行，当 $R=0$、$Y=0$、$G=0$ 的条件全都具备时，才能使 $F=1$。用与逻辑关系表达，就应该理解为 $\overline{R}=1$、$\overline{Y}=1$、$\overline{G}=1$ 这 3 个条件全都具备时，$F=1$。所以每一乘积项组成的原则应该是原变量为 1 的就写成原变量，原变量为 0 的就写成其反变量。根据上述原则，可得：

$$F = \overline{R}\,\overline{Y}\,\overline{G} + \overline{R}Y\overline{G} + R\overline{Y}G + RY\overline{G} + RYG$$

第四步，将逻辑函数式化简。根据真值表建立的逻辑函数式如果不为最简形式，则应该用基本公式进行化简。

$F = \overline{R}\,\overline{Y}\,\overline{G} + \overline{R}Y\overline{G} + R\overline{Y}G + RY\overline{G} + RYG$（根据公式 $A+A=A$，在上式中填加 R、Y、G 项）

$= \overline{R}\,\overline{G}(\overline{Y}+Y) + R\overline{Y}G + RY\overline{G} + RYG + RYG$

$= \overline{R}\,\overline{G} + RG(\overline{Y}+Y) + RY(\overline{G}+G)$

$= \overline{R}\,\overline{G} + RG + RY$

第五步，根据以上的表达式，可得出用与门和或门组成的逻辑电路图，如图 9-14 所示。

如果要求用其他特定功能的门电路组成逻辑电路，则应对逻辑式进行变换。例如，要求使用与非门时，则有：

$$F = \overline{\overline{\overline{R}\,\overline{G} + RG + RY}} = \overline{\overline{\overline{R}\,\overline{G}} \cdot \overline{RG} \cdot \overline{RY}}$$

可得逻辑电路图，如图 9-15 所示。

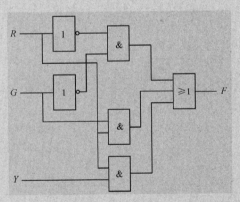

图 9-14　用与门和或门组成的逻辑电路图

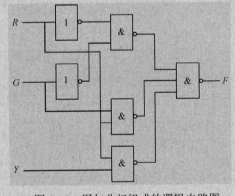

图 9-15　用与非门组成的逻辑电路图

9.4　编码器

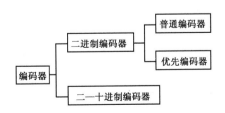

除了上述学到的与非门这样的小规模集成电路以外，还有具有特定功能的中规模的集成电路，如编码器、译码器等，本节学习编码器。

编码就是用二进制代码表示特定对象的过程。其输入为被编信号，输出为二进制代码。例如，计算机的主键盘下面就连接了编码器，键盘的每个键可以输入数字、字母或其他信息，但计算机不能识别这些信息，只能识别二进制码，所以必须将输入信息编成各自对应的二进制码。当你按下一个键时，编码器将该键所输入信息编成对应的二进制代码。

按输出代码种类的不同，编码器可分为二进制编码器和二—十进制编码器。

9.4.1　二进制编码器

如图 9-16 所示为一个 3 位二进制编码器的逻辑电路图，它是用 3 位二进制代码对 8 个对象（$2^3=8$）进行编码，由于输入有 8 个逻辑变量，输出有 3 个逻辑函数，所以又称为 8 线—3 线编码器。

根据前述的组合逻辑电路的分析方法，首先由逻辑图可以写出该编码器的输出函数表达式：

$$Y_2 = I_4 + I_5 + I_6 + I_7$$
$$Y_1 = I_2 + I_3 + I_6 + I_7$$
$$Y_0 = I_1 + I_3 + I_5 + I_7$$

由逻辑表达式可以列出该编码器的真值表，如表 9-11 所示。

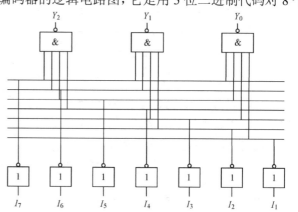

图 9-16　3 位二进制编码器电路

表 9-11　3 位二进制编码器的真值表

输入（8个）								输出		
I_0	I_1	I_2	I_3	I_4	I_5	I_6	I_7	Y_2	Y_1	Y_0
1	0	0	0	0	0	0	0	0	0	0
0	1	0	0	0	0	0	0	0	0	1
0	0	1	0	0	0	0	0	0	1	0
0	0	0	1	0	0	0	0	0	1	1
0	0	0	0	1	0	0	0	1	0	0
0	0	0	0	0	1	0	0	1	0	1
0	0	0	0	0	0	1	0	1	1	0
0	0	0	0	0	0	0	1	1	1	1

可见，以上电路确实对 8 位对象进行了编码。

提示：

上面的编码器是输入信号高电平有效，也可以采用低电平有效，即信息输入端电平为"0"，其余端为"1"。编码时，也可以反码输出，若 7 号位置有信息，在输出端编成"000"，而 0 号位置有信息，编成"111"。

　　为解决上述问题，将电路设计成优先编码方式，允许同时有几个信息输入，但只对其中优先级别最高的对象进行编码。如图 9-17 所示是中规模集成电路 8 线—3 线优先编码器 74LS748 的引脚图。表 9-12 是其功能真值表。

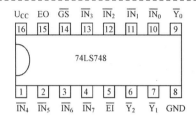

图 9-17　8 线—3 线优先编码器 74LS748 引脚图

表 9-12　8 线—3 线优先编码器 74LS748 的功能真值表

| 输入（8 个对象和 1 个使能输入端） | | | | | | | | | 输出 | | | | |
$\overline{EI}$	$\overline{IN_0}$	$\overline{IN_1}$	$\overline{IN_2}$	$\overline{IN_3}$	$\overline{IN_4}$	$\overline{IN_5}$	$\overline{IN_6}$	$\overline{IN_7}$	$\overline{Y_2}$	$\overline{Y_1}$	$\overline{Y_0}$	$\overline{GS}$	EO
1	×	×	×	×	×	×	×	×	1	1	1	1	1
0	×	×	×	×	×	×	×	0	0	0	0	0	1
0	×	×	×	×	×	×	0	1	0	0	1	0	1
0	×	×	×	×	×	0	1	1	0	1	0	0	1
0	×	×	×	×	0	1	1	1	0	1	1	0	1
0	×	×	×	0	1	1	1	1	1	0	0	0	1
0	×	×	0	1	1	1	1	1	1	0	1	0	1
0	×	0	1	1	1	1	1	1	1	1	0	0	1
0	0	1	1	1	1	1	1	1	1	1	1	0	1
0	1	1	1	1	1	1	1	1	1	1	1	1	0

　　图中，$\overline{IN_0} \sim \overline{IN_7}$ 代表 8 位输入，$\overline{Y_2} \sim \overline{Y_0}$ 代表 3 位输出，输入和输出均为低电平有效。为了扩展功能，还增加了使能输入端 $\overline{EI}$、优先标志输出端 $\overline{GS}$ 和使能输出端 EO。

　　由真值表可以看出优先顺序：$\overline{IN_7}$ 为最高优先，因为只要 $\overline{IN_7} = 0$，不管其他输入端是 0 还是 1，输出总对应着 $\overline{IN_7}$ 的编码。优先从 $\overline{IN_7}$ 起，依次为 $\overline{IN_6}$、$\overline{IN_5}$、$\overline{IN_4}$、$\overline{IN_3}$、$\overline{IN_2}$、$\overline{IN_1}$，最低优先是 $\overline{IN_0}$。该电路的功能为：当 $\overline{EI}$ 为低电平时允许编码工作，若输入端有多个为低电平，则只对其最高位编码，在输出端输出对应自然 3 位二进制代码的反码，此时，使能输出端 EO 为高电平，优先标志端 $\overline{GS}$ 为低电平；而当 $\overline{EI}$ 为高电平时，电路禁止编码工作。

9.4.2　二—十进制编码器

　　将十进制数 0~9 共 10 个对象用 BCD 码来表示的电路称为二—十进制编码器。其中，最常用的二—十进制编码器之一就是 8421 BCD 编码器，也称为 10 线—4 线编码器。它的逻辑电路图如图 9-18 所示，表 9-13 是它的简化真值表。

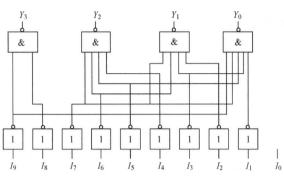

图 9-18　8421 BCD 编码器的逻辑图

表 9-13　8421 BCD 编码器的简化真值表

输入十进制数	输出（8421 BCD 码）			
	Y_3	Y_2	Y_1	Y_0
0	0	0	0	0
1	0	0	0	1
2	0	0	1	0
3	0	0	1	1
4	0	1	0	0
5	0	1	0	1
6	0	1	1	0
7	0	1	1	1
8	1	0	0	0
9	1	0	0	1

由逻辑图或真值表可得输出各端的表达式如下。

$$Y_3 = I_8 + I_9$$
$$Y_2 = I_4 + I_5 + I_6 + I_7$$
$$Y_1 = I_2 + I_3 + I_6 + I_7$$
$$Y_0 = I_1 + I_3 + I_5 + I_7 + I_9$$

二—十进制编码器也有优先编码器，常见型号有中规模集成电路 74HCT147 等，其工作原理类似于前述的二进制优先编码器。

9.5　译码器

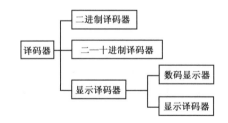

译码器的功能与编码器正好相反，是将二进制代码按其原意翻译出来，并转换成相应的输出信号，也分为二进制译码器、二—十进制译码器。另外，还有一种显示译码器。

9.5.1　二进制译码器

最常用的二进制译码器就是中规模集成电路 74LS138，它是一个 3—8 线译码器，其引脚图如图 9-19 所示，功能真值表如表 9-14 所示。

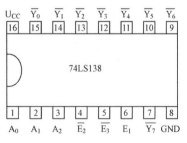

图 9-19　3—8 线译码器 74LS138 引脚

表 9-14　3—8 线译码器 74LS138 的功能真值表

输入						输出（8个）							
控制端			代码输入端			（低电平有效）							
E_1	$\overline{E_2}$	$\overline{E_3}$	A_2	A_1	A_0	$\overline{Y_7}$	$\overline{Y_6}$	$\overline{Y_5}$	$\overline{Y_4}$	$\overline{Y_3}$	$\overline{Y_2}$	$\overline{Y_1}$	$\overline{Y_0}$
×	1	×	×	×	×	1	1	1	1	1	1	1	1
×	×	1	×	×	×	1	1	1	1	1	1	1	1
0	×	×	×	×	×	1	1	1	1	1	1	1	1
1	0	0	0	0	0	1	1	1	1	1	1	1	0
1	0	0	0	0	1	1	1	1	1	1	1	0	1
1	0	0	0	1	0	1	1	1	1	1	0	1	1
1	0	0	0	1	1	1	1	1	1	0	1	1	1
1	0	0	1	0	0	1	1	1	0	1	1	1	1
1	0	0	1	0	1	1	1	0	1	1	1	1	1
1	0	0	1	1	0	1	0	1	1	1	1	1	1
1	0	0	1	1	1	0	1	1	1	1	1	1	1

　　由引脚图和真值表可见，该译码器有 3 个输入端，为 3 位二进制代码，有 8 个输出端，为一组互相排斥的低电平有效的输出。当使能端 $E_1 = 1$、$\overline{E_2} = \overline{E_3} = 0$ 时，译码器工作，根据输入 $A_2 \sim A_0$ 的取值组合，使 $\overline{Y_7} \sim \overline{Y_0}$ 的某一位输出为低电平。

9.5.2　二—十进制译码器

　　典型的二—十进制译码器有很多种型号。其中，中规模集成电路 74HC42 的引脚图如图 9-20 所示，其真值表如表 9-15 所示。

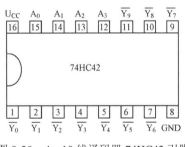

图 9-20　4—10 线译码器 74HC42 引脚

表 9-15　4—10 线译码器 74HC42 的功能真值表

序号	输入				输出（10个）									
	A_3	A_2	A_1	A_0	$\overline{Y_9}$	$\overline{Y_8}$	$\overline{Y_7}$	$\overline{Y_6}$	$\overline{Y_5}$	$\overline{Y_4}$	$\overline{Y_3}$	$\overline{Y_2}$	$\overline{Y_1}$	$\overline{Y_0}$
0	0	0	0	0	1	1	1	1	1	1	1	1	1	0
1	0	0	0	1	1	1	1	1	1	1	1	1	0	1
2	0	0	1	0	1	1	1	1	1	1	1	0	1	1
3	0	0	1	1	1	1	1	1	1	1	0	1	1	1
4	0	1	0	0	1	1	1	1	1	0	1	1	1	1
5	0	1	0	1	1	1	1	1	0	1	1	1	1	1
6	0	1	1	0	1	1	1	0	1	1	1	1	1	1
7	0	1	1	1	1	1	0	1	1	1	1	1	1	1
8	1	0	0	0	1	0	1	1	1	1	1	1	1	1
9	1	0	0	1	0	1	1	1	1	1	1	1	1	1
伪码	1	0	1	0	1	1	1	1	1	1	1	1	1	1
	1	0	1	1	1	1	1	1	1	1	1	1	1	1
	1	1	0	0	1	1	1	1	1	1	1	1	1	1
	1	1	0	1	1	1	1	1	1	1	1	1	1	1
	1	1	1	0	1	1	1	1	1	1	1	1	1	1
	1	1	1	1	1	1	1	1	1	1	1	1	1	1

该译码器有 4 个输入端（4 位的 8421 BCD 码）和 10 个输出端（10 个十进制的数码 0~9），所以也称为 4—10 线译码器。对于 8421 BCD 码以外的 4 位代码（称为无效码或伪码），输出端全为"1"，而该电路为输出低电平"0"有效，所以它拒绝"翻译"6 个伪码。

9.5.3 显示译码器

1. 数码显示器

显示器的作用是显示数字或符号。一般应用于数字式测量仪表、电子表及电子钟等。常用的显示器件有荧光数码管、液晶数码管（LCD）和半导体数码管（LED）等。下面以七段半导体数码管显示器为例，看一看显示器的显示原理。

用 7 个发光二极管排列成一个"8"字形，各发光段分别用 a、b、c、d、e、f、g 表示。如图 9-21（a）所示。按照不同的组合使不同的发光段发光，就可以显示 0~9 这十个数码，如图 9-21（b）所示，也可以显示其他字符。

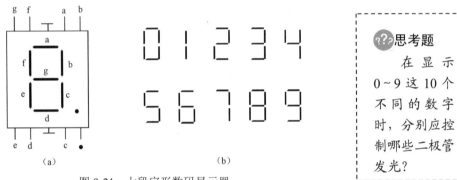

（a）　　　　　　　　　　（b）

> **??? 思考题**
>
> 在显示 0~9 这 10 个不同的数字时，分别应控制哪些二极管发光？

图 9-21　七段字形数码显示器

七段字形数码显示器有两种连接形式：共阴极连接和共阳极连接，如图 9-22 所示。

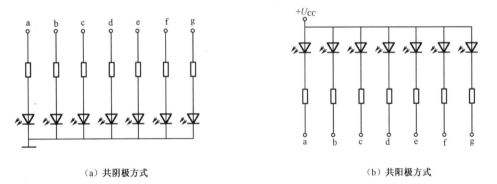

（a）共阴极方式　　　　　　　　　　（b）共阳极方式

图 9-22　七段数码显示器的连接方式

> **??? 思考题**
>
> 在共阴极连接方式中，若需显示数字"6"，则应给 a、c、d、e、f、g 二极管加高电平。换成共阳极连接方式，若需显示数字"6"则应加什么样的电平？

2．集成七段字形显示译码器

显示器应与计算器、译码器、驱动器等配合使用。

图 9-23 所示为 T337 型显示译码器的引脚排列图。表 9-16 所示为它的逻辑功能表，表中 0 指低电平，1 指高电平，"×"指任意电平。I_B 为消隐输入端，高电平有效，即 $I_B=1$，译码器可以正常工作；$I_B=0$，显示器熄灭，不工作。U_{CC} 通常取+5 V。

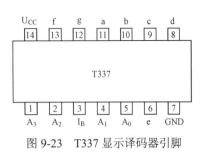

图 9-23　T337 显示译码器引脚

表 9-16　七段显示译码器 T337 的功能真值表

输入					输出							显示
I_B	A_3	A_2	A_1	A_0	a	b	c	d	e	f	g	数字
0	×	×	×	×	0	0	0	0	0	0	0	
1	0	0	0	0	1	1	1	1	1	1	0	0
1	0	0	0	1	0	1	1	0	0	0	0	1
1	0	0	1	0	1	1	0	1	1	0	1	2
1	0	0	1	1	1	1	1	1	0	0	1	3
1	0	1	0	0	0	1	1	0	0	1	1	4
1	0	1	0	1	1	0	1	1	0	1	1	5
1	0	1	1	0	1	0	1	1	1	1	1	6
1	0	1	1	1	1	1	1	0	0	0	0	7
1	1	0	0	0	1	1	1	1	1	1	1	8
1	1	0	0	1	1	1	1	1	0	1	1	9

任务操作指导

1．认识电路

病房呼叫器的电路原理图，如图 9-24 所示。

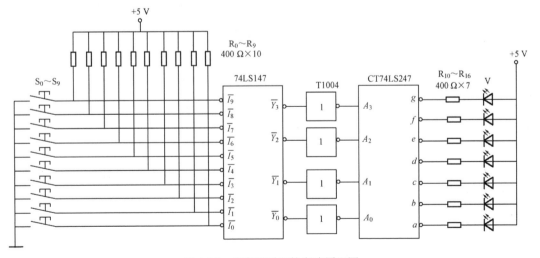

图 9-24　病房呼叫器的电路原理图

CT74LS147 集成电路为 10—4 线优先编码器，$\overline{I_9}$ 端优先级别最高，其余依次为 $\overline{I_8}$、$\overline{I_7}$、…、$\overline{I_0}$，CT74LS247 为 BCD 七段显示译码器，二者真值表分别如表 9-17 和表 9-18 所示。

表 9-17　CT74LS147 型 10—4 线优先编码器真值表

输入										输出			
$\overline{I_9}$	$\overline{I_8}$	$\overline{I_7}$	$\overline{I_6}$	$\overline{I_5}$	$\overline{I_4}$	$\overline{I_3}$	$\overline{I_2}$	$\overline{I_1}$	$\overline{I_9}$	$\overline{Y_3}$	$\overline{Y_2}$	$\overline{Y_1}$	$\overline{Y_0}$
1	1	1	1	1	1	1	1	1	1	1	1	1	1
0	×	×	×	×	×	×	×	×	×	0	1	1	0
1	0	×	×	×	×	×	×	×	×	0	1	1	1
1	1	0	×	×	×	×	×	×	×	1	0	0	0
1	1	1	0	×	×	×	×	×	×	1	0	0	1
1	1	1	1	0	×	×	×	×	×	1	0	1	0
1	1	1	1	1	0	×	×	×	×	1	0	1	1
1	1	1	1	1	1	0	×	×	×	1	1	0	0
1	1	1	1	1	1	1	0	×	×	1	1	0	1
1	1	1	1	1	1	1	1	0	×	1	1	1	0
1	1	1	1	1	1	1	1	1	0	1	1	1	1

表 9-18　CT74LS247 译码器真值表

功能和十进制数	输入							输出						
	LT	RBI	BI	A_3	A_2	A_1	A_0	a	b	c	d	e	f	g
试灯	0	×	1	×	×	×	×	0	0	0	0	0	0	0
灭灯	×	×	0	×	×	×	×	1	1	1	1	1	1	1
清零	1	0	1	0	0	0	0	1	1	1	1	1	1	1
0	1	1	1	0	0	0	0	0	0	0	0	0	0	1
1	1	1	1	0	0	0	1	1	0	0	1	1	1	1
2	1	1	1	0	0	1	0	0	0	1	0	0	1	0
3	1	1	1	0	0	1	1	0	0	0	0	1	1	0
4	1	1	1	0	1	0	0	1	0	0	1	1	0	0
5	1	1	1	0	1	0	1	0	1	0	0	1	0	0
6	1	1	1	0	1	1	0	0	1	0	0	0	0	0
7	1	1	1	0	1	1	1	0	0	0	1	1	1	1
8	1	1	1	1	0	0	0	0	0	0	0	0	0	0
9	1	1	1	1	0	0	1	0	0	0	0	1	0	0

由图 9-24 所示的电路组成一个医院病房呼叫系统，将病情最重的病房安排在第 9 号，次要的安排在第 8 号……最轻的安排在第 0 号。在每个病房设置一个呼叫按钮，当病人按动按钮，在值班室会显示出优先级别最高的病房号码，以便优先处理该病房的问题。

2．电路安装

（1）查阅集成电路手册，熟悉各集成块引脚，按电路原理图在万能板上设计电路安装图。

（2）检测、核对元器件。

（3）焊接与连线，注意集成块引脚不要连焊，掌握好焊接时间，防止电路板铜片脱落。

3．调试与检测

（1）仔细检查电路连接是否正确，各元器件管脚位置是否正确，检测电源是否有问题。

（2）确认电路无误后，通电测试，检验集成块各控制端的作用是否正常，按动按钮，观察显示数据是否正确。

考核要求

（1）接线正确。

（2）元件成型规则，排列整齐。

（3）焊点无毛糙、漏焊、虚焊。

（4）按动按钮正确显示病房号。

（5）会使用万用表测量各种参数。

（6）按规定安全、文明生产。

知识梳理与总结

1．与门、或门、非门、与非门是最基本的逻辑门电路，由它们可以组成各种组合逻辑电路。它们的逻辑功能、逻辑函数关系式、电路表示符号及真值表是非常重要的基础知识。

2．由于数字电路的输入、输出信号只有两种状态（高电平、低电平）分别用"0"和"1"表示，因此，二进制数制是数字电路采用的数值表示方式，但"0"和"1"只表示两种相反的状态，并没有实际的数值意义，这是逻辑代数的特点。逻辑代数在表示意义及运算方式上与普通的代数有一些区别，逻辑代数有其专用运算公式，它们可以用来对逻辑函数关系式进行化简。

3．组合逻辑电路的分析步骤如下。

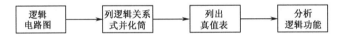

组合逻辑电路的设计步骤如下。

4．常用的集成组合逻辑电路有编码器、译码器、加法器等。

编码器的功能是用二进制代码表示特定对象，有二进编码器、二—十进制编码器。

译码器功能与编码器相反，是将特定代码翻译成原来表示的信息，也有二进制、二—十进制两种形式。

数码显示器可以显示各种信息，目前常用的是半导体数码管（LED）显示器。通过发光二极管导通和截止控制发光状态，以显示信息。

5．目前已开发出很多数字集成单元，需要掌握它们的管脚意义及使用知识。

测试题 9

1．将下列二进制数转换为等值的十进制数。

（1）$(10010111)_2$　　　　（2）$(1101101)_2$　　　　（3）$(0.01011111)_2$　　　　（4）$(11.001)_2$

2. 利用布尔代数的基本公式化简下列各式。

（1） $AA\overline{B}$

（2） $A\overline{B}(A+B)$

（3） $ABD+\overline{A}\overline{B}C\overline{D}+A\overline{C}DE+A$

（4） $AC+B\overline{C}+\overline{A}B$

（5） $\overline{A}BC+(A+\overline{B})C$

（6） $\overline{E}\overline{F}+\overline{E}F+E\overline{F}+EF$

3. 证明下列各式。

（1） $A+BC=(A+B)(A+C)$

（2） $A+\overline{A}B=A+B$

（3） $\overline{\overline{A}\overline{B}+\overline{A}B}=AB+\overline{A}\overline{B}$

（4） $AB+\overline{A}C+BC=AB+\overline{A}C$

4. 与门和或门的输入信号如图 9-25 所示，试分别画出对应与门和或门的输出波形。

5. 与非门和或非门的输入信号如图 9-25 所示，试分别画出对应与非门和或非门的输出波形。

6. 已知逻辑电路如图 9-26 所示，试分析其逻辑功能。

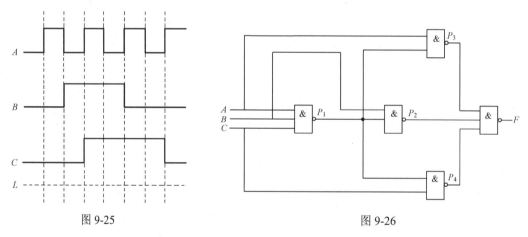

图 9-25   图 9-26

7. 某组合逻辑电路如图 9-27 所示。

（1）写出函数 Y 的逻辑表达式。

（2）将函数 Y 化为最简单的与—或式。

（3）分析其逻辑功能。

8. 试用与非门设计一个组合逻辑电路，其输入为 3 位二进制数，当输入中有奇数个 1 时输出为 1，否则输出为 0。要求列出真值表，写出逻辑函数表达式，画出逻辑图。

9. 三个裁判员评判一个举重运动员举重是否成功时，若两个以上裁判员判成功时即为成功，否则为不成功。试设计一个组合逻辑电路实现上述评判功能。

10. 8—3 线二进制编码器的逻辑电路如图 9-28 所示，$I_0 \sim I_7$ 是 8 个输入信号，高电平有效，输出是 3 位二进制码 $Y_2Y_1Y_0$。试分别写出 Y_2、Y_1、Y_0 的逻辑式，分析当 I_4 或 I_6 端有信号输入时，输出的二进制码 $Y_2Y_1Y_0$ 为何值。

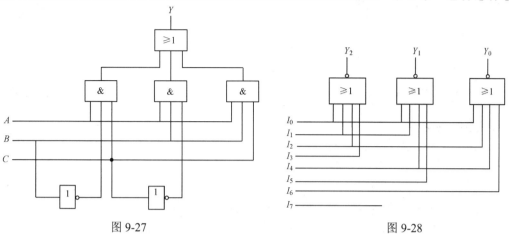

图 9-27　　　　　　　　　　　　　　图 9-28

11. 8—3 线普通编码器如图 9-29 所示，输入高电平有效，试分析当 I_6 端入高电平，输出的原码和反码各为什么？若改为优先编码器，当 I_6、I_5、I_2 端均输入高电平，输出的原码是什么？

图 9-29

第10章
时序逻辑电路

教	知识重点	1. 各种触发器的功能； 2. 边沿触发的概念
	知识难点	1. 移位寄存器、寄存数码原理； 2. 同步计数器原理； 3. 集成十进制计数器改进成其他进制的方法
	推荐教学方式	注重各种触发器功能的讲授，培养学生分析时序逻辑电路的能力
	建议学时	12 学时
学	推荐学习方法	牢固掌握各种触发器功能，锻炼分析时序逻辑电路的能力
	必须掌握的理论知识	1. 各种触发器的表示符号及功能； 2. 寄存器功能及两种寄存器的寄存数码原理； 3. 计数器功能及两种计数器的计数原理； 4. 集成十进制计数器改进成其他进制计数器的方法
	必须掌握的技能	1. 会分析触发器、寄存器、计数器的应用电路； 2. 认识集成单元管脚；掌握电子电路焊接及组装方法，会正确操作及调试、排除故障

任务 10　智力竞赛抢答器的组装

实物图

在智力竞赛会场经常可以见到抢答器（见图 10-1），抢答器可以显示最先按动按钮选手的位置。本任务设计的 4 人智力竞赛抢答器，由触发器、与门及其他配件构成。当 4 人按动按钮时，最先按动按钮的选手位置发光二极管亮，其余位置不亮。

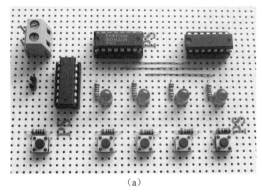

（a）	（b）

图 10-1

器材与元件

抢答器需用的器材与元件见表 10-1。

表 10-1

序号	名称	型号规格	数量
1	D 触发器集成块	74LS175	1
2	与门集成块	7408	1
3	电阻 $R_1 \sim R_5$	1 kΩ	4
4	电阻 $R_6 \sim R_9$	100 Ω	4
5	脉冲发生器	1 kHz	1
6	按钮		5
7	发光二极管（红）	BT111-X	4
8	其他	5 V 直流电源、万能电路板、连接导线	

背景与知识

前面我们学习的是组合逻辑电路，在数字电路系统中还有另外一类电路，称为**时序逻辑电路**，这种电路在电路结构上有反馈环节，在电路功能上具有记忆功能，常见的有计数器和寄存器。触发器是时序逻辑电路的基本单元，本项目将学习各种触发器以及由它们组成的时序逻辑电路。

10.1 触发器

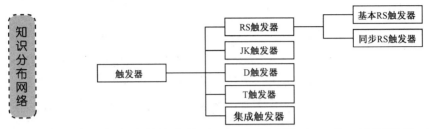

触发器是时序逻辑电路的基本单元，它可以存储记忆一位二进制数码。在其电路结构中，有从输出端返回输入端的反馈线，从而使它的输出状态既与外部输入信号有关，又与电路的原输出状态有关，具有记忆功能，其工作特点如下。

（1）有两个锁定的状态"0"和"1"。

（2）在适当的信号作用下，两种锁定状态可以相互转换。

（3）输入信号消失后，能将获得的新状态保存下来。

触发器的种类很多，RS触发器是最基本的一种。

10.1.1 RS 触发器

1. 基本 RS 触发器

1）电路组成和逻辑符号

基本 RS 触发器如图 10-2 所示，有两个输入端（$\bar{R}_D$、$\bar{S}_D$）和两个输出端（Q、$\bar{Q}$）。Q、$\bar{Q}$ 的有效状态总是相反的，即 $Q=0$，$\bar{Q}=1$；$Q=1$，$\bar{Q}=0$，用于存储或者记忆一位二进制码。

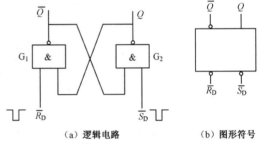

（a）逻辑电路 （b）图形符号

图 10-2 基本触发器

2）逻辑功能

当 $\bar{R}_D=0$、$\bar{S}_D=1$ 时，无论另一个输入是什么，G_1 门的输出为 $\bar{Q}=1$，使 G_2 门的两个输入全为"1"，$Q=0$。

当 $\bar{R}_D=1$、$\bar{S}_D=0$ 时，无论另一个输入是什么，G_2 门的输出为 $Q=1$，使 G_1 门的两个输入全为"1"，$\bar{Q}=0$。

当 $\bar{R}_D=\bar{S}_D=1$ 时，若触发器原始状态 $Q=0$、$\bar{Q}=1$，触发器输出状态与原状态相同，称为保持原态；若触发器原始状态为 $Q=1$、$\bar{Q}=0$，也可得出相同的结论。

当 $\bar{R}_D=\bar{S}_D=0$ 时，无论触发器的原状态为什么，其输出 $Q=\bar{Q}=1$，输出状态不能确定，禁止使用。

触发器的逻辑功能可用简化真值表表示，如表 10-2 所示。

表 10-2 基本 RS 触发器的功能真值表

输入		输出		功能
$\bar{R}_D$	$\bar{S}_D$	Q^n（原状态）	Q^{n+1}（新状态）	
0	1	0	0	置0
		1	0	
1	0	0	1	置1
		1	1	
1	1	0	0	保持原态
		1	1	
0	0	0	1	不可用
		1	1	

> **提示**
>
> （1）由简化真值表可以看出，基本 RS 触发器的置 0、置 1 功能分别是在 $\overline{R}_D$ 为 0 和 $\overline{S}_D$ 为 0 时触发的，称之为低电平有效，所以两个输入端用 $\overline{R}_D$、$\overline{S}_D$ 表示，而且在逻辑符号中输入、输出靠近方框处画两个圆圈。输出端带小圆圈的表示 $\overline{Q}$，无圆圈的代表 Q 端。
>
> （2）$\overline{R}_D = \overline{S}_D = 0$ 时是不可用状态，有以下两个原因。
>
> 当 $\overline{R}_D = \overline{S}_D = 0$ 时，$Q = \overline{Q} = 1$ 是无效状态。另外，当输入信号撤销时，相当于 $\overline{R}_D = \overline{S}_D = 1$ 时，$\overline{R}_D$ 和 $\overline{S}_D$ 一般不会同时撤销，若 $\overline{R}_D$ 先撤销，则 $\overline{Q} = 0$，$Q = 1$，若 $\overline{S}_D$ 先撤销，则 $Q = 0$、$\overline{Q} = 1$。由此看出，触发器的输出状态难以确定，即使 $\overline{R}_D$ 和 $\overline{S}_D$ 同时撤销，由于一些偶然因素，两个与非门哪个先开启都有一定的偶然性，也使触发器的输出状态不能确定，故当 $\overline{R}_D = \overline{S}_D = 0$ 时是不可用状态，禁止使用。

【**实例 10-1**】基本 RS 触发器的初始状态是 0（$Q=0$，$\overline{Q}=1$，），当 $\overline{R}_D$ 和 $\overline{S}_D$ 段的波形如图 10-3 所示时，画出对应的 Q 和 $\overline{Q}$ 波形。

根据题意画出 Q 和 $\overline{Q}$ 波形如图 10-3 所示。

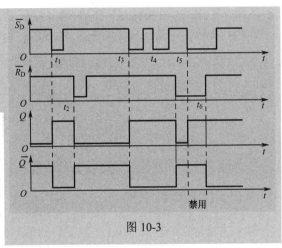

图 10-3

2. 同步 RS 触发器

时序逻辑电路往往是由多个触发器组成的，要求各触发器按统一节拍动作。同步 RS 触发器在基本 RS 触发器基础上引入一个时钟脉冲信号，以实现同步控制，时钟脉冲信号用 CP 表示。

1）电路组成与逻辑符号

由图 10-4 中的电路可以看出，同步 RS 触发器实际上是由基本 RS 触发器和两个控制与非门构成的，两个控制门的输出相当于基本 RS 触发器的两个输入端。

2）逻辑功能

当 $CP=0$ 时，无论 R、S 输入端为何种状态，G_3 和 G_4 门的输出均为 "1"，触发器保持原态。当 $CP=1$ 时，G_3 和 G_4 门输出取决于输入信号 R 和 S。当 R、S 取不同信号时，触发器实现不同的功能，其功能如表 10-3 所示。

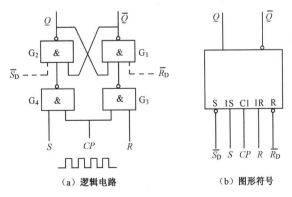

（a）逻辑电路　　　　　（b）图形符号

图 10-4　同步 RS 触发器

表 10-3　同步 RS 触发器的功能真值表

输入			输出		功能
CP(时钟脉冲)	R	S	Q^n（原状态）	Q^{n+1}（新状态）	
0	×	×	0 1	0 1	保持
1	0	1	0 1	1 1	置1
1	1	0	0 1	0 0	置0
1	0	0	0 1	0 1	保持
1	1	1	0 1	1 1	不使用

提示

　　同步 RS 触发器中 $\overline{R}_D$ 和 $\overline{S}_D$ 称为直接置位端，$\overline{R}_D$ 称为直接置0端。当 $\overline{R}_D$=0 时，触发器将直接置0，或者直接复位；$\overline{S}_D$ 为直接置"1"端，当 $\overline{S}_D$=0 时，触发器被直接置"1"。它们用于给触发器预先设定某一状态，或在时钟脉冲工作过程中，不受时钟脉冲 CP 控制，直接使触发器置"0"或者"1"，所以又称为异步复位端。

　　【实例 10-2】根据图 10-5 给出的时钟脉冲 CP 和 R、S 端的输入波形，画出同步 RS 触发器 Q 和 $\overline{Q}$ 端的波形。设触发器的初始状态为"0"。

　　根据题意画出 Q 和 $\overline{Q}$ 波形如图 10-5 所示。

10.1.2 其他触发器

　　在基本 RS 触发器和同步 RS 触发器的基础上增加一些门电路和连线，可以构成其他类型的触发器，并且大都采用边沿触发。

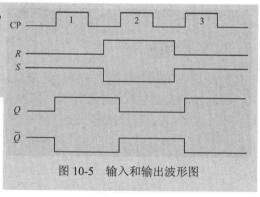

图 10-5　输入和输出波形图

　　前面所学的触发器在 CP=1 期间内，如果输入信号变化均可使触发器的输出随之变化，就称之为**电平触发**。这种触发方式的缺点在于触发期间输出状态容易受干扰信号影响，为避免这个问题的发生，采用**边沿触发**，即在 CP 上升沿或下降沿瞬时触发，极大地提高了触发器的抗干扰能力。

　　其他几种触发器的逻辑符号以及功能真值表，如表 10-4 所示。

表 10-4　常见 JK、D、T 边沿触发器

触发器名称	逻辑符号		逻辑功能				
			CP	J	K	Q^{n+1}	功能
JK 触发器			↓	0	0	Q^n	保持
			↓	0	1	0	置0
			↓	1	0	1	置1
			↓	1	1	$\overline{Q^n}$	翻转

续表

触发器名称	逻辑符号	逻辑功能			
D 触发器		CP	D	Q^{n+1}	功能
		$\uparrow$	0	0	置 0
		$\uparrow$	1	1	置 1
T 触发器		CP	T	Q^{n+1}	功能
		$\downarrow$	0	Q^n	保持
		$\downarrow$	1	$\overline{Q^n}$	翻转

> **提示**
>
> （1）上述各种触发器除在 CP 上升沿或下降沿触发外，在 CP 其他时刻均保持原态。
>
> （2）JK 触发器具备了新的功能，当 $J=K=0$ 时，输出状态每来一个 CP 脉冲，输出就翻转为原来相反的状态，这可以用来记录时钟脉冲个数，即触发器的计数功能。

【实例 10-3】 根据图 10-6 给出的 CP 和 J、K 输入信号，画出下降沿触发 JK 触发器 Q 端的波形图如下，设 Q 初态为 0。

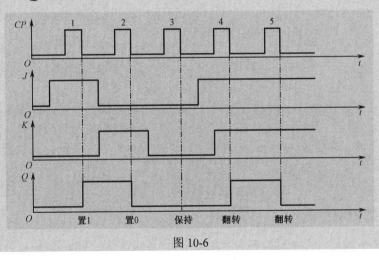

图 10-6

【实例 10-4】 根据图 10-7 给出的 CP 和 D 端输入波形，画出上升沿触发 D 触发器 Q 端的波形图如下，设 Q 初态为 0。

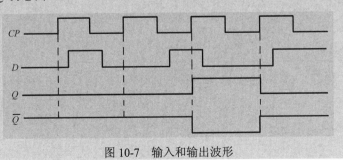

图 10-7　输入和输出波形

【实例10-5】根据图10-8给出 CP 和 T 触发器输入波形，画出下降沿触发 T 触发器 Q 端的波形如图所示，设 Q 初态为0。

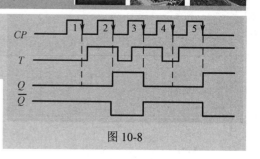

图 10-8

 提示

直接置位端 $\overline{R}_D$、$\overline{S}_D$ 的作用与基本 RS 触发器相同。

10.1.3 集成触发器

与集成门电路一样，触发器也有 TTL 和 CMOS 两种，如图 10-9 所示为集成边沿 D 触发器 74HC74 的引脚图，其中包含 2 个功能完全相同的 D 触发器，它们的逻辑功能与前述 D 触发器完全一样，在此不再赘述。

图 10-9 边沿 D 触发器 74HC74 的引脚

10.2 寄存器和移位寄存器

以触发器为基本单元，配合其他逻辑部件构成的数字电路称为**时序逻辑电路**。寄存器是其中的一种。寄存器是用来存放数据的逻辑部件，数字系统中常常将数码、运算结果或指令信号暂时存放起来，再根据需要进行处理或运算，触发器可以用来保存或者存放一位二进制数码。若要存放 N 位二进制数码，需用 N 个触发器，寄存器按有无移位功能分为数码寄存器和移位寄存器。

10.2.1 数码寄存器

用来存放二进制数码的寄存器称为**数码寄存器**，图 10-10 所示是由 D 触发器构成的 4 位数码寄存器的逻辑电路图，$D_0 \sim D_3$ 为 4 位数码寄存器的输入信号，$Q_0 \sim Q_3$ 为 4 位输出信号。此外，每个触发器中的直接复位端连在一起作为清零端 $\overline{R}_d$，各触发器的时钟脉冲端也连在一起，作为接受数码的控制端，使各触发器同步动作。

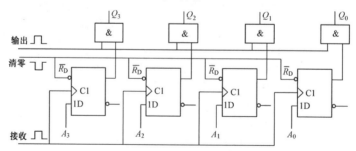

图 10-10 数码寄存器逻辑电路

该电路的工作原理如下。

（1）清零。使 $\overline{R}_D$ =0，这时输出 Q_3、Q_2、Q_1、Q_0 均为 0。然后使 $\overline{R}_D$ =1，输出保持 0 不变。

（2）接收数码，当 CP 上升沿到来时，各触发器输出与输入端信号相同，寄存器输出就是各 D 端的输入信号。比如，若 $D_3D_2D_1D_0$=1001，则输出端 $Q_3Q_2Q_1Q_0$=1001。若 CP 上升沿消失，则 4 位数码就存放在寄存器中。

该寄存器为 4 位数码同时输入，4 位数码同时输出，这种方法称为并行输入、并行输出。

10.2.2　移位寄存器

在存放数码时，在 CP 脉冲作用下，采用逐位向左或向右寄存数据的寄存器称为**移位寄存器**，分为单向移位寄存器和双向移位寄存器。

1．单向移位寄存器

在移位脉冲作用下，所存数码只能向某一方向（左或右）移动的寄存器称为单向移位寄存器。如图 10-11 所示为右移寄存器，设输入数码为 1011，该寄存器的工作过程如下。

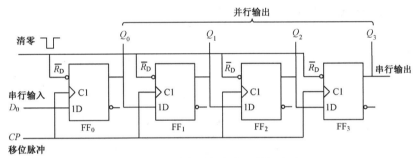

> 提示：
> 　　右移寄存器也可以改成左移寄存器，只要输入数据从最高位触发器输入，输出数据从最低位触发器输出即可。

图 10-11　单向移位寄存器逻辑电路

1）清零

即设 $\overline{R}_D$ =0，使输出 $Q_3Q_2Q_1Q_0$=0000，然后使 $\overline{R}_D$ =1，输出端保持 0。

2）寄存器寄存数据

在第一个 CP 上升沿到来之前 FF_0 触发器输入 D_0=1，其余 3 个触发器输入均为刚才保持的数据 $D_1=Q_0=0,D_2=Q_1=0,D_3=Q_2=0$，当第一个 CP 上升沿过去后，4 位输出为 $Q_3Q_2Q_1Q_0$=0001；在第二个 CP 上升沿到来之前，FF_0 触发器输入 D_0=0，其余 3 个触发器输入分别为 $D_1=Q_0$=1，$D_2=Q_1$=0，$D_3=Q_2$=0，当第二个 CP 上升沿过去后，4 位输出为 $Q_3Q_2Q_1Q_0$=0010，依次类推。最后，当第 4 个 CP 上升沿过去后，4 位输出为 $Q_3Q_2Q_1Q_0$=1011。

2．双向移位寄存器

双向移位寄存器同时具有左移与右移功能，它除了左移和右移两个串行输入端外，还应有左移、右移控制端，用以控制它完成左移或右移操作。

集成 74LS194 双向移位寄存器管脚如图 10-12 所

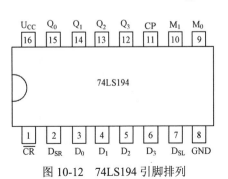

图 10-12　74LS194 引脚排列

示，功能如表 10-5 所示。

表 10-5　集成双向移位寄存器 74LS194 的功能真值表

功能	输入													输出			
	清零 $\overline{CR}$	控制信号		串行输入		时钟	并行输入				Q_0^{n+1}	Q_1^{n+1}	Q_2^{n+1}	Q_3^{n+1}			
		M_1	M_0	D_{SR}	D_{SL}		D_0	D_1	D_2	D_3				
清零	0	×	×	×	×	X	×	×	×	×	0	0	0	0
保持	1	×	×	×	×	0	×	×	×	×	Q_0^n	Q_1^n	Q_2^n	Q_3^n
送数	1	1	1	×	×	↑	d_0	d_1	d_2	d_3	d_0	d_1	d_2	d_3
保持	1	0	0	×	×	↑	×	×	×	×	Q_0^n	Q_1^n	Q_2^n	Q_3^n
右移	1	0	1	1	×	↑	×	×	×	×	1	Q_0^n	Q_1^n	Q_2^n
	1	0	1	0	×	↑	×	×	×	×	0	Q_0^n	Q_1^n	Q_2^n
左移	1	1	0	×	1	↑	×	×	×	×	Q_1^n	Q_2^n	Q_3^n	1
	1	1	0	×	0	↑	×	×	×	×	Q_1^n	Q_2^n	Q_3^n	0

??? 思考题

根据表 10-5，总结 74LS194 集成触发器共有哪些逻辑功能？

10.3　计数器

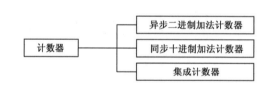

计数器是一种由触发器和门电路组成的时序电路，应用非常广泛，在所有数字系统中几乎都要用到计数器，它可以用来统计输入脉冲的个数，即计数。另外，还可以用于分频、定时或者数字运算。

（1）按进位制的不同，计数器可分为二进制计数器、十进制计数器、N 进制计数器。

（2）按计数变化趋势是增加还是减少，计数器可分为加法计数器、减法计数器。

（3）按各触发器的时钟脉冲引入方式，计数器可分为异步计数器、同步计数器。

10.3.1　异步二进制加法计数器

由 JK 触发器构成的异步二进制加法计数器逻辑电路图，如图 10-13 所示。

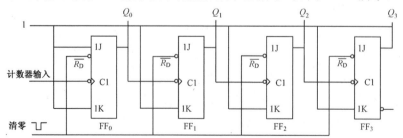

图 10-13　异步二进制加法计数器

1．电路特征

4 个触发器除第 0 号接时钟脉冲以外，其余 3 个触发器的时钟脉冲输入端均为前级触发器的 Q 输出，由于同一瞬间各触发器 Q 输出不可能一致，因而 4 个触发器的动作时刻不相同，即"异步"名称的由来。$\overline{R}_D$ 为清零输入信号，由于各触发器 $J=K=1$，因此每个触发器均有"翻转"功能。

2．计数原理

如图 10-14 所示的波形，可体现该计数器的计数原理。

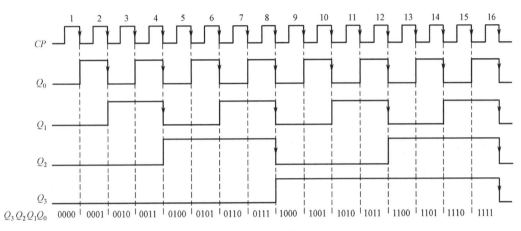

图 10-14　计数原理

由波形图可以看出，每当一个 CP 脉冲下降沿过后，计数器输出端就会体现脉冲个数。例如，当第 4 个脉冲下降沿过后，输出端输出 $Q_3Q_2Q_1Q_0$ =0100，即对应十进制数 "4"。

提示　计算器的容量和分频

（1）由图 10-14 所示的波形图可以看出，该 4 位计数器当输入第 16 个时钟脉冲后，输出回到原来的初始状态，$Q_3Q_2Q_1Q_0$ =0000，其计数器容量为（2^4–1），若计数器由 N 个触发器构成，则其计数容量为（2^N–1），称为模数为 2^N 的计数器。

（2）波形图表明，各触发器输出波形的频率均小于时钟脉冲频率，且为整数倍关系，此即计数器的分频作用。例如，Q_1 端输出波形的频率为时钟脉冲的 1/4，称为四分频器。

（3）异步计数器后阶要保持前阶翻转后才能翻转，所以计数速度较慢，这是异步计数器的不足之处。

思考题

若在图 10-13 所示逻辑电路图中，将低位触发器的 $\overline{Q}$ 端接高位触发器的时钟脉冲端，则计数器将按减法进行计数，你能考虑出其计数方式吗？

10.3.2　同步十进制加法计数器

二进制计数器的电路简单，计数原理简单，易于掌握，但在日常生活中人们习惯使用十

进制计数，所以在数字系统中大多数采用十进制计数。

在十进制计数时，采用二进制数表示十进制数，即二—十进制，常用 8421 BCD 码。图 10-15 为 JK 触发器组成的同步十进制加法计数器。

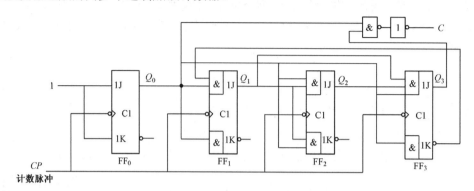

图 10-15　同步十进制加法计数器

1. 电路特征

各触发器时钟信号为相同的时钟脉冲信号，所以各触发器在同一瞬间动作，此即"同步"的含义。各触发器的输入信号如下。

FF_0 触发器：$J_0 = K_0 = 1$。

FF_1 触发器：$J_1 = Q_0^n \cdot \overline{Q_3^n}$，　$K_1 = Q_0^n$。

FF_2 触发器：$J_2 = K_2 = Q_0^n \cdot Q_1^n$。

FF_3 触发器：$J_3 = Q_0^n \cdot Q_1^n \cdot Q_2^n$，　$K_3 = Q_0^n$。

进位信号：$C = Q_0^n \cdot Q_3^n$。

2. 计数原理

根据每个触发器在时钟脉冲下降沿过后的输出状态，计算出各触发器输入信号的状态，可分析出该计数器的计数过程，如表 10-6 所示。

表 10-6　计数过程

CP	J_0	K_0	J_1	K_1	J_2	K_2	J_3	K_3	Q_3	Q_2	Q_1	Q_0	进位信号 C
1	1	1	0	0	0	0	0	0	0	0	0	1	0
2	1	1	1	1	0	0	0	0	0	0	1	0	0
3	1	1	0	0	0	0	0	0	0	0	1	1	0
4	1	1	1	1	1	1	0	1	0	1	0	0	0
5	1	1	0	0	0	0	0	0	0	1	0	1	0
6	1	1	1	1	0	0	0	1	0	1	1	0	0
7	1	1	0	0	0	0	0	0	0	1	1	1	0
8	1	1	1	1	1	1	1	1	1	0	0	0	0
9	1	1	0	0	0	0	0	0	1	0	0	1	1
10	1	1	0	1	0	0	0	1	0	0	0	0	0

提示

　　由表 10-6 可以看出第 10 个脉冲过后，输出状态回到初始状态 0000，第 11 个脉冲到来，计数器又从 0 开始计数，直至第 20 个脉冲过后，又完成一个计数循环，在每一个循环开始之前发出一个进位信号，所以是十进制计数。

10.3.3 集成计数器

　　随着电子工艺技术的发展，人们已制作出了集成计数器，有很多型号的集成计数器可供人们直接选用，也可以根据自己的需要将现有集成计数器改成任意进制的计数器。例如，可用 74LS160 将同步十进制计数器改成其他进制的计数器。既可改制成高于十进制的，也可改成低于十进制的计数器。

　　图 10-16 所示是 74LS160 集成计数器的引脚排列图，其功能如表 10-7 所示。

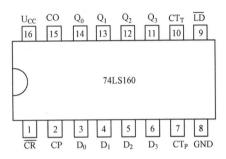

图 10-16　74LS160 集成计数器引脚

表 10-7　74LS160 功能表

输 入									输 出			
$\overline{CR}$	$\overline{LD}$	CT_P	CT_T	CP	D_3	D_2	D_1	D_0	Q_3	Q_2	Q_1	Q_0
0	×	×	×	×	×	×	×	×	0	0	0	0
1	0	×	×	↑	d_3	d_2	d_1	d_0	d_3	d_2	d_1	d_0
1	1	1	1	↑	×	×	×	×	计数			
1	1	0	×	×	×	×	×	×	保持			
1	1	×	0	×	×	×	×	×	保持			

　　$\overline{CR}$ 为清零端，当 $\overline{CR}=0$ 时，输出为 0000；当 $\overline{CR}=1$、$\overline{LD}=0$ 时，实现送数功能，当 CP 的上升沿到来时，并行输入端数据 $d_3d_2d_1d_0$ 同步加入相应触发器，并行输出 $Q_3Q_2Q_1Q_0=d_3d_2d_1d_0$。当 $\overline{CR}=\overline{LD}=1$、$CT_P=CT_T=1$ 时为计数功能，计数器按十进制加法计数，进位端 $C_0=CT_T \cdot Q_3Q_0$。当 $\overline{CR}=\overline{LD}=1$ 时，只要 CT_P、CT_T 中有一个是 0，计数器就保持原功能。

　　图 10-17 所示是用两片 74LS160 组成的二十四进制计数器。

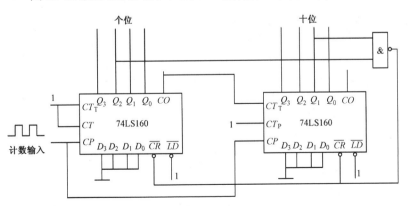

图 10-17　二十四进制计数器

？？思考题

　　你能分析出二十四进制计数器的计数原理吗？

图 10-18 所示是用 74LS160 改成的七进制计数器。

设触发器的初始状态 $Q_3Q_2Q_1Q_0$ = 0000，开始计数后，当输入第 7 个脉冲后，输出为 $Q_3Q_2Q_1Q_0$ =0111，使与非门输出为零，加至异步清零端 $\overline{CR}$，使计数器清零，$Q_3Q_2Q_1Q_0$ =0000。计数器再从初始状态开始下一个计数循环，每过 7 个脉冲经历一个计数循环，为七进制计数器，这种改制方法为反馈置零法。

图 10-19 所示是用另外一种方法将一片 74LS160 改成的七进制计数器，这种方法称为并行预置位法。

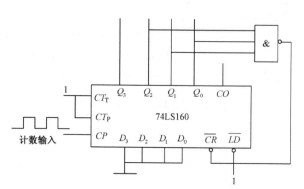

图 10-18 七进制计数器（反馈置零法）

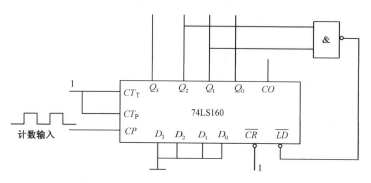

图 10-19 七进制计数器（并行预置位法）

??? 思考题

反馈置零法和并行预置位法都采用与非门的输出作为控制信号，两种方法在使用时各有什么规律？你能用这两种方法将 74LS160 十进制计数器改进为五进制计数器吗？

假定该计数器的初始状态 $Q_3Q_2Q_1Q_0$ = 0000，此时 $\overline{CR}=\overline{LD}=CT_T=CT_P=1$，计数器工作在计数状态，当第 6 个脉冲过后，输出为 0110，与非门输出为 0，使 $\overline{LD}=0$，计数器工作在预置数状态，下一个即第 7 个脉冲过后，输出为 $Q_3Q_2Q_1Q_0$ =0000，开始新的计数循环，为七进制。

任务操作指导

1. 认识电路

智力竞赛抢答器的电路原理图，如图 10-20 所示。电路的核心部分是一块 74LS175 芯片，它内含 4 个 D 触发器，各个触发器的清零端及时钟控制脉冲端公用，分别是 CLR 端和 C 端。电路中还使用了一块 7408 芯片，含 4 个双端输入的与门。

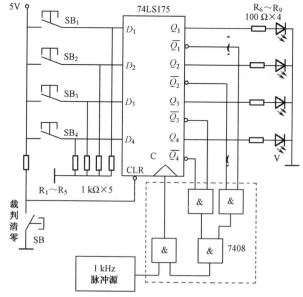

图 10-20 智力竞赛抢答器的电路原理

工作原理：赛前裁判应先按动 SB，使 CLR 低电平清零，$\overline{Q_4Q_3Q_2Q_1}=1111$，4 个与门均处于开门状态，1 kHz 脉冲可进入时钟控制端 C。未有人抢答前，$SB_1\sim SB_4$ 未按下，$D_4D_3D_2D_1=0000$，故 $Q_4Q_3Q_2Q_1=0000$，各发光二极管不亮。

任意按下一个按钮，设按下 SB_1，则 $D_1=1$，1 kHz 快速脉冲触发后，$Q_4Q_3Q_2Q_1=0001$，$\overline{Q_4Q_3Q_2Q_1}=1110$，使与门输出 0，时钟控制端恒为低电平，即使稍后有另一个按钮按下，其相应的触发器以及其余触发器均因无脉冲触发而保持原态，即只有 Q_1 的发光二极管继续点亮。裁判在第二轮抢答前仍需按 SB 清零。

2．电路安装

（1）查阅集成电路手册，熟悉各集成块引脚，按电路原理图在万能板上设计电路安装图。

（2）检测、核对元器件。

（3）焊接与连线，注意集成块引脚不要连焊，掌握好焊接时间，防止电路板铜片脱落。

3．调试与检测

（1）检查各元件引脚及电路连接是否正确。

（2）核对电路无误后，通电测试，检查清零功能是否正常，按动按钮检查显示状态是否正确，若有问题，检修相应器件，再进行调试。

考核要求

（1）接线正确。

（2）元件成型规则，排列整齐。

（3）焊点无毛糙，无漏焊、虚焊。

（4）按动按钮，发光二极管点亮，调试成功。

（5）会使用万用表测量各种参数。

（6）按规定安全文明生产。

知识梳理与总结

1．时序逻辑电路具有记忆功能，常用的时序逻辑电路有寄存器和计数器。

2．触发器是时序逻辑电路的基本单元。

　　RS 触发器具有置 0、置 1 保持功能。

　　同步 RS 触发器由于引入时钟脉冲，可使 n 个触发器同步动作。

　　JK 触发器具有置 0、置 1 保持、翻转的功能。

　　D 触发器只有置 0、置 1 功能。

　　T 触发器具有保持和翻转功能。

3．边沿触发可以避免干扰信号引入电路而造成误动作，所以得到广泛应用。

4．寄存器是用来暂时存放二进制代码的逻辑部件。

数码寄存器是在时钟脉冲作用下同时接收二进制数码并寄存。

移位寄存器通过逐位移入的方式寄存数码。目前集成寄存器已有广泛的应用。

5．计数器的基本功能是统计脉冲个数，也可用于分频、定时等。异步计数器在计数时，各触发器动作不同步。同步计数器计数时，各触发器同步动作。

集成计数器目前有很多型号，可用十进制的计数器改制成其他进制的计数器，改制方法有反馈置零法和并行预置位法。

自测题 10

10-1　判断题

1．触发器具有记忆功能。　　　　　　　　　　　　　　　　　　　　　　　　（　　）

2．同步 RS 触发器所有的输入状态都是有效状态。　　　　　　　　　　　　　（　　）

3．直接置位端不受其他输入信号的影响，可以将触发器直接置位。　　　　　　（　　）

4．JK 触发器两个输入都为 1 时为禁用状态。　　　　　　　　　　　　　　　（　　）

5．D 触发器具有翻转功能。　　　　　　　　　　　　　　　　　　　　　　　（　　）

6．边沿触发容易引入干扰信号。　　　　　　　　　　　　　　　　　　　　　（　　）

7．寄存器中每个触发器只能寄存一位数据，寄存 N 位数据需要 N 个触发器。　（　　）

8．计数器只能用于统计脉冲个数。　　　　　　　　　　　　　　　　　　　　（　　）

10-2　计算题

1．由与非门组成的基本 RS 触发器的初始状态是 $Q=0$、$\overline{Q}=1$，$\overline{R}_D$ 和 $\overline{S}_D$ 的波形如图 10-21 所示。画出对应的 Q 波形。

2．由与非门电路构成的基本 RS 触发器的输入波形，如图 10-22 所示，电路原来处于"0"态，试画出输出端 Q 的波形。

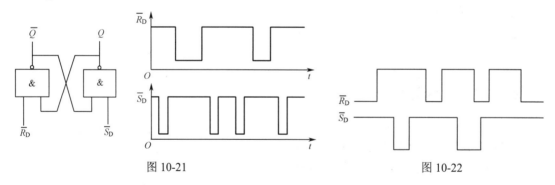

图 10-21　　　　　　　　　　　　　　　　　　图 10-22

3．同步 RS 触发器的初始状态 $Q=0$、$\overline{Q}=1$，R、S 的信号波形和 CP 波形如图 10-23 所示。画出对应的 Q、$\overline{Q}$ 的波形，指出哪种输入情况是不可用的，为什么？

4．边沿触发器 JK 触发器（下降沿触发）的初始状态 $Q=0$，输入信号及 CP 波形如图 10-24 所示。画出对应的 Q、$\overline{Q}$ 的波形。

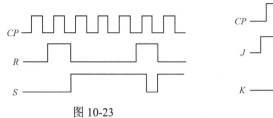

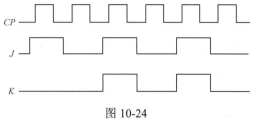

图 10-23   图 10-24

5．D 触发器输入信号如图 10-25 所示（上升沿触发），初始状态 $Q=0$，画出其输出信号波形。

6．图 10-26 所示的电路为用集成双向移位寄存器和发光二极管构成的循环灯饰电路，试分析其工作原理。

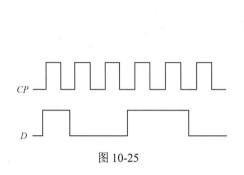

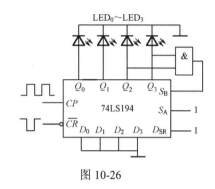

图 10-25   图 10-26

7．使用 74LS160 通过并行预置位法构成五进制计数器。

8．使用 74LS160 通过反馈置零法构成八进制计数器。

第11章

常用中、大规模数字集成电路

教学导航

教	知识重点	1. 555 定时器电路及功能； 2. 数/模、模/数转换原理； 3. 只读存储器、随机存储器的存储原理
	知识难点	1. 单稳态触发器、多谐振荡器、施密特触发器功能分析； 2. 数/模、模/数转换原理
	推荐教学方式	在 555 定时器电路基本功能的基础上，让学生参与 555 定时器组成的各种应用电路的分析，锻炼分析数字电路功能的能力
	建议学时	8 学时
学	推荐学习方法	在掌握基本结论的基础上，充分锻炼分析电路功能的能力
	必须掌握的理论知识	1. 555 定时器外形及功能； 2. 单稳态触发器、多谐振荡器、施密特触发器电路构成及功能； 3. 数/模、模/数转换集成芯片的管脚及功能； 4. 只读存储器、随机存储器的存储特征
	必须掌握的技能	1. 555 定时器应用电路分析； 2. 认识 555 定时器集成单元外形及引脚，掌握电子电路焊接及组装方法，会正确操作及调试

任务 11　电子门铃组装

实物图

电子门铃（见图 11-1）是人们经常使用的一种小电器，利用中规模集成电路 555 定时器和其他附件可以制作一个电子门铃。当按动按钮时，门铃可发出"叮咚"的声音。

图 11-1

器材与元件

门铃需用的器材与元件见表 11-1。

表 11-1

序号	名称	代号	规格与型号	数量
1	555 定时器	IC	NE555	1
2	电阻	R_1	47 kΩ	1
3	电阻	R_2	30 kΩ	1
4	电阻	R_3	22 kΩ	1
5	电阻	R_4	20 kΩ	1
6	电容	C_1	47 μF	1
7	电容	C_2	0.05 μF	1
8	电容	C_3	50 μF	1
9	二极管	VD_1、VD_2	2AP10	2
10	按钮			1
11	喇叭		16 Ω	1
12	其他	万能电路板、连接导线、6 V 直流电源		

背景知识

集成 555 定时器是一种常用的中规模集成电路，其最早用途是定时，故称为定时器。现在其用途非常广泛，可用于调光、调温、调压、调速等多种控制，使用时一般需要与少量的电阻、电容配合。

目前市场上有不同厂家生产的集成 555 定时器，它们的型号命名是相同的，其中 TTL 单定时器型号的后 3 位数字是 555，双定时器是 556，CMOS 单定时器型号的后 4 位数字是 7555，双定时器是 7556。它们的外部引线排列与逻辑功能是完全相同的。

11.1　集成 555 定时器

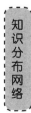

11.1.1 集成 555 定时器的电路构成及功能

集成 555 定时器的电路图及管脚排列如图 11-2 和图 11-3 所示。

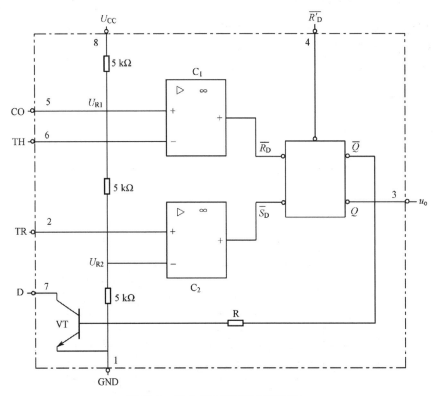

图 11-2　集成 555 定时器原理电路 G

电路包含的元器件及集成单元，如表 11-2 所示。

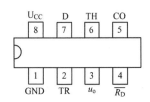

6—高电平触发；2—低电平触发；
5—电压控制；7—放电；
3—输出；4—直接置零；
8—电源；1—接地

图 11-3　集成 555 定时器管脚

表 11-2　555 定时器组成元件

	功　　能
电压比较器 C_1、C_2	当输入端 $U_+ > U_-$ 时，$U_o = 1$，为高电平； 当输入端 $U_+ < U_-$ 时，$U_o = 0$，为低电平
基本 RS 触发器	当 $\overline{R}_D = 0$，$\overline{S}_D = 1$ 时，$Q = 0$，$\overline{Q} = 1$； 当 $\overline{R}_D = 1$，$\overline{S}_D = 0$ 时，$Q = 1$，$\overline{Q} = 0$； 当 $\overline{R}_D = 1$，$\overline{S}_D = 1$ 时，保持原状态
三极管 VT	当 $\overline{Q} = 1$ 时，饱和导通； 当 $\overline{Q} = 0$ 时，截止
电阻分压器 （由 3 个 5 kΩ 电阻构成）	近似为串联 $U_{R1} = \dfrac{2}{3} U_{CC}$，$U_{R2} = \dfrac{1}{3} U_{CC}$ U_{R1}、U_{R2} 为比较器 C_1、C_2 提供基准电压

555 定时器的功能如表 11-3 所示。

表 11-3　555 定时器功能

TH	TR	$\overline{R_D'}$	u_o	三极管 VT 工作状态
X	X	0	0	饱和导通
$>\frac{2}{3}U_{CC}$	$>\frac{1}{3}U_{CC}$	1	0	饱和导通
$<\frac{2}{3}U_{CC}$	$>\frac{1}{3}U_{CC}$	1	保持原状态	保持原状态
$<\frac{2}{3}U_{CC}$	$<\frac{1}{3}U_{CC}$	1	1	截止

> **???思考题**
>
> 参考前面对定时器功能的分析，你能分析出功能表中的其他几项吗？

> **提示**　当 $TH>2/3\,U_{CC}$、$TR>\frac{1}{3}U_{CC}$ 时，比较器 C_1 输出为低电平，$\overline{R_D}=0$，比较器 C_2 输出为高电平，$\overline{S_D}=1$，基本 RS 触发器置 0，$u_o=0$，$Q=0$，$\overline{Q}=1$，三极管 VT 饱和导通。

11.1.2　555 定时器应用电路

集成 555 定时器的应用范围很广，最基本的应用有 3 种电路，如表 11-4 所示。

表 11-4　集成 555 定时器应用电路

	单稳态触发器	多谐振荡器	施密特触发器
电路			
波形			
工作状态	一个为稳态，一个为暂稳态： 稳态时，输出低电平； 暂稳态时，输出高电平； 暂稳态持续时间 $T_w\approx1.1RC$	两个暂稳态： 一个是电容充电，输出高电平； 一个是电容放电，输出低电平； 输出矩形波一个周期时间为： $T=T_1+T_2\approx0.7(R_1+2R_2)C$	u_i 上升时，若 $u_i\geqslant2U_{CC}/3$，u_o 由 1 变为 0； u_i 下降时，若 $u_i\leqslant U_{CC}/3$，u_o 由 0 变 1
主要应用	（1）定时； （2）将不规则信号整形为确定宽度、确定幅度的正脉冲信号	无须输入信号，自行产生矩形脉冲信号	将连续变化信号波形（正弦波、三角波等）整形为矩形脉冲

知识拓展　单稳态触发器

1．电路构成

单稳态触发器的电路如图 11-4 所示。

2．工作原理分析

结合单稳态触发器如图 11-5 所示的波形，分析其工作原理。

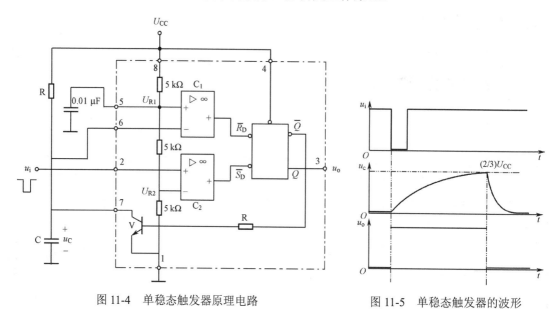

图 11-4　单稳态触发器原理电路　　　　图 11-5　单稳态触发器的波形

1）稳态

接通电源前，u_i 为高电平。接通电源后，电容 C 被充电，当电容上的电压 $u_C \geq 2U_{CC}/3$ 时，比较器 C_1 输出为低电平，$\overline{R}_D = 0$，比较器 C_2 由于 u_i 为高电平，输出为高电平，$\overline{S}_D = 1$，触发器置 0，$Q = u_o = 0$，$\overline{Q} = 1$，三极管 VT 饱和导通，电容 C 迅速放电至 $u_C = 0$，比较器 C_1 输出为高电平，$\overline{R}_D = 1$，触发器保持原状态 $Q = u_o = 0$ 不变，是稳态，$u_C = 0$，$u_o = 0$。

2）暂稳态

当输入信号加入负脉冲时，$u_i = 0$，比较器 C_2 输出低电平，$\overline{S}_D = 0$，此时 $\overline{R}_D$ 仍为 1，触发器置 1，$Q = u_o = 1$，$\overline{Q} = 0$，三极管 VT 截止，电容 C 又被充电，电路进入暂稳态，此时 $u_o = 1$。

3）自动返回稳定状态

当电容电压被充电至 $u_C \geq 2U_{CC}/3$ 时，比较器 C_1 输出变为低电平，$\overline{R}_D = 0$。由于 u_i 已恢复高电平状态，比较器 C_2 输出为高电平，$\overline{S}_D = 1$，触发器置 0，$u_o = 0$，$Q = 0$，电路返回到稳定状态，三极管饱和导通，电容迅速放电至 $u_C = 0$，直到下一个输入负脉冲出现，又重复上述过程。

3．单稳态触发器的定时作用

图 11-6 所示电路通过单稳态触发器输出为 1 时，即暂稳态时，定时开启与门，使被测信号 u_A 通过与门，然后通过对输出脉冲 u_o 计数测知 u_A 的频率。

提示　555 定时器的定时作用

单稳态触发器的稳定状态为 $u_o=0$，暂稳态为 $u_o=1$，暂稳态持续时间取决于电容电压从 0 上升至 $2U_{CC}/3$ 所需的时间，可按下式近似计算：

$$T_w = 1.1RC$$

调整 R 或 C 的大小即可改变暂稳态持续时间，这就是 555 定时器的定时作用。

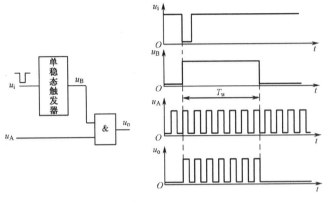

图 11-6　单稳态触发器的定时作用

思考题

图 11-7 所示电路是由多谐振荡器构成的光电报警器，应用多谐振荡器功能，是否可以分析出该电路的工作原理？

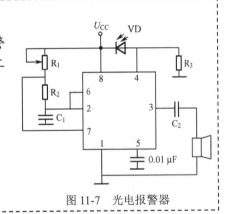

图 11-7　光电报警器

11.2　数/模与模/数转换器

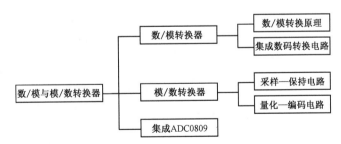

数字技术的发展使数字系统的应用日益普及，但数字电路只能处理数字信号，而生产过程中需要检测和控制的物理量有很多是模拟量，如温度、压力、流量等。因此，首先要经过传感器将这些模拟量转换成相应的模拟信号，然后把这些模拟信号转换成数字信号，送进数字系统进行处理，最后把处理过的数字信号转换成模拟信号，实现对生产过程的检测与控制。

将模拟信号转换成数字信号的电路称为**模/数转换器**，简记为 ADC；将数字信号转换为

模拟信号的电路称为**数/模转换器**，简记为 DAC。

11.2.1 数/模转换器

1. 数/模转换原理

数/模转换器输入的是数字信号，输出的是确定大小的模拟电压或电流。当输入的 n 位二进制数码全为 0 时，输出的模拟电压为 0 V；当输入的二进制数码全为 1 时，输出的模拟电压为最大值。n 位二进制数码共有 2^n 个组态，分别对应确定大小的模拟电压。

以 4 位数/模转换器为例，4 位二进制数码共有 $2^4=16$ 种组态，设其输出电压最大值为 5 V，则该数/模转换器能够分辨出来的最小模拟电压是：

$$\frac{5}{2^4-1} = \frac{5}{15} = 0.333(\text{V})$$

输出模拟电压与输入数字量之间的对应关系如表 11-5 所示。

表 11-5　4 位数字量与模拟电压（0～5 V）的对应关系

序号	输入数字量				输出模拟电压/V
	D_3	D_3	D_3	D_3	
0	0	0	0	0	0
1	0	0	0	1	0.333
2	0	0	1	0	0.667
3	0	0	1	1	1.0
4	0	1	0	0	1.333
5	0	1	0	1	1.667
6	0	1	1	0	2.0
7	0	1	1	1	2.333
8	1	0	0	0	2.667
9	1	0	0	1	3.0
10	1	0	1	0	3.333
11	1	0	1	1	3.667
12	1	1	0	0	4.0
13	1	1	0	1	4.333
14	1	1	1	0	4.667
15	1	1	1	1	5.0

每种二进制组态对应的模拟电压 A，等于该二进制组态对应的十进制数与转换比例系数 K 的乘积，即：

$$A = K\left(2^n \times d_{n-1} + 2^{n-2} \times d_{n-2} + \dots + 2^1 \times d_1 + 2^0 \times d_0\right)$$

由此可知，数/模转换器需要将输入数字信号的每一位二进制数码 1 按照它的"权"值转换为相应的模拟量，再将代表各位的模拟量相加，最后实现与输入数字量成正比的模拟量输出，完成数/模转换功能。

2. 集成数码转换电路

DAC 的主要作用是将输入的数字信号转换成模拟信号（电压或电流）。一个 n 位 DAC 的组成框图如图 11-8 所示，它由参考电压源、输入寄存器、模拟开关、电阻译码网络以及求

和运算放大器组成。

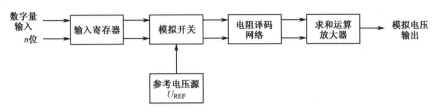

图 11-8 n 位 DAC 的组成框图

输入寄存器是并行输入、并行输出的缓冲寄存器，用来暂存输入的 n 位二进制数码；模拟开关受相应的二进制代码控制，将电阻译码网络中的电阻恰当地与求和运算放大器接通；电阻译码网络通常有 T 形和倒 T 形的结构形式，通常由 R 和 2R 两类电阻构成，以保证精度；求和运算放大器对各位代码所对应的电流进行求和，并转换成相应的模拟电压输出。

目前 DAC 的集成芯片型号很多，中规模集成芯片 DAC0832 是一种 CMOS 工艺的集成 8 位单片 DAC，其外形和引脚图如图 11-9 所示。

该芯片主要由两个 8 位寄存器（输入寄存器和 DAC 寄存器）和一个 8 位数/模转换器组成，为 20 脚双列直插式封装。各引脚的含义如下。

（1）$D_0 \sim D_7$：8 位数据输入端。

（2）$I_{01} \sim I_{02}$：模拟电流输出端 1、模拟电流输出端 2。

（3）R_F：外接反馈电阻端。

（4）U_{REF}：基准参考电压端。

（5）U_{CC}：电源电压端。

（6）DGND、AGND：数字地、模拟地。

（7）$\overline{CS}$：低电平有效的片选信号端。

图 11-9 8 位 DAC0832 的引脚

（8）ILE：高电平有效的输入锁存使能端，与 $\overline{WR_1}$、$\overline{CS}$ 共同控制输入寄存器选通。

（9）$\overline{WR_1}$：写信号 1，低电平有效，当 $\overline{CS} = 0$、ILE=1 时，$\overline{WR_1}$ 才能将数据线上的数据写入寄存器中。

（10）$\overline{WR_2}$：写信号 2，低电平有效，当 $\overline{XFER} = \overline{WR_2} = 0$ 时，输入寄存器中的值写入 DAC 寄存器中。

（11）$\overline{XFER}$：控制传输信号输入端，低电平有效，控制 $\overline{WR_2}$ 选通 DAC 寄存器。模拟地是指模拟信号以及基准电源的参考地，其余信号的参考地包括工作电源地、时钟、数据、地址、控制等数字逻辑地都是数字地。

（12）DAC0832 是电流输出型，它本身输出的模拟量是电流，应用时需要外接运算放大器，使之成为电压型输出。

11.2.2 模/数转换器

模/数转换器输入的是连续变化的模拟信号，输出的是离散变化的数字信号。ADC 的主要作用是将输入的模拟信号转换成数字信号。根据模拟信号在时间上连续而数字信号离散的特点，进行模/数转换时只能在一系列选定的瞬间对输入的模拟信号取样，然后再把取样值转

换成用二进制代码表示的数字量输出，所以通常要经过采样、保持、量化和编码 4 个步骤完成模/数转换，如图 11-10 所示。

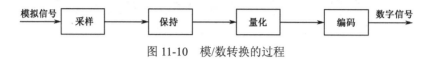

图 11-10　模/数转换的过程

完成以上 4 个步骤需要的电路分为采样—保持电路和量化—编码电路两部分。

1. 采样—保持电路

采样就是对连续变化的模拟信号定时进行测量，抽取样值。通过采样，一个在时间上连续变化的模拟信号就转换为随时间断续变化的脉冲信号。把每次采样取得的电压值转换为相应的数字量，需经过量化、编码的过程，所以在每次采样后的转换期间，输入的采样值应保持不变，直到下一个采样脉冲到来，再采用新的电压信号，这就是保持电路的功能。通常采样与保持是由同一电路一次完成的，所以统称为采样—保持电路。图 11-11 所示是采样—保持电路及其波形图。

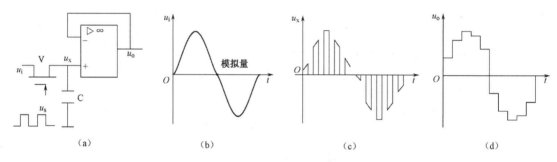

图 11-11　采样—保持电路及其波形

在图 11-11 中，N 沟道 MOS 管作为采样开关管，当采样脉冲 $u_s=1$ 时，场效应管 V 导通，输入信号经 V 管向电容 C 充电。由于运算放大器接成射极跟随器，所以电容 C 充电结束，$u_o \approx u_i$。当 $u_s=0$ 时，场效应管截止，电容两端的电压基本保持不变，直到下一个采样脉冲到来。

2. 量化—编码电路

从采样—保持电路输出的信号虽然已成为阶梯波，但阶梯波形的幅值仍然是连续变化的，所以要把采样—保持后的阶梯信号按指定要求划分成某个最小量化的整数倍，这个过程称为量化。把量化后的结果用代码表示出来，称为编码。例如，把 0～1 V 的电压转换为 3 位二进制代码的数字信号，把 1 V 的电压分成 8 个等级，最小量化单位是 1/8，其量化与编码过程示意图如图 11-12 所示。

经过上述处理后，模拟信号就转换成一系列的代码，这些代码就是模/数转换的输出结果。

ADC 的型号比较多，有双积分型、逐次逼近型和并行

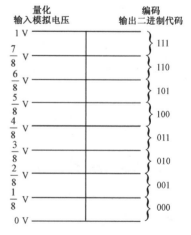

图 11-12　量化与编码过程

比较型等。下面介绍的中规模集成电路 ADC0809 是一种逐次逼近型的 8 位 A/D 转换器。

3. 集成 ADC0809 的功能

图 11-13 所示是 ADC0809 的外部引脚功能图。

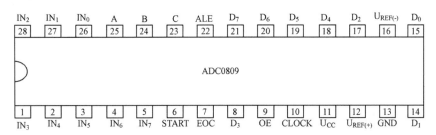

图 11-13　8 位 ADC0809 的外部引脚功能

图 11-13 中各引脚的功能如下。

（1）$IN_0 \sim IN_7$：8 路模拟信号的输入端。

（2）$D_0 \sim D_7$：8 位数字量的输出端。

（3）START：启动信号端，下降沿有效，在下降沿到达后，开始模/数转换过程。

（4）ALE：地址锁存信号，高电平有效，此时，选中 CBA 选择的一路，并将其代表的模拟信号接入模/数转换器之中。

（5）A、B、C：模拟通道选择器地址输入端，C 为最高位，A 为最低位，根据其选择 8 路模拟信号的一路进行模/数转换。

（6）EOC：转换结束信号，转换结束时 EOC 发出高电平。

（7）OE：输出允许控制端，高电平有效。

（8）CLOCK：时钟信号。

（9）$U_{REF(+)}$、$U_{REF(-)}$：基准电压端。

（10）U_{CC}：电源电压端。

（11）GND：地。

任务操作指导

1. 认识电路

电子门铃电路主要由 555 定时电路构成的多谐振荡器、按钮和扬声器组成，如图 11-14 所示。

多谐振荡器的功能是当直流电源接通时无需输入信号即可输出矩形脉冲信号。电路工作原理为：按动按钮，电容 C_1 被充电，电容 C_1 两端电压上升使多谐振荡器 4 端（直接置 0 端）成为高电平，多谐振荡器输出振荡信号，使扬声器鸣响；振荡频

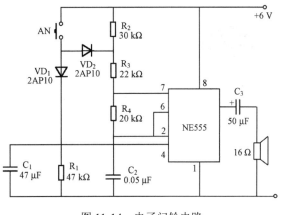

图 11-14　电子门铃电路

率由电阻 R_3、R_4 决定，大约为 700 Hz，门铃发出"叮"的声音；松开按钮，电阻 R_2 接入，振荡频率降低为大约 500 Hz，门铃发出"咚"的声音。与此同时，电容 C_1 放电，当电容 C_1 两端电压下降至一定值时，多谐振荡器置 0，扬声器停止鸣响。改变电容 C_1 可以调节"咚"的声音长短。

2．电路安装

（1）查阅集成电路手册，熟悉各集成块引脚，按电路原理图在万能板上设计电路安装图。

（2）检测、核对元器件。

（3）焊接与连线，注意集成块引脚不要连焊，掌握好焊接时间，防止电路板铜片脱落。

3．调试与检测

（1）检查各元件引脚及电路连接是否正确。

（2）核对电路无误后，通电测试，检查清零功能是否正常，按动按钮检查扬声器鸣响是否正常，若有问题，检修相应器件，再进行调试。

考核要求

（1）接线正确。

（2）元件成型规则，排列整齐。

（3）焊点无毛糙、漏焊、虚焊。

（4）喇叭鸣响，调试成功。

（5）会使用万用表测量各种参数。

（6）按规定安全、文明生产。

知识梳理与总结

1．用集成 555 定时器外接少量元件可构成 3 种应用电路：单稳态触发器、多端振荡器、施密特触发器。单稳态触发器可用于定时或整形，多谐振荡器可用于产生振荡信号，施密特触发器可用于波形变换和整形。

2．数/模转换器可用于将数字信号转换为模拟信号。模/数转换器用于将模拟信号转换为数字信号。

自测题 11

11-1　简答题

1．集成 555 定时器的 3 种基本应用电路分别是什么？各自的功能是什么？

2．数/模转换器的功能是什么？

3．模/数转换器的功能是什么？

11-2　计算题

1．集成 555 定时器电路如图 11-15 所示，$R = 100\,k\Omega$、$C = 10\,\mu F$，输入信号波形 u_i 如图中所示，画出对应的 u_c 及 u_o 的波形。

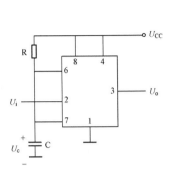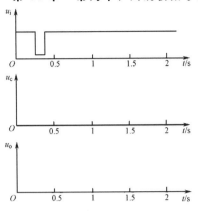

图 11-15

2. 在如图 11-16 所示的集成 555 定时器组成的多谐振荡器中，R_1 为 20 kΩ 的电位器、$R_2 = 2$ kΩ、$C = 0.01$ μF、$R_P = 100$ kΩ。当调节电位器 R_P 时，输出脉冲频率的变化范围是多少？

3. 图 11-17 所示是一个防盗报警电路，a、b 两端连接了一段细铜丝，放于盗贼必经之处。盗贼进入碰断铜丝，扬声器即发出报警。（1）555 定时器接成何种电路？（2）说明电路工作原理。

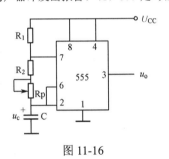

图 11-16

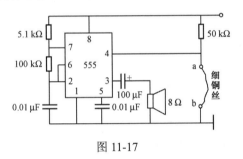

图 11-17

4. 施密特触发器的输入信号为正弦波形，其最大值为 9 V，已知电源电压 $U_{CC}=9$ V，画出输出电压 u_o 的波形（输出电压的高电平是 9 V，低电平是 0 V）。

5. 图 11-18 所示的电路是一个简易触摸开关，手触摸金属片时，发光二极管亮，过一会熄灭。说明电路工作原理，并说明二极管亮的时间。

6. 图 11-19 所示的电路是一个光控自动开关，灯泡白天自动熄灭，夜晚自动点亮。R 是光敏电阻，受光照时阻值变小，弱光或无光时阻值变大，说明电路控制原理。

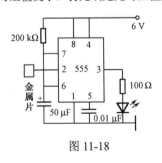

图 11-18

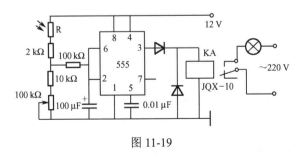

图 11-19

7. 一个 8 位数/模转换器的最小输出电压增量为 0.01 V，当输入代码为 10001101 时，输出电压 U_o 为多少？

8. 10 位 ADC 的输入模拟电压的满量程值是 15 V，计算输出数字量的最低位代表几伏电压值？

读者意见反馈表

书名：电工电子技术（第2版）　　　　主编：田　玉　　　　策划编辑：陈健德

> 　　谢谢您关注本书！烦请填写该表。您的意见对我们出版优秀教材、服务教学，十分重要。如果您认为本书有助于您的教学工作，请您认真地填写表格并寄回。我们将定期给您发送我社相关教材的出版资讯或目录，或者寄送相关样书。

个人资料

姓名_____年龄_____联系电话_____（办）_____（宅）_____（手机）

学校_____专业_____职称/职务_____

通信地址_____邮编_____E-mail_____

您校开设课程的情况为：

本校是否开设相关专业的课程　□是，课程名称为_____　□否

您所讲授的课程是_____课时_____

所用教材_____出版单位_____印刷册数_____

本书可否作为您校的教材？

□是，会用于_____课程教学　　□否

影响您选定教材的因素（可复选）：

□内容　　　　□作者　　　　□封面设计　　□教材页码　　□价格　　　□出版社

□是否获奖　　□上级要求　　□广告　　　　□其他_____

您对本书质量满意的方面有（可复选）：

□内容　　　　□封面设计　　□价格　　　□版式设计　　□其他_____

您希望本书在哪些方面加以改进？

□内容　　　　□篇幅结构　　□封面设计　　□增加配套教材　　□价格

可详细填写：_____

_____

您还希望得到哪些专业方向教材的出版信息？

_____

　　谢谢您的配合，请将该反馈表寄至以下地址。如果需要了解更详细的信息或有著作计划，请与我们直接联系。

通信地址：北京市万寿路173信箱　高等职业教育分社　　　邮编：100036

http://www.hxedu.com.cn　　　E-mail:chenjd@phei.com.cn　　　电话：010-88254585

反侵权盗版声明

电子工业出版社依法对本作品享有专有出版权。任何未经权利人书面许可，复制、销售或通过信息网络传播本作品的行为；歪曲、篡改、剽窃本作品的行为，均违反《中华人民共和国著作权法》，其行为人应承担相应的民事责任和行政责任，构成犯罪的，将被依法追究刑事责任。

为了维护市场秩序，保护权利人的合法权益，本社将依法查处和打击侵权盗版的单位和个人。欢迎社会各界人士积极举报侵权盗版行为，本社将奖励举报有功人员，并保证举报人的信息不被泄露。

举报电话：（010）88254396；（010）88258888

传　　真：（010）88254397

E-mail: dbqq@phei.com.cn

通信地址：北京市海淀区万寿路 173 信箱

　　　　　电子工业出版社总编办公室

邮　　编：100036